高 等 学 校 教 材

配位化学

刘又年　周建良　主编

化学工业出版社

·北京·

本书从配合物的基本概念讲起，依次介绍了配合物的结构、性质与表征、合成方法以及金属有机化学；为了体现配位化学的应用性，第 6 章介绍了配合物在功能材料、生物医药、湿法冶金中的应用；最后一章介绍了配合物的晶体结构解析，对学生的实验室研究工作具有很强的指导意义。

　　本书可作为化学类专业高年级本科生及研究生的教材，亦可供相关科技工作者参考。

图书在版编目（CIP）数据

配位化学/刘又年，周建良主编 . —北京：化学工业
出版社，2012.8（2022.11 重印）
高等学校教材
ISBN 978-7-122-14591-8

Ⅰ. 配…　Ⅱ.①刘…②周…　Ⅲ. 配合物化学-高等
学校-教材　Ⅳ.O641.4

中国版本图书馆 CIP 数据核字（2012）第 131626 号

责任编辑：宋林青　　　　　　　　　　　　　文字编辑：陈　雨
责任校对：蒋　宇　　　　　　　　　　　　　装帧设计：史利平

出版发行：化学工业出版社（北京市东城区青年湖南街 13 号　邮政编码 100011）
印　　装：北京科印技术咨询服务有限公司数码印刷分部
787mm×1092mm　1/16　印张 10　字数 243 千字　2022 年 11 月北京第 1 版第 8 次印刷

购书咨询：010-64518888　　　　　　　　　　售后服务：010-64518899
网　　址：http://www.cip.com.cn
凡购买本书，如有缺损质量问题，本社销售中心负责调换。

定　　价：30.00 元

前　言

自 Werner 提出副价和配位理论以来，配位化学在与其他相关学科联系、融合和交叉的过程中迅速发展，成为了无机化学中发展最快的一个分支。现代配位化学与有机化学、分析化学及高分子化学等相互关联与渗透，使之不断发展和日益完善。配位化学与冶金学、材料学、生命科学等学科的关系也越来越密切，成为了化学学科中最具活力的前沿学科之一。而且配位化学在工业化学中也有着广泛的应用，如贵金属提取、功能材料的合成、抗癌药物以及石油化工领域催化剂等。

配合物的基本原理和知识是化学本科和研究生应该掌握的主要内容。为了便于学生们学习和掌握配位化学的基本理论和知识体系，了解现代配位化学的最新成果及其发展前景，并把本领域的最新研究成果与传统理论相结合，作者在总结了多年来配位化学教学经验的基础上撰写了此教材，以满足化学及相关专业的高年级本科生和研究生开设课程的需要。综合起来，本教材具有如下三个特点：

① 深入浅出，逻辑性强。本教材将以配位化学中的基本概念、理论以及性质为线索，结合化学类专业学生的学习特点，由浅入深，科学组织教材的内容体系。

② 将配位化学领域的最新科技成就融入到教材和每一个教学环节，是本教材的另一特点。作者们既长期进行配位化学的教学，同时也参与本学科的前沿研究，并将最新研究成果编入本教材，以便读者能跟踪本领域的科学进展。

③ 本教材与其他配位化学教材最大的区别在于其应用性。本教材将配合物的最新合成方法、配合物晶体结构解析以及配位化学在冶金、生物医学和功能材料等方面的应用编入书中，通过大量实例将配位化学在现代科学中的应用进行了系统的阐述。有了这把钥匙，学生将会更好地理解配位化学的本质。

本书主编单位为中南大学，由刘又年、周建良担任主编，负责统稿。编者及分工如下：湖北大学周立群（第 1 章）、中南大学周建良（第 2 章）、湘潭大学李涛海（第 3 章）、湖南科技大学刘胜利（第 4 章）、中南大学张寿春（第 5 章）、中国人民大学于澍燕（第 6 章第 1节）、中南大学刘又年（第 6 章第 2 节）、江西理工大学唐云志（第 6 章第 3 节）和中南大学易小艺（第 7 章）。

在编写过程中，化学工业出版社提出了许多宝贵意见，此外，还得到了中南大学化学化工学院、湘潭大学化学学院等许多老师的关心和帮助，在此一并表示感谢！

由于编者水平有限，书中疏漏之处在所难免，望读者批评指正。

编者

2012 年 5 月

前　言

目　录

第1章 配位化学导论

配位化学（coordination chemistry）是无机化学的一个重要分支学科。配位化合物（coordination compounds）（有时称络合物 complex）是无机化学研究的主要对象之一。配位化学的研究虽有近 200 年的历史，但仅在近几十年来，由于现代分离技术、配位催化及化学模拟生物固氮等方面的应用，极大地推动了配位化学的发展。它已渗透到有机化学、分析化学、物理化学、高分子化学、催化化学、生物化学等领域，而且与材料科学、生命科学以及医学等学科的关系越来越密切。目前，配位化合物广泛应用于工业、农业、医药、国防和航天等领域。

1.1 配位化学发展简史

历史上记载的第一个配合物是普鲁士蓝，1704 年由柏林的普鲁士人迪斯巴赫（Diesbach）制得。它是一种无机颜料，其化学组成为 $Fe_4[Fe(CN)_6]_3 \cdot nH_2O$。但是对配位化学的了解和研究的开始一般认为是 1798 年法国化学家塔萨尔特（B. M. Tassaert）报道的化合物 $CoCl_3 \cdot 6NH_3$，他随后又发现了 $CoCl_3 \cdot 5NH_3$、$CoCl_3 \cdot 5NH_3 \cdot H_2O$、$CoCl_3 \cdot 4NH_3$ 以及铬、铁、钴、镍、铂等元素的其他许多配合物。这些化合物的形成，在当时难以理解。因为根据经典的化合价理论，对两个独立存在而且都稳定的分子化合物 $CoCl_3$ 和 NH_3 为什么可以按一定的比例相互结合生成更为稳定的"复杂化合物"无法解释，于是科学家们先后提出多种理论，例如，布隆斯特兰德（W. Blomstrand）在 1869 年、约尔更生（S. M. Jørgensen）在 1885 年分别对"复杂化合物"的结构提出了不同的假设（如"链式理论"等），但因这些假设均不能圆满地说明实验事实而失败。

1893 年，年仅 27 岁的瑞士科学家维尔纳（A. Werner）发表了一篇研究分子加合物的论文"关于无机化合物的结构问题"，改变了此前人们一直从平面角度认识配合物结构的思路，首次从立体角度系统地分析了配合物的结构，提出了配位学说，常称 Werner 配位理论，其基本要点如下：

① 大多数元素表现有两种形式的价，即主价和副价；

② 每一元素倾向于既要满足它的主价又要满足它的副价；

③ 副价具有方向性，指向空间的确定位置。

Werner 认为直接与金属连接的配体处于配合物的内界，结合牢固，不易离解；不作为配体的离子或分子远离金属离子，与金属结合弱，处于配合物的外界。在上述钴氨盐配合物中，每个中心原子（金属离子）配位的分子和离子数的和总是 6，这个 6 即为中心原子的副价，而原来 $CoCl_3$ 中每个钴与 3 个氯离子形成稳定的化合物，其中的 3 即为钴的主价。可见 Werner 提出的主价就是形成复杂化合物之前简单化合物中原子的价态，相当于现在的氧化态；而副价则是形成配合物时与中心原子有配位作用的分子和离子的数目，即现在的配位数。

Werner 的配位理论有两个重要贡献：一是提出副价的概念，补充了当时不完善的化合价理论；二是提出空间概念，创造性地把有机化学中立体学说理论扩展到无机化学领域的配合物中，认为配合物不是简单的平面结构，而是有确定的空间（立体）几何构型，从而奠定了配合物的立体化学基础。这些概念成为现代配位化学发展的基础，但是配位理论中的主价和副价的概念后来被抛弃，而另外提出了配位数的概念。

由于 Werner 理论成功地解释了配位化合物的结构，他于 1913 年获得诺贝尔化学奖，29 岁时就任 Zurich 大学的教授。Werner 一生曾发表 200 多篇论文，合成了一系列相关配位化合物，并进行了实验研究，验证和完善了其观点，在 1905 年出版的《无机化学新概念》一书中较为系统地阐述了配位学说。因此化学界公认他是近代配位化学的奠基人。

19 世纪末 20 世纪初，随着电子的发现，人们逐步认识了原子结构，量子理论和价键理论等相继问世，这些理论为理解配合物的形成和配位键的本质奠定了基础。鲍林（L. Pauling）将分子结构中的价键理论应用到配合物中，形成了配位化学中的价键理论；1929 年贝提（H. Bethe）提出晶体场理论（crystal field theory，CFT），该理论为纯粹的静电理论，到 20 世纪 50 年代 CFT 经过改进发展成为配位场理论（ligand field theory，LFT）；1935 年范佛雷克（J. H. van Vleck）把分子轨道理论应用到配位化合物中。这些化学键理论的出现和确立，不仅使人们对配合物的形成和配位键的本质有了更清楚的了解，而且能够预测和解释配合物的结构、光谱和磁学性质等。随着物理化学方法和技术的快速发展，配位化学自 20 世纪 50 年代起有了突飞猛进的发展，与其他学科的交叉和渗透也日趋明显。

进入 21 世纪，配位化学又有了新的发展和飞跃。配位化学与生命科学、材料科学的结合、交叉和渗透日趋深入，在不久的将来必将产生新的突破。纳米科学和技术的深入研究也给配位化学带来新的发展机遇，其中金属配合物在分子器件等方面具有广阔的发展前景，将是今后配位化学研究的一个重要分支。配位化学的研究热点有：金属有机化合物、原子簇化合物、功能配合物、模拟酶配合物等。其中功能配合物包括：磁性配合物、非线性光学材料配合物、特殊功能的配位聚合物等。

1.2　配位化学的基本概念

配位化合物简称配合物。1980 年中国化学会公布的《无机化学命名原则》，对配位化合物的定义是："配位化合物是由可以给出孤电子对或多个不定域电子的一定数目的离子或分子（称为配体）和具有接受孤电子对或多个不定域电子的空位的原子或离子（统称中心原子）按一定的组成和空间构型所形成的化合物。"

结合以上规定，可以将定义加以简化：配合物是由中心原子（或离子）和配位体（阴离子或分子）以配位键结合而成的复杂离子（或分子），这种复杂离子（或分子）通常称为配离子（complex ion）（或配位单元）。含有配离子的化合物统称为配位化合物。

例如：$[Ag(NH_3)_2]Cl$、$[Cu(NH_3)_4]SO_4$、$K_4[PtCl_6]$、$Ni(CO)_4$ 等均为配合物。其中配位单元既可以是阳离子 $[Ag(NH_3)_2]^+$、$[Cu(NH_3)_4]^{2+}$，也可以是阴离子 $[PtCl_6]^{4-}$，还可以是中性分子 $Ni(CO)_4$。它们的共同特点如下：

① 都有配位单元，如 $[Cu(NH_3)_4]^{2+}$、$[Ag(CN)_2]^-$ 等，这种配位单元是由简单离子或原子（中心离子或原子）与一定数目的中性分子或负离子（配位体）结合而成的，具有一定的稳定性，在水溶液中离解程度一般很小。

② 作为配位单元核心的简单离子或原子的价电子层有空轨道，而围绕其周围的中性分子或负离子含有孤电子对，两者以配位键相结合。

1.2.1 配合物的组成

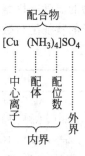

图 1-1 配合物的组成

配合物的组成一般分内界和外界两部分：由中心离子（central ion）和配位体（ligand）结合而成的一个相对稳定的整体组成配合物的内界（inner sphere），常用方括号括起来，不在内界的其他离子构成外界（outer sphere）（图 1-1）。内界也称配离子，是配合物的特征部分，内界组分很稳定，几乎不解离。例如 $[Co(NH_3)_6]Cl_3$ 配合物在水溶液中，外界 Cl^- 可解离出来，内界组分 $[Co(NH_3)_6]^{3+}$ 是稳定的整体。由于配合物是电中性的，因此内界与外界离子所带电荷数量相同，符号相反。有些配合物的内界不带电荷，本身就是一个中性化合物，如 $Ni(CO)_4$、$[PtCl_2(NH_3)_2]$、$[CoCl_3(NH_3)_3]$ 等没有外界。现以 $[Cu(NH_3)_4]SO_4$ 为例说明配合物（特别是内界）的组成，并讨论有关配合物的概念。

（1）中心离子（或原子）

中心离子（或原子），也叫配合物的形成体。在配合物中，能接受配位体孤电子对的离子或原子统称为形成体。形成体必须具有空轨道，以接受配位体给予的孤电子对。作为配合物的核心部分，形成体一般多为带正电的阳离子，或是金属原子以及高氧化值的非金属元素，如 $[Ag(NH_3)_2]^+$ 中的 Ag^+，$[Cu(NH_3)_4]^{2+}$ 中的 Cu^{2+}，$K_4[PtCl_6]$ 中的 Pt^{2+}、$Fe(CO)_5$ 中的 Fe 原子、$[SiF_6]^{2-}$ 中的 Si^{4+}。

（2）配位体

在配合物中，提供孤电子对的离子或分子称为配位体，简称配体。例如 OH^-、X^-（卤离子）等离子以及 H_2O、NH_3、$H_2NCH_2CH_2NH_2$、CO、N_2 等分子。配位体中与中心离子（或原子）直接相连的原子称为配位原子（coordination atom），配位原子必须是含有孤电子对的原子。常见的配位原子主要是周期表中电负性较大的非金属原子，如 X（卤素）、N、O、S、C、P 等原子。

按配体中配位原子数目的多少，将配体分为单齿配体（monodentate ligand）和多齿配体（multidentate ligand）。含有一个配位原子的配体称为单齿配体，如 NH_3、H_2O、OH^-、Cl^-，其配位原子分别为 N、O、O、Cl。含有两个及两个以上配位原子的配体称为多齿配体。如乙二胺（en）、乙二胺四乙酸（EDTA），分别为二齿和六齿配体，其结构如下：

$$H_2N(CH_2)_2NH_2$$

$$\begin{matrix} HOOCH_2C & & & CH_2COOH \\ & N-CH_2CH_2-N & \\ HOOCH_2C & & & CH_2COOH \end{matrix}$$

乙二胺（en）　　　　　　乙二胺四乙酸（EDTA）

（3）配位数

配合物中直接与中心离子相连的配位原子的数目称为配位数（coordination number），是中心离子与配位体形成配位键的数目，如 $[Ag(NH_3)_2]^+$ 中 Ag^+ 的配位数是 2，$[Cu(NH_3)_4]^{2+}$ 中 Cu^{2+} 的配位数是 4，在 $K_4[PtCl_6]$、$[Fe(CN)_6]^{4-}$ 中 Pt^{2+}、Fe^{2+} 的配位数是 6。在配合物中，中心离子的配位数可以从 1 到 12，而最常见的配位数是 4 和 6。中心离子的实际配位数的多少与中心离子、配体的半径、电荷有关，也和配体的浓度、形成配合物的温度等因素有关。但对某一中心离子来说，常有一特征配位数。表 1-1 列出一些中心离子的特征配位数和几何构型。

表 1-1　一些中心离子的特征配位数和几何构型

中心离子	特征配位数	几何构型	实例
Cu^+，Ag^+，Au^+	2	直线	$[Ag(NH_3)_2]^+$
Cu^{2+}，Ni^{2+}，Pd^{2+}，Pt^{2+}	4	平面正方	$[Pt(NH_3)_4]^{2+}$
Zn^{2+}，Cd^{2+}，Hg^{2+}，Al^{3+}	4	正四面体	$[Zn(NH_3)_4]^{2+}$
Cr^{3+}，Co^{3+}，Fe^{3+}，Pt^{4+}	6	正八面体	$[Co(NH_3)_6]^{3+}$

（4）配离子的电荷

配离子的电荷等于中心离子与配体总电荷的代数和。如：$[Co(NH_3)_4]^{2+}$、$[Cu(NH_3)_4]^{2+}$ 中，由于配体是中性分子，所以配离子的电荷都是 +2。在 $K_2[HgI_4]$ 中，配离子 $[HgI_4]^x$ 的电荷 x 为 $2\times1+(-1)\times4=-2$。在 $[CoCl(NH_3)_5]Cl_2$ 中，配离子 $[CoCl(NH_3)_5]^x$ 的电荷 x 为 $3\times1+(-1)\times1+0\times5=+2$。

因配合物呈电中性，配离子的电荷也可以较简便地由外界离子的电荷来确定。例如 $K_4[PtCl_6]$ 的外界为 K^+，由此可知配离子电荷为 -4。

1.2.2　配合物的命名

在配合物的命名中，必须掌握一些常见配体的化学式、代号和名称。例如，F^-（氟）、Cl^-（氯）、Br^-（溴）、I^-（碘）、O^{2-}（氧）、N^{3-}（氮）、S^{2-}（硫）、OH^-（羟基）、CN^-（氰根）、H^-（氢）、NO_2^-（硝基）、ONO^-（亚硝酸根）、NH_2^-（氨基）、SO_4^{2-}（硫酸根）、$C_2O_4^{2-}$（草酸根）、SCN^-（硫氰酸根）、NCS^-（异硫氰酸根）、N_3^-（叠氮）、O_2^{2-}（过氧根）、N_2（双氮）、O_2（双氧）、NH_3（氨）、CO（羰基）、NO（亚硝基）、en（乙二胺）、Ph_3P（三苯基膦）、Py（吡啶）等。几何异构有以下构型标记：*cis*-（顺式-），*trans*-（反式-），*fac*-（面式）和 *mer*-（经式）。

（1）配合物命名的原则

配合物的命名遵循无机化合物命名的一般原则：在内外界之间先阴离子，后阳离子。若配位单元为配阳离子，阴离子为简单离子，则在内外界之间加"化"字；若配位单元为配阴离子，或配位单元为配阳离子而阴离子为复杂的酸根，则在内外界之间加"酸"字。例如：

$[Co(NH_3)_6]Cl_3$　　　　　　三氯化六氨合钴（Ⅲ）

$[Cu(NH_3)_4]SO_4$　　　　　　硫酸四氨合铜（Ⅱ）

$Cu_2[SiF_6]$　　　　　　　　　六氟合硅（Ⅳ）酸亚铜

（2）配体命名的顺序规则

在配位单元中，配体名称列在中心离子之前。配体个数用倍数词头二、三、四等数字表示。不同配体名称之间用中圆点"·"分开，在最后一个配体名称之后加"合"字，后接中心离子并后加括号（　），内用罗马数字表示其氧化态。

配体的命名次序为：先无机配体，后有机配体；先负离子，后中性分子；若配体均为负离子或均为中性分子（同类配体）时，则按配位原子元素符号的英文字母顺序排列。例如：

$[PtCl_2(Ph_3P)_2]$　　　　　　二氯·二（三苯基膦）合铂（Ⅱ）

$K[PtCl_3(NH_3)]$　　　　　　三氯·氨合铂（Ⅱ）酸钾

$[Co(NH_3)_4(H_2O)_2]Cl_3$　　三氯化四氨·二水合钴（Ⅲ）

若同类配体中配位原子相同，则配体中原子个数少的在前。例如：

[Pt(NO₂)(NH₃)(NH₂OH)(Py)]Cl　　　　氯化硝基·氨·羟氨·吡啶合铂（Ⅱ）

若同类配体中配位原子相同、原子个数相同，则按与配位原子直接相连的其他原子的元素符号在英文字母表中的次序。例如：

[Pt(NH₃)₂(NO₂)(NH₂)]　　　　　　　氨基·硝基·二氨合铂（Ⅱ）

NH_2^- 和 NO_2^- 相比，NH_2^- 在前。

若没有外界离子的配合物，中心离子的氧化态不必标明。例如：

[Ni(CO)₄]　　　　　　　　　　　　四羰基合镍

[Pt(NH₃)₂Cl₂]　　　　　　　　　　二氯·二氨合铂

书写配合物的化学式时，为了避免混淆，有时需将某些配体放入括号内，注意理解其意义。例如（N₂）双氮，（O₂）双氧，表示中性分子；当 O₂ 不加圆括号时，表示 O_2^{2-}。

K₂[Cr(CN)₂O₂(NH₃)(O₂)]　　　　　二氰·过氧根·氨·双氧合铬（Ⅱ）酸钾

[Co(en)₃]Cl₃　　　　　　　　　　　三氯化三（乙二胺）合钴（Ⅲ）

配位单元经常有异构现象，对不同的异构体将标记符号置于构造式名称前。例如：

cis-[PtCl₂(Ph₃P)₂]　　　　　　　顺式-二氯·二（三苯基膦）合铂（Ⅱ）

trans-[Pt(NH₃)₂Cl₂]　　　　　　　反式-二氯·二氨合铂

fac-[Ru(Py)₃Cl₃]　　　　　　　　面式-三氯·三吡啶合钌（Ⅲ）

mer-[Ru(Py)₃Cl₃]　　　　　　　　经式-三氯·三吡啶合钌（Ⅲ）

桥联配体只能出现在多核配位化合物中。所谓多核配位化合物，是指在配位单元中存在两个或两个以上中心原子。为了区别于单基配体，可在桥联配体前加词头"*μ*-"。例如，下面双核配位化合物的命名：

[(NH₃)₅Cr-OH-Cr(NH₃)₅]Cl₅　　　　五氯化 *μ*-羟基·二[五氨合铬（Ⅲ）]

[(CO)₃Fe-(CO)₃-Fe(CO)₃]　　　　　三（*μ*-羰基）·二[三羰基合铁]

对于 π 电子配体，根据需要，可用词头"*η*-"表示其特殊性。如：

PtCl₂(NH₃)(C₂H₄)　　　　　　　　二氯·氨·（乙烯）合铂（Ⅱ）

　　　　　　　　　　　　　　　　或二氯·氨·（*η*-乙烯）合铂（Ⅱ）

K[PtCl₃(C₂H₄)]　　　　　　　　　三氯·（*η*-乙烯）合铂（Ⅱ）酸钾

有些配合物有其习惯上的俗称，如 Fe₄[Fe(CN)₆]₃·*n*H₂O 普鲁士蓝，K[Pt(C₂H₄)Cl₃]·H₂O 蔡氏盐，K₄[Fe(CN)₆] 黄血盐或亚铁氰化钾，K₃[Fe(CN)₆] 赤血盐或铁氰化钾，Ni(CO)₄ 和 Fe(CO)₅ 羰基镍和羰基铁，*cis*-[Pt(NH₃)₂Cl₂] 顺铂等。

配合物的种类繁多，命名比较复杂，以上所涉及的命名规则都是最基本的。

1.2.3　配合物的分类

配合物的种类很广，主要可以分为以下几类。

（1）简单配合物

简单配合物是指由单齿的分子或离子配体与中心离子作用而形成的配合物。这类配合物的配体可以是 1 种，也可以是 2 种或多种，主要为无机物。例如 Fe₄[Fe(CN)₆]₃·*n*H₂O、[Co(NH₃)₆]Cl₃、[Co(NH₃)₄Cl₂]NO₂ 等。

（2）螯合物

螯合物（chelatecompound）又称内配合物，它是由双齿或多齿配体以两个或多个配位原子同时和一个中心离子配位而形成的具有环状结构的配合物。其中配体好像螃蟹的蟹钳一样钳牢中心离子，而形象地称为螯合物。能与中心离子形成螯合物的配体称为螯合剂（chelating agent）。例如，在 $[Cu(en)_2]^{2+}$ 中，有两个五元环，每个环均由两个 C 原子、两个 N 原子和中心离子构成，即：

$$\left[\begin{array}{c} H_2C\!-\!H_2N \qquad NH_2\!-\!CH_2 \\ Cu \\ H_2C\!-\!H_2N \qquad NH_2\!-\!CH_2 \end{array}\right]^{2+}$$

螯合物由于形成环状结构而具有特殊的稳定性。螯合物的稳定性与环的大小及环的多少有关，以五元环和六元环最稳定。形成环数越多，螯合物越稳定。由于螯合物结构复杂，且多具有特殊颜色，常用于金属离子的鉴定、溶剂萃取、比色定量分析等。

（3）多核配合物

一个配位原子同时与两个中心离子相结合形成的配合物称为多核配合物（polynuclear comlpex），也叫桥式配合物（bridged complex）。在这类多核配合物中，多中心金属原子可以相同，也可以不同。例如：

$$\left[\begin{array}{c} H \\ O \\ (H_3N)_4Co \qquad Co(NH_3)_4 \\ O \\ H \end{array}\right]^{4+}$$

作为"桥"的配位体一般为—OH、—NH₂、—O—、—O₂—、Cl⁻ 等。这类配合物数量很多，例如：

$$\begin{array}{c} H \\ O \\ Pb \quad Pb \\ O \\ H \end{array} \qquad \begin{array}{c} Cl \quad Cl \quad Cl \\ Al \quad Al \\ Cl \quad Cl \quad Cl \end{array}$$

多酸型配合物是多核配合物的特例，是含氧酸根中的 O^{2-} 被另一个含氧酸根取代形成的结果。若两个含氧酸根相同，形成的酸为同多酸，若两个含氧酸根不同，则为杂多酸。例如：PO_4^{3-} 中的一个 O^{2-} 若被另一个 PO_4^{3-} 取代，则形成同多酸酸根 $P_2O_7^{4-}$，O^{2-} 若被 $Mo_3O_{10}^{2-}$ 取代则形成杂多酸酸根 $[PO_3(Mo_3O_{10})]^{3-}$。

（4）原子簇化合物

原子簇化合物（cluster compound）简称簇合物（cluster）。原子簇最早是指含有金属—金属键的多核配合物，亦称金属簇合物（metal cluster）。后来簇合物的概念逐渐被一般化，是指簇原子以金属-金属键组成的多面体网络结构（见图 1-2）。M—M 电子离域于整个簇骼，是存在于金属原子间的多中心键。

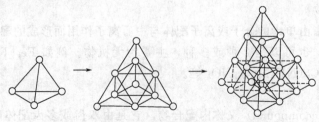

图 1-2　原子簇化合物的多面体网络结构图

金属原子簇的键合方式非常多，使得簇合物分子结构多种多样，常见的有四面体、八面体、立方烷结构、四方锥结构等。例如：杂原子簇合物 $[M_2Ni_3(CO)_{13}(\mu\text{-}CO)_3]^{2-}$ 中金属原子的三角双锥结构，$[Rh_6(CO)_6(\mu\text{-}CO)_9C]^{2-}$ 中铑的三棱柱结构。另外，同种簇合物可以由简单低核长大变成复杂高核，例如羰基锇簇合物。

（5）金属冠状配合物

过渡金属配合物可以相互连接成环状结构，形成一种与冠醚结构相似的化合物，例如：

9-C-3
冠醚

9-MC$_{[V(CV)O]N(shi)-3}$
金属冠状配合物

这类化合物近年来发展非常迅速，是一种特殊的配合物。它是一类重要的无机分子识别试剂，在液晶和磁性材料方面具有很好的应用前景。

（6）有机金属化合物

在有机配位体配合物中，含有金属-碳键的被称为有机金属化合物（metallorganic compound）。研究较多的有 CO 做配体的羰基金属化合物，σ-烷基金属化合物，σ-烯、炔基金属配合物，σ-酰基金属配合物，金属卡宾，金属卡拜化合物，π 配烯烃，π 配炔烃和环配位体金属化合物，以及由这些配体混合交叉配位生成的化合物等。

习　　题

1. 指出下列配体中的配位原子，并说明它是单齿还是多齿配体。

   P(OR)$_3$，2,2$'$-联吡啶(bipy)，乙酰丙酮负离子（acac$^-$），SCN$^-$，Ph$_3$P，EDTA

2. 有两个组成相同但颜色不同的配位化合物，化学式均为 CoBr(SO$_4$)(NH$_3$)$_5$。向红色配位化合物中加入 AgNO$_3$ 后生成黄色沉淀，但加入 BaCl$_2$ 后并不生成沉淀；向紫色配位化合物中加入 BaCl$_2$ 后生成白色沉淀，但加入 AgNO$_3$ 后并不生成沉淀。试写出它们的结构式和名称，并说明推理过程。

3. 有一配合物的组成为 CrCl$_3 \cdot 6H_2O$，试确定其化学式：把含有 0.319g 该固体的溶液通过阳离子交换树脂后，用标准 NaOH 溶液滴定释放的酸，消耗 0.125mol/L 的 NaOH 溶液 28.5mL。

4. 写出下列配合物的名称。

   (1) [Pt(Py)$_4$][PtCl$_4$]

   (2) [Co(ONO)(NH$_3$)$_5$]SO$_4$

   (3) Na[Co(CO)$_4$]

   (4) [Fe(en)$_3$]Cl$_3$

   (5) K[FeCl$_2$(ox)(en)]

   (6) [(NH$_3$)$_5$Cr-OH-Cr(NH$_3$)$_5$] Cl$_5$

5. 写出下列配合物的化学式。

   (1) 氯化二氯·三氨·水合铬（Ⅲ）

   (2) 氢氧化四氨合镍（Ⅱ）

   (3) 硫酸 μ-氨基·μ-羟基·八氨合二钴（Ⅲ）

   (4) 三羟·水·乙二氨合铬（Ⅲ）

   (5) 硝酸二溴·四氨合钌

   (6) 二（草酸根）·二氨合钴（Ⅲ）酸钙

6. 查阅文献，讨论吡啶-2,6-二羧酸（H$_2$PDA）的配位方式。

参 考 文 献

[1]　宋天佑，程鹏，王杏乔，徐家宁．无机化学．第 2 版．北京：高等教育出版社，2009.
[2]　李保山．基础化学．北京：科学出版社，2003.
[3]　朱裕贞，顾达，黑恩成．现代基础化学．第 2 版．北京：化学工业出版社，2004.
[4]　张祥麟，康衡．配位化学．长沙：中南工业大学出版社，1986.

第2章 配合物的结构和成键理论

2.1 配合物的空间构型

配合物的空间构型不仅与配位数有关，还与中心原子（离子）的杂化方式等有关。如二配位的 $[Cu(NH_3)_2]^+$ 和 $[Ag(NH_3)_2]^+$ 等一般为直线形；三配位的有平面三角形如 $[Cu(CN)_3]^{2-}$ 和 $[HgI_3]^-$ 等，三角锥形如 $[SnCl_3]^-$ 等；四配位的有平面正方形如 $[Cu(NH_3)_4]^{2+}$、$[Ni(CN)_4]^{2-}$ 以及四面体形 $[NiCl_4]^{2-}$ 和 $[BeF_4]^{2-}$ 等；五配位的有三角双锥形 $[CuCl_5]^{3-}$、$Fe(CO)_5$ 等和四方锥形 $[VO(H_2O)_4]SO_4$、$K_2[SbF_5]$ 等；六配位的有正八面体型 $[FeF_6]^{3-}$、$[Co(NH_3)_6]^{3+}$ 等。配合物常见的空间几何结构如表 2-1 所示。

表 2-1　配位数与空间几何构型

配位数	几何构型名称	几何构型形状	代表性配合物
2	直线形		$[Ag(NH_3)_2]^+$
3	平面三角形		$[Cu(CN)_3]^{2-}$
	三角锥形		$[SnCl_3]^-$
4	平面正方形		$[Cu(NH_3)_4]^{2+}$、$[Ni(CN)_4]^{2-}$
	四面体形		$[NiCl_4]^{2-}$
5	三角双锥形		$Fe(CO)_5$
	四方锥形		$[VO(H_2O)_4]SO_4$、$K_2[SbF_5]$

续表

配位数	几何构型名称	几何构型形状	代表性配合物
6	八面体形	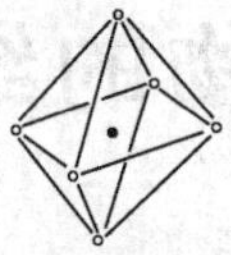	$[FeF_6]^{3-}$
	三棱柱形	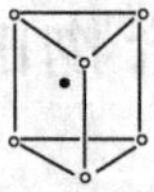	$[Re(S_2C_2Ph_2)_3]$
7	五角双锥形	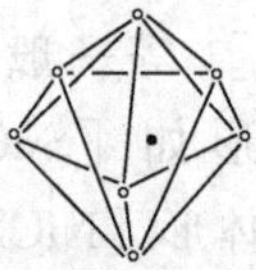	$Na_3[ZrF_7]$
8	十二面体形	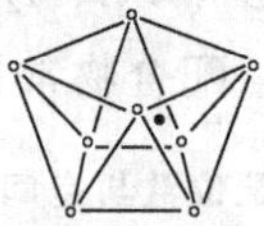	$[Mo(CN)_8]^{4-}$
9	三帽三棱柱形	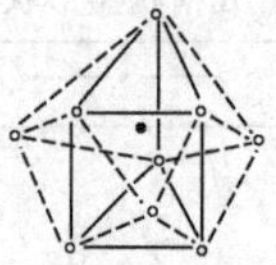	$[ReH_9]^{2-}$
12	二十面体形	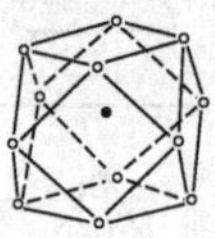	$[Ce(NO_3)_6]^{3-}$

2.2 配合物的异构现象

在化学组成相同的配合物中，因原子间连接或空间排列方式不同而引起的结构和性质不同的现象，称为配合物的同分异构现象（isomerism）。化学式相同但结构和性质不相同的几种配合物互为异构体（isomer）。配合物的异构现象较为普遍，可分为几何异构和旋光异构等，几何异构又可分为结构异构（structural isomerism）和立体异构（stereo isomerism）。配合物的同分异构分类情况见图 2-1。

- 配合物的同分异构
  - 几何异构
    - 结构异构
      - 电离异构、水合异构
      - 配位异构、键合异构
    - 立体异构
  - 旋光异构

图 2-1 配合物的同分异构情况

2.2.1 结构异构

配合物的结构异构指因配合物中内部结构的不同而引起的异构现象，包括由于配体位置变化而引起的结构异构和由配体本身变化而引起的结构异构现象。

（1）电离异构

配合物的内外界之间是完全电离的，因内外界之间交换成分得到的配合物互为电离异构。它们电离所产生的离子种类不同，如 $[CoBr(NH_3)_5]SO_4$（紫色）和 $[CoSO_4(NH_3)_5]Br$（红色），前者可以与 $BaCl_2$ 反应生成 $BaSO_4$ 沉淀，后者与 $AgNO_3$ 生成 $AgBr$ 沉淀。

（2）水合异构

在电离异构体中，当变化位置的配体为 H_2O 时，则称为水合异构。例如，$[Cr(H_2O)_6]Cl_3$ 中的 H_2O 分子发生变化时可引起颜色的变化：$[Cr(H_2O)_6]Cl_3$（紫色）、$[CrCl(H_2O)_5]Cl_2 \cdot H_2O$（亮绿色）和 $[CrCl_2(H_2O)_4]Cl \cdot 2H_2O$（暗绿色）。内界所含 H_2O 分子数随制备时温度和介质不同而变化，其溶液摩尔电导率随配合物内界水分子数减少而降低。

（3）配位异构

在由配阳离子和配阴离子构成的配合物中，两种配体分别处于配阳离子或配阴离子的内界而引起的异构现象。例如：$[Co(NH_3)_6][Cr(C_2O_4)_3]$ 和 $[Cr(NH_3)_6][Co(C_2O_4)_3]$。

（4）配位位置异构

指多核配合物中，因配体位置变化而引起的异构现象。例如：

$$[(NH_3)_4Co \overset{OH}{\underset{OH}{<}} Co(NH_3)_2Cl_2]^{2+}$$

$$[Cl(NH_3)_3Co \overset{OH}{\underset{OH}{<}} Co(NH_3)_3Cl]^{2+}$$

（5）键合异构

同一配体由于配位原子不同而引起的异构现象。如同一个配体 NO_2^-，以 N 原子配位时称为硝基，以 O 原子配位时称为亚硝酸根，并记为 ONO^-，可以形成异构体 $[Co(NH_3)_5NO_2]^{2+}$（黄褐色）和 $[Co(NH_3)_5(ONO)]^{2+}$（红褐色）。

2.2.2 立体异构

配合物立体异构现象是指因配合物内界中两种或两种以上配位体（或配位原子）在空间排布方式的不同而引起的异构现象，相同的配体既可以配置在邻近的顺式位置上（cis-），也可以配置在相对远离的反式位置上（trans-），这种异构现象又叫做顺反异构。立体异构包括顺式、反式异构和面式、经式异构两大类共四种，见表 2-2。配位数为 2 和 3 的配合物或配位数为 4 的四面体配合物因配体之间都是彼此相邻而不存在顺反异构。然而，对于平面四边形和八面体配合物，顺反异构却很常见。如平面正方形配位且组成为 MA_2B_2（A、B 等字母代表不同的配体）的配合物存在顺式和反式两种异构体。

表 2-2 配合物的立体异构现象

配位数	配位个体通式	空间构型	空间异构现象
4	MA_3B	正四面体	无
		平面正方形	无
	MA_2B_2	正四面体	无
		平面正方形	顺式、反式异构
6	MA_5B	正八面体	无
	MA_4B_2		顺式、反式异构
	MA_3B_3		面式、经式异构

(1) 顺反异构

平面四边形配合物二氯二氨合铂（Ⅱ）[Pt(NH₃)₂Cl₂] 就有顺式和反式两种异构体（见图 2-2），其中顺式异构体（顺铂）是目前临床上经常使用的抗癌药物，而反式异构体则不具有抗癌作用。而 MA_3B 型配合物呈四面体分布，不存在顺反异构体。

具有八面体配位构型的六配位配合物同样有立体异构体存在，其异构体的数目与配体种类（单齿还是双齿等）以及不同配体的种类数等有关。对于 MA_4B_2 型配合物，如配离子 $[Co(NH_3)_4Cl_2]^+$ 具有顺式和反式异构体（见图 2-3）。

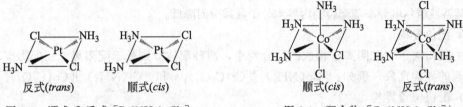

图 2-2　顺式-和反式-$[Pt(NH_3)_2Cl_2]$　　图 2-3　配合物 $[Co(NH_3)_4Cl_2]^+$
两种异构体的结构　　　　　　中的顺式和反式结构

(2) 面式和经式异构

对于 MA_3B_3 型六配位化合物来说，虽然也存在 2 种异构体，但一般称为经式（*meridional*，缩写为 *mer*）和面式（*facial*，缩写为 *fac*），而不是顺式和反式。例如，$[PtCl_3(NH_3)_3]^+$ 即有面式和经式两种异构体（见图 2-4）。在面式异构体中，相同的 3 个配体，位于同一个三角形平面上，在经式异构体中，相同的 2 个配体位于过中心离子的直线两端。可见，空间异构现象不仅与配合物的化学式有关，还与配合物的空间构型有关。

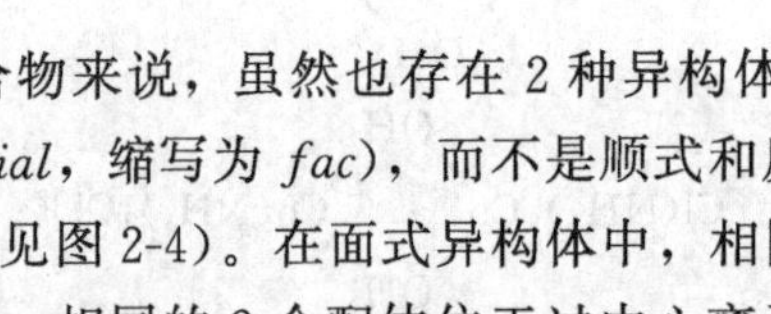

经式(*mer*)　　　　　面式(*fac*)

图 2-4　$[PtCl_3(NH_3)_3]^+$ 的经式、面式异构体

对于含有不对称或者是配位原子不同的双齿配体的六配位配合物，可简单地表示为 $M(AB)_3$，它们与 MA_3B_3 型配合物一样有经式和面式 2 种异构体存在（见图 2-5），由于面式异构体中有对称（*symmetrical*，简写为 *s-*）和不对称（*unsymmetrical*，简写为 *u-*）2 种异构体存在。因此，配合物 $M(ABA)_2$ 中共有 3 种异构体存在。

随着配合物中不同配体种类的增多，其异构体的数目也随之增加，如 $MA_2B_2C_2$ 型配合物有 5 种，MA_2B_2CD 型有 6 种，$MABCDEF$ 型共有 15 种几何异构体存在。

2.2.3　旋光异构

旋光异构又叫对映异构，即 2 种配合物互成镜像，如同人的左右手一样，它们不能相互重合，而且对偏振光的旋转方向相反，这样的配合物互为旋光异构体或对映体。这种异构现象称为旋光异构（optical isomerism）现象。两个旋光异构体的旋光度大小相等，方向相反。旋光异构体有左、右旋之分，左旋用（-）或 L 表示，右旋用符号（+）或 D 表示。例如八面体形的 $[Co(en)_2(NO_2)_2]^+$ 具有顺反几何异构体，其中反式 $[Co(en)_2(NO_2)_2]^+$ 不可

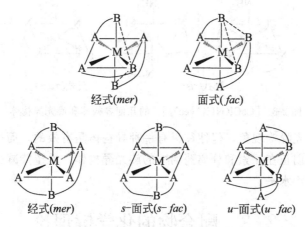

经式(*mer*)　　　面式(*fac*)

经式(*mer*)　　　*s*-面式(*s*-*fac*)　　　*u*-面式(*u*-*fac*)

图 2-5　经式和面式异构体结构

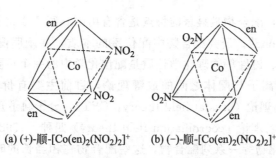

(a) (+)-顺-[Co(en)$_2$(NO$_2$)$_2$]$^+$　　(b) (−)-顺-[Co(en)$_2$(NO$_2$)$_2$]$^+$

图 2-6　顺-[Co(en)$_2$(NO$_2$)$_2$]$^+$ 的旋光异构体

能有旋光异构。而顺式 [Co(en)$_2$(NO$_2$)$_2$]$^+$ 具有旋光异构体（见图 2-6）。四面体形、平面正方形配合物也可能有旋光异构体，但已发现的较少。

旋光异构体的熔点相同而光学性质不同。有旋光异构体的配合物一定是手性分子，经过拆分后，每个对映体均有光学活性，可用旋光度来衡量。在 [Co(en)$_3$]Br$_3$ 中有 2 个旋光异构体存在（见图 2-7），尽管乙二胺是对称配体，而且是 3 个同样的配体配位于同一个中心原子上。

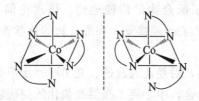

图 2-7　[Co(en)$_3$]Br$_3$ 的 2 个旋光异构体

有的配合物既有旋光异构体又有几何异构体存在，配合物 [CoCl(NH$_3$)(en)$_2$]$^{2+}$ 的反式结构中有两个对称面，均通过 Cl、Co、N 三个原子，且垂直于分子平面，这两个对称面相互垂直，而顺式结构的 [CoCl(NH$_3$)(en)$_2$]$^{2+}$ 则无对称面，有对映体存在。因此配合物 [CoCl(NH$_3$)(en)$_2$]$^{2+}$ 共有 3 种异构体存在（见图 2-8）。现已证实，[M(AA)$_3$]、[M(AA)$_2$B$_2$]、[M(AA)$_2$BC] 和 [M(AA)(BB)C$_2$] 型配合物的顺式异构体中都有光学活性的旋光异构体存在。同时每一个几何异构体都有一个光学对映体存在。因此，从理论上讲 MABCDEF 型配合物应有 30 个异构体存在，不过到目前为止，还未能分离得到全部 30 种异构体。

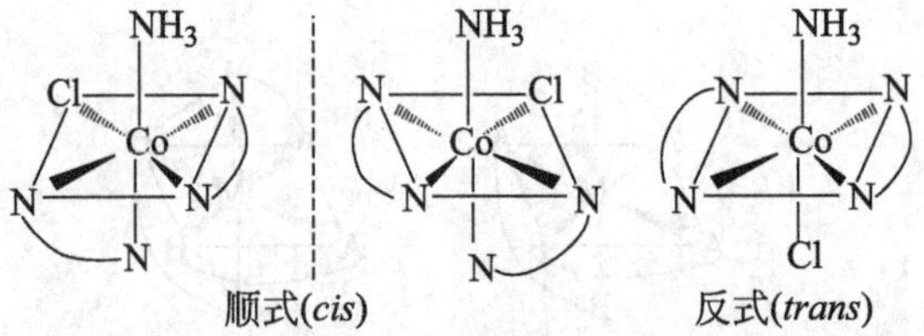

顺式(cis)   反式(trans)

图 2-8 $[CoCl(NH_3)(en)_2]^{2+}$ 的几何异构体和旋光异构体

许多药物也有旋光异构现象，但往往只有一种异构体是有效的，而另一种异构体无效甚至是有害的。科学家们正在探索和分离药物中的旋光异构体，希望能减少用药量，降低毒副作用，提高药物的治疗水平。

2.3 配合物的化学键理论

与其他化合物相比，配合物最显著的特点是含有由中心原子或离子与配体结合而产生的配位键（coordination bond）。研究配合物中配位键的本质，并阐明配合物的配位数、配位构型以及热力学稳定性、磁性等物理化学性质是配位化学中的一个重要组成部分。配合物的化学键理论，是指中心离子与配体之间的成键理论，目前主要有价键理论（valence bond theory，VBT）、晶体场理论（crystal field theory，CFT）、分子轨道理论（molecular orbital theory，MOT）和配位场理论（coordination field theory）四种。1798 年塔斯尔特在实验室制得六氨合钴（Ⅲ）氯化物等一系列配合物，这些配合物在相当长的时间里，科学家都感到难以理解。因为根据当时经典的化合价理论，$CoCl_3$ 和 NH_3 都是化合价已饱和的稳定化合物，它们之间又怎么结合成稳定的化合物呢？1893 年，年仅 26 岁的瑞士人维尔纳，提出了对"复杂化合物"（配位化合物）结构的见解，即维尔纳配位理论。

配位理论虽对配位化学的发展起了重大作用，但对一系列问题却难以解释。如配位键形成的条件和本质，配位数和空间构型，以及配离子的性质如何。

2.3.1 价键理论

Pauling 等人在 20 世纪 30 年代初提出了杂化轨道理论，并用来处理配合物的形成、几何构型和磁性等问题，建立了配合物的价键理论。该理论简单明了，保留了分子结构中"键"的概念，因此很快就被人们普遍接受，在配合物的化学键理论领域内占统治地位达 20 多年之久。

价键理论最早由鲍林提出，后经他人改进、充实而逐步形成。价键理论的要点是，中心离子与配体之间以配位键相结合，中心离子提供经杂化的空价轨道，配位原子提供孤电子对而形成 σ 配键。利用上述理论，科学家们不仅能够解释配合物的形成、结构和一些物理化学性质，而且还可以用来预测某些未知配合物的结构和性能。价键理论利用杂化轨道的概念阐明了配位键的形成，合理地解释了配位数、配位构型以及配合物的磁矩等性质。价键理论的核心是中心原子提供的空轨道必须先进行杂化形成能量相同的杂化轨道，然后与配体作用形成配位键。中心原子能够形成配位键的数目是由中心原子可利用的空轨道（即价电子轨道）数来决定的，不同的中心原子参与形成配位键的空轨道数是不一样的，因此其配位数也不一样。同时，由这些空轨道参与形成的杂化轨道本身是有方向性的。因此当配体提供的孤电子对与这些杂化空轨道发生重叠形成配位键时，配位键就有一定的方向，配合物也因此有一定的形状，即空间构型。

在配合物的形成过程中，中心离子（或原子）M 必须具有空的价轨道，以接受配体的孤电子对或 π 电子，形成 σ 配位共价键（M ← L），简称 σ 配键。σ 配键沿键轴呈圆柱形对称，其键的数目即中心离子的配位数。如在形成配离子 $[Ti(H_2O)_6]^{3+}$ 的过程中，Ti^{3+} 的空轨道接受配体水分子的孤电子对形成 Ti ← OH_2 配位键，表示为：

$$H_2O \quad \overset{OH_2}{\underset{Ti}{\nearrow}} \quad OH_2$$

$$H_2O \quad \overset{}{\underset{OH_2}{}} \quad OH_2$$

为了增强配位键的成键能力，形成结构均衡的配合物，中心体用能量相近的价层轨道进行杂化，得到能量相同的杂化轨道，然后以杂化后的空轨道来接受配体 L 的孤电子对，形成配位化合物。杂化轨道的数目和类型决定了配合单元的空间构型、配位数和稳定性等。

金属元素一般有尚未填满的内层 $(n-1)d$ 以及未填充的外层 ns、np 及 nd 等空轨道，故其杂化方式有 2 种，即外轨型杂化和内轨型杂化。

① 配体的配位原子电负性较大，如 F^-、H_2O、Cl^-、Br^-、OH^-、ONO^-、$C_2O_4^{2-}$，其孤电子对难以给出，中心离子的内层结构不发生改变，仅用外层的 ns、np、nd 空轨道杂化，然后接受配体的孤电子对，这类化合物叫外轨型配合物。这类化合物中配合物中心离子的构型与中心离子单独存在时相同，中心离子价电子自旋程度大，所以又称为高自旋配合物。

② 配体的配位原子的电负性较小，如 CN^-、CO、NO_2^-，较易给出孤电子对，对中心离子的结构影响较大，通常中心离子 $(n-1)d$ 轨道上的成单电子被强行配对，而空出内层能量低的空轨道来接受配体的孤电子对，形成内轨型配合物。这类化合物中心离子构型与中心离子单独存在时不同。中心离子的成单电子数少，自旋程度小，故这类化合物有时又叫低自旋配合物。

由于成单电子配对过程中需要克服电子成对能，因此形成内轨型配合物时中心离子 M 与 L 之间成键放出的能量在补偿成对能后，仍比形成外轨型配合物的总能量大。六配位八面体型配合物通常采用 sp^3d^2 或 d^2sp^3 杂化轨道，前者为外轨型，后者为内轨型配合物。例如在 $[Mn(H_2O)_6]^{2+}$ 中由于配位原子氧的电负性较大，不容易给出孤电子对，因此这类配体与中心原子作用时对中心原子的电子结构影响不大。从图 2-9 可以看出，在 $[Mn(H_2O)_6]^{2+}$ 中锰的电子结构没有发生变化，来自水分子 6 个氧的 6 对孤电子对占据了锰的 6 个 sp^3d^2 杂化轨道，从而形成了高自旋的外轨型配合物。

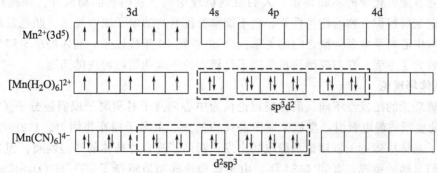

图 2-9　外轨型和内轨型 Mn(Ⅱ) 配合物

与此相反，由于 CN^- 配体中配位原子较容易给出孤电子对，因此在 $[Mn(CN)_6]^{4-}$ 的形成过程中，配体对中心原子电子结构的影响较大，使 Mn^{2+} 的 3d 轨道上的 5 个不成对电子发生重排，从而空出 2 个 3d 轨道参与形成 d^2sp^3 杂化轨道，因此 $[Mn(CN)_6]^{4-}$ 为低自旋内轨型配合物。同理，对于 $(n-1)d^8$ 电子构型四配位的配合物如 $Ni(NH_3)_4^{2+}$ 和 $Ni(CN)_4^{2-}$，前者为正四面体，后者为平面四方形，即前者的 Ni^{2+} 采取 sp^3 杂化，后者的 Ni^{2+} 采取 dsp^2 杂化（见图 2-10）。而 Pd^{2+}、Pt^{2+} 为中心体的四配位配合物一般为平面四方形，因为它们都采取 dsp^2 杂化。

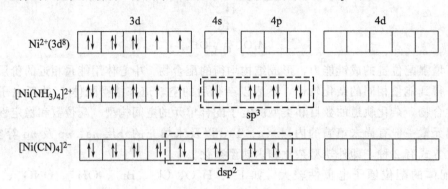

图 2-10 外轨型和内轨型 Ni(Ⅱ) 配合物

通过测定配合物的磁矩可以确定配合物属于外轨型还是内轨型。磁矩 μ 的单位为波尔磁子（B. M.），用 μ_B 表示，可以用下面的公式进行近似计算：

$$\mu_B = \sqrt{n(n+2)} \tag{2-1}$$

在上面式子中，n 为成单电子数，依此公式计算出配合物的磁矩见表 2-3。

表 2-3 配合物的磁矩与未成对电子数的关系

n	0	1	2	3	4	5
μ_B/B. M.	0.00	1.73	2.83	3.87	4.90	5.92

配合物的价键理论较好地解释了配合物的磁学性质。如 $[FeF_6]^{3-}$ 中含有 5 个未成对电子，其理论计算值为 5.92 B. M.，而实测值为 5.88 B. M.，与理论值基本一致。因此，对一个结构未知的配合物，通过测定其磁矩，可在一定程度上判断其是内轨型还是外轨型配合物。内轨型配合物往往属于低自旋配合物，外轨型则属于高自旋配合物，配合物的几何构型可用中心离子的杂化轨道来说明。

尽管价键理论能对许多配合物的配位数、空间构型、稳定性及磁性等性质给予较好的解释。但是随着配位化学的不断发展，人们发现该理论也存在明显的局限性。该理论是定性的，不能定量解释配合物的相关性质，也不能解释配合物的电子吸收光谱、颜色以及配离子的稳定性与中心离子电子构型之间的关系。自 20 世纪 50 年代以来，晶体场理论和分子轨道理论逐步成为了主流，它们较圆满地解决了价键理论中未能很好解决的问题。

2.3.2 晶体场理论

与价键理论的出发点不同，晶体场理论认为中心阳离子对阴离子或偶极分子（如 H_2O、NH_3 等）的负端的静电吸引，类似于离子晶体中的正、负离子相互作用力。1928 年，Bethe 首先提出了晶体场理论。该理论从静电场出发，揭示了配合物晶体的一些性质。但当时并没有引起人们足够的重视，直到 1953 年，由于该理论成功地解释了 $[Ti(H_2O)_6]^{3+}$ 是紫红色的，才使其得到迅速发展。

（1）晶体场理论的基本要点

① 中心离子 M^{n+} 可以看作带正电荷的点电荷，配体看作带负电荷的点电荷，只考虑 M^{n+} 与 L 之间的静电作用，不考虑任何共价键。

② 配体对中心离子的 d 轨道发生影响。在自由离子状态中，虽然 5 个 d 轨道的空间分布不同，但能量是相同的。简并的 5 个 d 轨道发生分裂，分裂情况主要取决于配体的空间分布。

③ 中心离子 M^{n+} 的价电子在分裂后的 d 轨道上重新排布，优先占有低能量 d 轨道，进而获得额外的稳定化能量，称为晶体场稳定化能（crystal field stabilization energy，CFSE）。

（2）中心体 d 轨道在不同配体场中的分裂情况

如果只考虑中心离子和配体的静电作用，配体产生的电场称为晶体场（crystal filed）。在孤立的原子或离子状态下，金属原子或离子中的 5 个 d 轨道的能量是相同的，称为简并轨道。当配体与中心离子形成配合物时，d 轨道受到晶体场的作用，中心离子的正电荷与配体的负电荷相互吸引，中心离子 d 轨道上的电子受到配体电子云的排斥。在不同方向，这种相互作用的大小不同，d 轨道能量变化的程度也不相同。

在八面体晶体场中，5 个 d 轨道的能量都有所上升，但因上升程度不同而出现了能量高低差别。中心离子 d_{z^2} 和 $d_{x^2-y^2}$ 轨道的伸展方向正好处于正八面体的 6 个顶点方向，与配体迎头相遇，其能量上升较高，而 d_{xy}、d_{yz}、d_{xz} 轨道与正八面体轴向相错，与配体的相互作用小，能量上升较少（见图 2-11）。因此，本来简并的 5 个 d 轨道分裂为 2 组，即能量相对较高的轨道（d_{z^2}、$d_{x^2-y^2}$）称为 e_g 轨道，能量相对较低的轨道（d_{xy}、d_{yz}、d_{xz}）称为 t_{2g} 轨道。两组 d 轨道之间的能量差称为分裂能（cleavage energy），以 Δ_o 表示。特别注意 Δ_o 只是表示能级差的一种符号，对不同的配合物体系，分裂能不同，Δ_o 的值也不同（见图 2-12）。

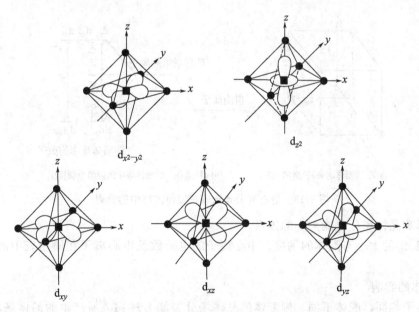

图 2-11　正八面体场对 5 个 d 轨道的作用

为了便于定量计算，将 $\Delta_o/10$ 当作一个能量单位，用符号 Dq 表示，即 $\Delta_o=10Dq$，则有以下关系：

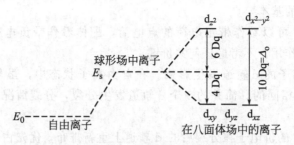

图 2-12　中心离子 d 轨道在八面体中的分裂

$$\begin{cases} 2E(e_g)+3E(t_{2g})=0 \\ E(e_g)-E(t_{2g})=10Dq \end{cases} \tag{2-2}$$

解联立方程得：

$$E(e_g)=+6Dq$$

$$E(t_{2g})=-4Dq \tag{2-3}$$

这意味着在八面体场中，中心离子的 t_{2g} 组轨道能量低于平均值 $4Dq$，而 e_g 组轨道能量高出平均值 $6\,Dq$。

配合物的几何构型不同，d 轨道的分裂情况也不同。在正四面体场中，中心离子 d 轨道受作用情况如图 2-13(a) 所示。在正四面体配合物中，配体占据立方体的 4 个顶点，配体与 d 轨道之间不会出现迎头相碰的作用，所以正四面体的分裂能（Δ_t）低于正八面体的分裂能（Δ_o），仅相当于正八面体分裂能的 $4/9$。由于 d_{xy}、d_{yz}、d_{xz} 轨道指向立方体各棱的中点，而 d_{z^2}、$d_{x^2-y^2}$ 轨道指向立方体的面心，相对而言，前者受到配体的作用更强些，所以在正四面体场中，d_{xy}、d_{yz}、d_{xz} 轨道能量高于平均值，而 d_{z^2}、$d_{x^2-y^2}$ 轨道能量低于平均值 [图 2-13(b)]。

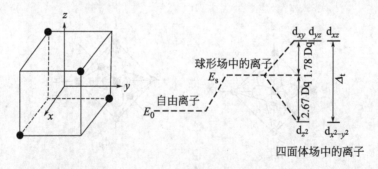

(a) 正四面体场与d轨道的关系　　　　(b) d轨道在正四面体场中的能级分裂情况

图 2-13　中心离子 d 轨道在四面体场中的分裂

（3）影响晶体场分裂能大小的因素

分裂能 Δ_o 的大小与配体的场强、中心离子的电荷数及中心离子在周期表中的位置等因素有关。

① 配体的影响

中心离子相同，配体不同，则配体的晶体场分裂能力越强，所产生的晶体场场强越大，分裂能越大。同一种金属离子分别与不同的配体生成一系列八面体配合物，用电子光谱法分别测定它们在八面体场中的分裂能（Δ_o），按由小到大的次序排列，得如下序列（用 "*"号标记的原子表示配位原子）：

$I^- < Br^- < {}^*SCN^- \sim Cl^- < NO_3^- < F^- <$ 尿素 $\sim OH^- \sim {}^*ONO^- \sim HCOO^- < C_2O_4^{2-} <$

$H_2O <$ 吡啶 $\sim EDTA < ^*NCS^- < ^*NH_2CH_2COO^{*-} < NH_3 <$ en $< ^*NO_2^- < ^*CO \sim ^*CN^-$。该序列又称"光谱化学序列"。通常以水的分裂能为基准,将水前面的配体,如 I^-、Br^-、Cl^- 等,称为弱场配体,它们形成配合物时分裂能较小。水后面的配体,如 CN^-、CO 等,称为强场配体,它们形成的配合物分裂能较大(见表 2-4)。

表 2-4 Co^{3+} 与某些配体形成八面体配合物的分裂能

配体	$6F^-$	$6H_2O$	$6NH_3$	3en	$6CN^-$
Δ_o/cm^{-1}	13000	18600	23000	23300	34000

② 中心离子的影响

配体相同,中心金属离子相同时,金属离子的价态越高,分裂能越大,例如:

$[Co(H_2O)_6]^{3+}$ $\Delta_o = 18600 \ cm^{-1}$ $[Co(H_2O)_6]^{2+}$ $\Delta_o = 9300 \ cm^{-1}$

$[Co(NH_3)_6]^{3+}$ $\Delta_o = 23000 \ cm^{-1}$ $[Co(NH_3)_6]^{2+}$ $\Delta_o = 10100 \ cm^{-1}$

配体相同,中心金属离子价态相同且为同族元素时,从上到下分裂能增大。例如:

$[Co(NH_3)_6]^{3+}$ $\Delta_o = 23000 \ cm^{-1}$

$[Rh(NH_3)_6]^{3+}$ $\Delta_o = 33900 \ cm^{-1}$

$[Ir(NH_3)_6]^{3+}$ $\Delta_o = 40000 \ cm^{-1}$

③ 中心体 $(n-1)d$ 轨道上电子在晶体场分裂轨道中的排布

电子成对能 (P):使电子自旋成对地占有同一轨道必须付出的能量。

强场与弱场:当 $\Delta_o > P$ 时,即分裂能大于电子成对能,称为强场,电子首先排满低能量 d 轨道。当 $\Delta_o < P$ 时,即分裂能小于电子成对能,称为弱场,电子首先成单地占有所有的 d 轨道。前者的电子排布称为低自旋排布,后者的电子排布称为高自旋排布。

从表 2-5 可以看出,对于 d^1、d^2、d^3、d^8、d^9、d^{10} 电子构型的正八面体配合物而言,高低自旋的电子排布是一样的。

表 2-5 d^n 在正八面体场中的排布

d电子构型	弱场 $P > \Delta_o$		强场 $\Delta_o > P$	
	t_{2g}	e_g	t_{2g}	e_g
d^1	↑		↑	
d^2	↑ ↑		↑ ↑	
d^3	↑ ↑ ↑		↑ ↑ ↑	
d^4	↑ ↑ ↑	↑	↑↓ ↑	↑
d^5	↑ ↑ ↑	↑ ↑	↑↓ ↑↓ ↑	
d^6	↑↓ ↑ ↑	↑ ↑	↑↓ ↑↓ ↑↓	
d^7	↑↓ ↑↓ ↑	↑ ↑	↑↓ ↑↓ ↑↓	↑
d^8	↑↓ ↑↓ ↑↓	↑ ↑	↑↓ ↑↓ ↑↓	↑ ↑
d^9	↑↓ ↑↓ ↑↓	↑↓ ↑	↑↓ ↑↓ ↑↓	↑↓ ↑
d^{10}	↑↓ ↑↓ ↑↓	↑↓ ↑↓	↑↓ ↑↓ ↑↓	↑↓ ↑↓

这就很好地解释了配合物的稳定性与 $(n-1)d^n$ 的关系。如第一过渡系+2 价氧化态水合离子 $M(H_2O)_6^{2+}$ 稳定性与 $(n-1)d^n$ 在八面体弱场中的 CFSE 有如下关系(表 2-6):

$d^0 < d^1 < d^2 < d^3 > d^4 > d^5 < d^6 < d^7 < d^8 < d^9 > d^{10}$，但有时也会出现 $d^3 < d^4$ 和 $d^8 < d^9$ 的情况。

表 2-6 d^n 在正八面体中的 CFSE（以 Dq 计）

d^n	d^0	d^1	d^2	d^3	d^4	d^5	d^6	d^7	d^8	d^9	d^{10}
低自旋($\Delta_o > P$)	0	−4	−8	−12	−16	−20	−24	−18	−12	−6	0
高自旋($\Delta_o < P$)	0	−4	−8	−12	−6	0	−4	−8	−12	−6	0

1937 年 Jahn 和 Teller 提出泰勒效应（Jahn-Teller effect）。在 d 电子云分布不对称的非线性分子中，如果在基态时有几个简并的状态，体系是不稳定的，分子的几何结构必然会发生畸变以降低其简并度，从而稳定其中的某种状态。这就是 Jahn-Teller 效应。该效应可以用晶体场理论做出合理的解释。需要注意的是，Jahn-Teller 效应中所说的简并度不是轨道本身的简并度，而是这些轨道被占时所产生的组态简并度。

以配离子 $[Cu(NH_3)_4(H_2O)_2]^{2+}$ 为例，中心离子 Cu^{2+} 的电子构型为 $3d^9$，有 6 个电子填充在 t_{2g} 轨道上，另外 3 个填充在 e_g 轨道，在二重简并的 e_g 轨道中，3 个电子有 2 种能量相同的排列方式，即 $(d_{z^2})^2 (d_{x^2-y^2})^1$ 和 $(d_{z^2})^1 (d_{x^2-y^2})^2$。如果按方式一排列，很显然 z 轴上的 2 个配体将受到比 x 轴和 y 轴上配体更大的电子排斥力，其结果是 z 轴上的 2 个配体的配位键被拉长，而 x 轴和 y 轴上的 4 个配体被压缩，形成拉长的八面体，由于这种畸变使 $d_{x^2-y^2}$ 轨道的能级上升，d_{z^2} 轨道的能级下降，即畸变使原来简并的 e_g 轨道进一步分裂，从而消除了简并性。相反，如果采用方式二排列，这种畸变使 d_{z^2} 轨道的能级上升，$d_{x^2-y^2}$ 轨道的能级下降，使之形成了压缩的八面体（见图 2-14）。

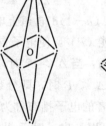

拉长八面体　　　　压缩八面体

图 2-14　畸变的八面体

（4）晶体场理论的应用

① 可以解释第一过渡系列 $[M(H_2O)_6]^{2+}$ 的稳定性与 d 电子数的关系。同时，可以根据 $\Delta_o > P$ 或 $\Delta_o < P$ 来判断高低自旋配合物，即可以不用 μ（磁矩）来判断配合物属于高自旋还是低自旋。

② 配离子磁性的判断　在价键理论中，需要借助配离子的磁性实验数据推测中心离子 d 轨道中的未成对电子数，从而判断中心离子属于何种杂化类型，该配合物属于何种配合物。在晶体场理论中，只要知道分裂能 Δ_o 和电子成对能 P 的数据，就可以判断该配离子属于强场或弱场离子，并进一步分析 d 电子在 t_{2g} 轨道和 e_g 轨道上的分布情况，判断成单电子数，并利用公式（2-1）计算出该配离子磁矩的理论值。

③ 对配合物稳定性的解释　配合物的稳定性可以用晶体场稳定化能（crystal field stability energy，CFSE）来解释。在晶体场中，中心离子的 d 电子从未分裂的 d 轨道进入分裂后的 d 轨道所产生的能量下降值，称为晶体场稳定化能。以 d^6 构型的中心离子为例，在正八面体场中，d 轨道分裂前后，d 电子排布情况如图 2-15 所示。

在弱场中，t_{2g} 轨道上有 4 个电子，每排入 1 个电子，总能量下降低 4Dq，e_g 轨道上有 2 个电子，每排入 1 个电子，总能量上升 6Dq。与分裂前的状态相比较，能量下降总值为 4Dq：

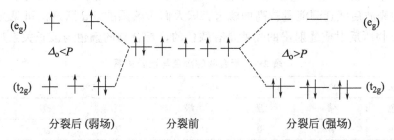

图 2-15　正八面体场中 d^6 离子的 d 电子在 d 轨道分裂前后的分布情况

$$CFSE = 4 \times (-4Dq) + 2 \times (+6Dq) = -4Dq \tag{2-4}$$

在强场中，所有电子都集中在 t_{2g} 轨道上，每排入 1 个电子，总能量下降 4Dq。另外还要考虑分裂前后电子成对能（P）的变化，分裂前已有 1 对电子对，分裂后变成 3 对电子对，因而额外消耗了 2 份电子成对能，总的能量下降情况如下：

$$CFSE = 6 \times (-4Dq) + 2P = -24Dq + 2P \tag{2-5}$$

正八面体场中的 CFSE 见表 2-7。

表 2-7　正八面体场中的 CFSE（以 Dq 计）

d^n	d^1	d^2	d^3	d^4	d^5	d^6	d^7	d^8	d^9	d^{10}
弱场	－4	－8	－12	－6	0	－4	－8	－12	－6	0
强场	－4	－8	－12	－16+P	－20+2P	－24+2P	－18+P	－12	－6	0

第一过渡系元素＋2 价金属离子 Mn^{2+}（d^5）、Fe^{2+}（d^6）、Co^{2+}（d^7）、Ni^{2+}（d^8）、Cu^{2+}（d^9）、Zn^{2+}（d^{10}），与同一配体形成的自旋八面体配离子（弱场）稳定性顺序与 CFSE 顺序的关系见表 2-8。

表 2-8　配离子稳定性与 CFSE 的关系

d^n	d^5	d^6	d^7	d^8	d^9	d^{10}
弱场中稳定性顺序	Mn^{2+} <	Fe^{2+} <	Co^{2+} <	Ni^{2+} <	Cu^{2+} >	Zn^{2+}
弱场中 CFSE	0	－4	－8	－12	－6	0

除了 Ni^{2+} 和 Cu^{2+} 的顺序反常外，弱场中配离子的稳定性顺序与 CFSE 顺序基本一致，即 CFSE 愈大，配合物愈稳定。Cu^{2+} 的稳定性大于 Ni^{2+}，是由于 Cu^{2+} 的八面体配离子产生了 Jahn-Teller 效应的结果。

例　已知 $[CoF_6]^{3-}$ 的 $\Delta_o = 13000cm^{-1}$，$[Co(CN)_6]^{3-}$ 的 $\Delta_o = 34000\ cm^{-1}$，它们的 $P = 17800\ cm^{-1}$，分别计算它们的 CFSE。

解：（1）Co^{3+} 构型为 d^6，在 $[CoF_6]^{3-}$ 中 $\Delta_o < P$，d 电子分布为 $(t_{2g})^4(e_g)^2$，属弱场配离子。CFSE $= 4 \times (-4Dq) + 2 \times (+6Dq) = -4Dq = -4 \times (13000/10)\ cm^{-1} = -5200cm^{-1}$

（2）在 $[Co(CN_6)]^{3-}$ 中，$\Delta_o > P$，属强场配离子，d 电子分布为 $(t_{2g})^6(e_g)^0$。CFSE $= 6 \times (-4Dq) + 2P = -24Dq + 2P = -24 \times (34000/10)cm^{-1} + 2 \times 17800\ cm^{-1} = -46000cm^{-1}$

④ 可以解释配合物的电子光谱和颜色。过渡金属配合物的颜色是因为中心原子 d 轨道

未完全充满，较低能级轨道（如八面体场中 t_{2g} 轨道）中的 d 电子从可见光中吸收与分裂能 Δ 能量相当的光波后跃迁到能量较高的轨道，即人们所熟悉的 $d\text{-}d$ 跃迁。可见光的一部分被吸收后，配合物所反射或透射出的光就是有颜色的，配合物的颜色与波长关系见表 2-9。

表 2-9　配合物的颜色与波长关系

吸收波长/nm	400	435	490	560	595	610	770
被吸收的颜色	紫	蓝	绿	黄		橙	红
观察到的颜色	黄	橙	红	紫		蓝	绿

这样既解释了配合物的电子吸收光谱和颜色，也说明了 Cu(Ⅰ)、Ag(Ⅰ) 和 Zn(Ⅱ) 等具有 d^{10} 电子构型的金属离子为什么是无色的。

金属离子 $[M(H_2O)_6]^{n+}$ 水溶液的颜色见表 2-10。

表 2-10　金属离子 $[M(H_2O)_6]^{n+}$ 水溶液的颜色

d^n	d^1	d^2	d^3	d^5	d^6	d^7	d^8	d^9
M^{n+}	Ti^{3+}	V^{3+}	Cr^{3+}	Mn^{2+}	Fe^{2+}	Co^{2+}	Ni^{2+}	Cu^{2+}
颜色	紫色	蓝色	紫色	肉红色	红色	粉红	绿色	蓝色

缺点：不能从理论上解释光谱化学序列中的次序，同时对羰基化合物和 π 配合物的形成、稳定性等难以做出圆满的解释，这就需要用分子轨道理论 （molecular orbital theory, MOT） 来说明这些问题。

2.3.3　分子轨道理论

两个原子结合时，其原子轨道互相作用形成了分子轨道，其中能量较低的轨道称为成键分子轨道，能量较高的轨道称为反键分子轨道。与晶体场理论中只考虑静电作用不同，分子轨道理论考虑了中心原子与配位原子间原子轨道的重叠，即配位键的共价性。构建配合物的分子轨道原则上与构建简单双原子分子的分子轨道方法相同，都是将中心原子和配位原子的原子轨道按一定的原则进行有效的线性组合。分子轨道理论有下面三个基本原则：

①　分子轨道的数目等于结合的原子轨道的数目。两个分子轨道中，能量较低的为成键分子轨道，能量较高的为反键分子轨道。

②　电子优先进入能量较低的分子轨道，一个轨道中最多能容纳两个电子。

③　电子尽可能分占不同的分子轨道。

分子轨道理论比价键理论和晶体场理论更能说明问题。它不仅可以用来解释如 π 配合物和羰基配合物等特殊配合物中配位键的本质，同时还可以计算出所形成配合物中各分子轨道能量的高低，并定量地解释配合物的相关物理和化学性质。通常人们采用简化或某些近似处理的方法来得到分子轨道能量的大小，下面将简单介绍常见八面体配合物中分子轨道形成的情况。

（1）中心金属与配体之间不存在 π 相互作用

图 2-16 是中心金属与配体之间不存在 π 相互作用中最简单的一种情况。在 ML_6 中只有 σ 成键作用。在第一过渡系八面体配合物中，金属离子具有 $4s$、$4p_x$、$4p_y$、$4p_z$、$3d_{xy}$、$3d_{yz}$、$3d_{zz}$、$3d_{x^2-y^2}$、$3d_{z^2}$ 共 9 个价轨道。其中有 6 个轨道的角度分布的最大值处在 $\pm x$、$\pm y$ 和 $\pm z$ 这 6 个方向上，与 ML_6 型八面体配合物中 6 个配体所处方向一致，因此这 6 个轨道可以参与形成 σ 分子轨道，即具有 σ 对称性。当这些金属离子与仅有 σ 轨道参与配位键形

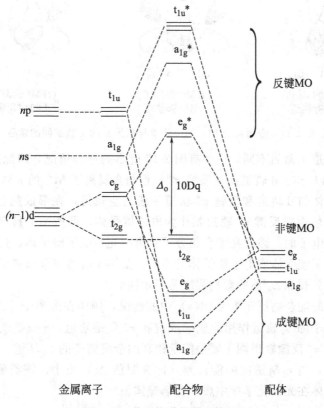

图 2-16　分子轨道的形成情况

成的配体作用形成 ML_6 型八面体配合物时，配合物分子轨道中只有 σ 键存在。在与金属离子轨道作用以前，来自配体的 6 个 σ 轨道必须首先进行线性组合形成配体群轨道。以配离子 $[Co(NH_3)_6]^{3+}$ 为例，从图可见，来自金属离子的 6 个 σ 轨道可以与配体的 6 个 σ 轨道组合成 1 个 a_{1g}，2 个 e_g 和 3 个 t_{1u} 对称轨道。根据对称性匹配原则可将金属离子和配体中具有相同对称性的轨道进行线性组合，得到配合物的分子轨道。配体 NH_3 提供不等性杂化的孤电子对轨道作为 σ 型轨道，配位原子 N 的 p_x 和 p_y 能级高，配体无能量匹配的 π 轨道参与形成分子轨道。金属离子的 a_{1g} 和配体的 a_{1g} 群轨道相互作用，得到两个分子轨道，一个为成键分子轨道，另一个为反键分子轨道。金属的 t_{1u} 轨道和配体的 t_{1u} 群轨道作用，产生一个成键分子轨道和一个反键分子轨道。

同样，金属离子和配体的 e_g 相互作用产生成键的 e_g 和反键的 e_g^* 分子轨道。金属离子的 t_{2g} 轨道并不直接指向配体，不能与配体形成 σ 键，而且配体并没有相同对称性的 σ 型群轨道与之匹配，因此如果仅考虑 σ 的成键作用，中心原子的 t_{2g} 是非键轨道。在上面配离子中，Co^{3+} 的 6 个 d 电子可以填入非键的 t_{2g} 轨道和反键的 e_g^* 轨道，并有 2 种排列方式，即 $(t_{2g})^6 (e_g^*)^0$ 和 $(t_{2g})^4 (e_g^*)^2$，前者为低自旋，后者为高自旋。具体采用哪种填法，与其电子成对能 P 以及 t_{2g} 和 e_g^* 轨道间的能级差（即晶体场理论中的分裂能 Δ_o）有关，当 $\Delta_o > P$ 时按低自旋 $(t_{2g})^6 (e_g^*)^0$ 填充，而当 $\Delta_o < P$ 时按高自旋方式 $(t_{2g})^4 (e_g^*)^2$ 填充。这一结论与晶体场理论是一致的。

（2）中心金属与配体之间存在 π 相互作用

中心金属与配体之间存在 π 相互作用时，要考虑配体 π 轨道与金属离子 π 轨道之间的作

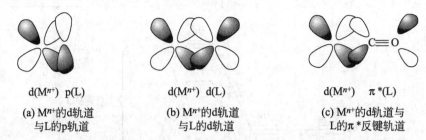

(a) M^{n+}的d轨道
与L的p轨道

(b) M^{n+}的d轨道
与L的d轨道

(c) M^{n+}的d轨道与
L的π^*反键轨道

图 2-17 金属离子 M^{n+} 的 π 轨道与配体 L 的 π 轨道间的重叠

用。根据配体 π 轨道来源的不同，主要有图 2-17 所示的三种情况，即配体 L 分别提供垂直于 M-L 轴方向的 p 轨道、d 轨道或者反键 π^* 轨道与金属离子 M^{n+} 的 π 轨道作用。

同时，由于配体的 d 轨道和反键 π^* 轨道一般是空轨道，在形成配合物的分子轨道中，这些来自配体的 d 轨道或反键 π^* 轨道就作为电子接受体，即所谓 π 接受配体，而配体的 p 轨道往往是充满了电子的，因此在配合物分子轨道中充当电子给予体，这类配体被称为 π 给予体配体。随着电子接受体或电子给予体的不同，配体 π 轨道与金属离子 π 轨道作用形成配合物分子轨道时对分裂能 Δ_0 值的影响程度是不相同的。

含有卤素配体的配合物属于图 2-18(a) 中的情况，例如在配离子 $[CoF_6]^{3-}$ 中，氟离子的 p 轨道可与钴离子的 t_{2g} 轨道作用形成 π 成键和 π^* 反键轨道。π 成键轨道主要来自能量较低的配体轨道，而 π^* 反键轨道则主要是能量较高的金属离子的 t_{2g} 轨道。其结果是金属离子 t_{2g} 轨道的能量升高，与 e_g 轨道间的能量差（即分裂能 Δ_0）减小。该类配合物为高自旋型，也说明卤素离子配体在光谱化学序中属于弱场配体。

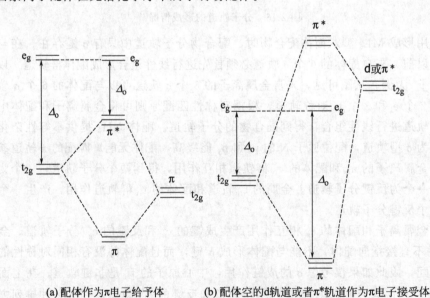

(a) 配体作为π电子给予体　　　(b) 配体空的d轨道或者π^*轨道作为π电子接受体

图 2-18 配体在配合物中 π 成键情况

图 2-18(b) 适用于含有如 CN^- 和 R_3P 等配体的配合物中 π 成键情况。P 原子除了利用 3s 及 3p 轨道与金属离子的 d 轨道作用形成 σ 分子轨道之外，其空的 3d 轨道还可以参与 π 分子轨道的形成。但是由于 P 原子 3d 轨道的能量比金属离子 3d 轨道的能量要高，在形成 π 成键和 π^* 反键分子轨道时，配体 3d 轨道的能量升高而成为 π^* 反键分子轨道，金属离子的 t_{2g} 轨道能量降低而成为 π 成键分子轨道，使其与 e_g 轨道间的能量差（即分裂能 Δ_0）增大。所

以这一类配体称为强场配体，所形成的配合物称为低自旋型。另外，由于金属离子 t_{2g} 轨道上的电子进入 π 成键分子轨道，使金属离子中的 d 电子通过 π 成键轨道移向配体，这样金属离子成为 π 电子给予体，配体成为 π 电子接受体，人们将这种金属离子和配体间 π 电子的相互作用称为 π 电子的反馈作用，形成的键称为反馈 π 键。这种同时含有 σ 配键和反馈 π 键的键合方式也被称为 σ-π 配键。这种键合方式在羰基化合物中尤为显著。

　　羰基化合物中金属离子与 CO 之间的成键情况与上面介绍的强场配体的情况有相似之处，例如分子轨道能级分布情况相似，均导致分裂能 Δ_o 增大。但是，两者之间有显著不同。首先，CO 采用的不是简单的空的 3d 轨道，而是 CO 分子的 π^* 反键轨道与金属离子的 d 轨道作用形成 π 分子轨道。另外，由于羰基化合物的中心原子为金属原子（零价）或金属负离子，因此相对于金属正离子而言，羰基化合物的金属原子或金属负离子中电子特别"富余"，而这些"富余"的电子通过 π 分子轨道进入配体 CO 分子的 π^* 反键轨道，形成相当强的反馈 π 键。这也就解释了羰基化合物的稳定性的问题。

习　题

1. 填空。

配合物	命名	中心离子	配位数
$[Cd(NH_3)_4]Cl_2$			
$[Co(NH_3)_6]Cl_3$			
$[Pt(NH_3)_2]Cl_2$			
$K_2[PtI_4]$			
$[Co(NH_3)_5Cl]Cl$			

2. 根据配合物的名称，写出它们的化学式。
   (1) 二硫代硫酸根合银（Ⅰ）酸钠；
   (2) 四硫氰·二氨合铬（Ⅲ）酸铵；
   (3) 硫酸氰·氨·二（乙二胺）合铬（Ⅲ）；
   (4) 二氯·草酸根·乙二胺合铁（Ⅲ）离子；
   (5) $[Pt(en)_2]^{2+}$（平面正方形）。

3. 画出下列配合物的几何图形。
   (1) $[CuCl(H_2O)_3]^+$（平面正方形）；
   (2) 顺-$[CoBrCl(NH_3)_4]^+$；
   (3) 反-$[NiCl_2(H_2O)_2]$；
   (4) 反-$[CrCl_2(en)_2]^+$。

4. 下列各物质有无几何异构体？如有请画出其异构体。
   (1) $[Fe(CN)_5(SCN)]^{4-}$；
   (2) $[Co(NH_3)_4Cl_2]^+$；
   (3) $[Co(NO_2)_3(NH_3)_3]$。

5. 根据下列配离子中心离子未成对电子数杂化类型，试绘制中心离子价层电子分布示意图。

配离子	未成对电子数	杂化类型
$[Cu(NH_3)_4]^{2+}$	1	dsp^2
$[CoF_6]^{3-}$	4	sp^3d^2
$[Ru(CN)_6]^{4-}$	0	d^2sp^3
$[Co(NCS)_4]^{2-}$	3	sp^3

6. 根据磁矩，判断下列配合物中心离子的杂化方式，并指出它们属于何类配合物［内（外）轨型，高（低）自旋］。

(1) $[FeF_6]^{3-}$　　　　　　　　　　$\mu_m = 5.9\mu_B$；

(2) $[Fe(CN)_6]^{3-}$　　　　　　　　$\mu_m = 2.4\mu_B$；

(3) $[Cd(NH_3)_4]^{2+}$　　　　　　　$\mu_m = 0$；

(4) $[Co(NH_3)_6]^{3+}$　　　　　　　$\mu_m = 0$；

(5) $[Ni(NH_3)_6]^{2+}$　　　　　　　$\mu_m = 3.2\mu_B$；

(6) $[Ni(CN)_4]^{2-}$　　　　　　　　$\mu_m = 0$；

(7) 顺式 $[PtCl_4(NH_3)_2]$　　　　　$\mu_m = 0$；

(8) 顺式 $[PtCl_2(NH_3)_2]$　　　　　$\mu_m = 0$。

7. 根据分裂能与电子成对能的相对大小，判断下列配离子属何类配离子。

配离子	Δ_o 与 P 的关系	强(弱)场	高(低)自旋	内(外)轨型
$[Fe(en)_3]^{2+}$	$\Delta_o < P$			
$[Mn(SCN)_6]^{4-}$	$\Delta_o < P$			
$[Mn(CN)_6]^{4-}$	$\Delta_o > P$			
$[Co(NO_2)_6]^{4-}$	$\Delta_o > P$			
$[Pt(CN_4)]^{2-}$	$\Delta_o > P$			

8. 根据下列提示，写出下列金属离子在形成八面体配合物时，d 电子在 t_{2g}、e_g 轨道上的分布情况及 CFSE (Dq)。

(1) Cr^{2+}，高自旋；

(2) Mn^{2+}，低自旋；

(3) Fe^{2+}，强场；

(4) Co^{2+}，弱场。

9. 已知 $[MnBr_4]^{2-}$ 和 $[Mn(CN)_6]^{3-}$ 的磁矩分别为 $5.9\mu_B$ 和 $2.8\mu_B$，试根据价键理论推测这两种配离子价层 d 电子分布情况及它们的几何构型。

10. $[Co(NH_3)_6]^{3+}$ 为低自旋配离子，其电子吸收光谱的最大吸收峰在 $23000cm^{-1}$ 处。该配离子的分裂能是多少（分别以 cm^{-1} 和 kJ/mol 表示）? 吸收什么颜色的光，呈现什么颜色?

参 考 文 献

[1] 陈慧兰. 高等无机化学. 北京：高等教育出版社，2005.
[2] 孟庆金，戴安邦. 配位化学的创始与现代化. 北京：高等教育出版社，1998.
[3] 黄可龙. 无机化学. 北京：科学出版社，2008.
[4] 游效曾，孟庆金，韩万书. 配位化学进展. 北京：高等教育出版社，2000.
[5] 孙为银. 配位化学. 北京：化学工业出版社，2004.
[6] 张永安. 无机化学. 北京：北京师范大学出版社，1998.
[7] 徐志固. 现代配位化学. 北京：化学工业出版社，1987.
[8] 李晖. 配位化学（双语版）. 北京：化学工业出版社，2006.
[9] 申泮文. 无机化学. 北京：化学工业出版社，2002.
[10] 邵学俊，董平安，魏益海. 无机化学. 第2版. 武汉：武汉大学出版社，2002.

第3章 配合物的性质与表征

3.1 配合物的性质

在溶液中形成配合物时，常常出现颜色、溶解度、电极电位以及 pH 值的改变等现象。根据这些性质的变化，可以帮助确定是否有配合物生成。在科研和生产中，常利用金属离子形成配合物后性质的变化进行物质的分析和分离。

3.1.1 溶解度

一些难溶于水的金属氯化物，溴化物，碘化物，氰化物可以依次溶解于过量的 Cl^-、Br^-、I^-、CN^- 和氨中，形成可溶性的配合物。如，难溶的 AgCl 可溶于过量的浓盐酸及氨水中。金和铂之所以能溶于王水中，也是与生成配离子的反应有关。

$$Au + HNO_3 + 4HCl \Longrightarrow H[AuCl_4] + NO + 2H_2O$$
$$3Pt + 4HNO_3 + 18HCl \Longrightarrow 3H_2[PtCl_6] + 4NO + 8H_2O$$

3.1.2 氧化与还原

通过实验测定或查表，我们知道 Hg^{2+} 和 Hg 之间的标准电极电位为 $+0.85V$。如加入 CN^- 使 Hg^{2+} 形成 $[Hg(CN)_4]^{2-}$ 后，Hg^{2+} 的浓度不断减小，直到 Hg^{2+} 全部形成配离子。$[Hg(CN)_4]^{2-}$ 和 Hg 之间的电极电位为 $-0.37V$。这些实验事实说明当金属离子形成配离子后，它的标准电极电位值一般是要降低的。同时，稳定性不同的配离子，它们的标准电极电位值降低的大小也不同，它们之间又有什么关系呢？一般配离子越稳定（稳定常数越大），它的标准电极电位越负（越小），从而金属离子越难得到电子，越难被还原。事实上在 $HgCl_4^{2-}$ 溶液中投入铜片，铜片表面立即镀上一层汞，而在 $[Hg(CN)_4]^{2-}$ 溶液中就不会发生这种现象。

3.1.3 酸碱性

一些较弱的酸如 HF、HCN 等在形成配合酸后，酸性往往增强。例如 HF 与 BF_3 作用生成配合酸 $H[BF_4]$，而四氟硼酸的碱金属盐溶液在水中呈中性，这就说明 $H[BF_4]$ 应为强酸。又如弱酸 HCN 与 AgCN 形成的配合酸 $H[Ag(CN)_2]$ 也是强酸。这种现象是由于中心离子与弱酸的酸根离子形成较强的配键，从而迫使 H^+ 移到配合物的外界，因而变得容易电离，所以酸性增强。同一金属离子氢氧化物的碱性因形成配离子而有变化，如 $[Cu(NH_3)_4](OH)_2$ 的碱性就大于 $Cu(OH)_2$。原因是 $[Cu(NH_3)_4]^{2+}$ 的半径大于 Cu^{2+} 的半径，与 OH^- 的结合能力较弱，OH^- 易于解离。

3.2 配合物的光谱表征

3.2.1 电子光谱

（1）配合物价电子跃迁的类型

电子光谱是由于分子中的价电子吸收了光能后，从低能级分子轨道跃迁到高能级分子轨道所产生的各种能量光量子的吸收。其能量覆盖了电磁辐射的可见、紫外和真空紫外区，所以又叫可见-紫外光谱。配合物是由有机配体分子和金属通过配位键结合而成的。所以，对于配合物来说，其价电子的跃迁有三种类型：金属原子（离子）不同轨道之间的跃迁（d-d 跃迁，f-f 跃迁）；中心原子和配体间电子的跃迁（MLCT，LMCT）；配体分子中的电子跃迁。现以研究最多的过渡金属配合物为例，介绍配合物价电子的三种跃迁。

① d-d 跃迁　过渡金属离子的 d 轨道或 f 轨道未被填满，常发生 d-d 跃迁或 f-f 跃迁，本章以介绍 d-d 跃迁为主。d-d 跃迁是电子从中心原子的一个 d 轨道跃迁到较高能级的 d 轨道，分为自旋允许跃迁和自旋禁阻跃迁两种。自旋允许跃迁较强，而自旋禁阻跃迁由于是禁阻的，只是由于配体的微扰效应引起的，故而较弱。因为 d-d 间的能级差不大，因而常常处在可见光区。当配合物中配位能力较弱的配体被配位能力更强的配体取代时，d-d 间的能级差发生变化，d-d 吸收带的位置会根据光谱化学序发生移动。如果新配体的加入改变了配合物的对称性，吸收带的强度也会发生变化。这些变化与配合物的反应有关，故而，可以用于研究配合物的反应和组成。例如，当 $[Co(H_2O)_6]^{2+}$ 中的水被 Cl^- 取代，配合物由八面体对称变为四面体对称，配合物的颜色由粉红色变为蓝色，摩尔吸光系数变得更大。

② 电荷转移跃迁　在中心原子和配体间可能发生电子的跃迁，可以是由中心原子的分子轨道向配体的分子轨道跃迁，也可以是由配体的分子轨道向中心原子的分子轨道跃迁。当配体是可氧化的，中心原子是高氧化态时，电子从配体向中心原子跃迁，且配体还原能力越强，中心原子氧化能力越强，电荷转移跃迁的波长就越长。当不饱和配体和低氧化态中心原子形成配合物时，电子由中心原子向配体跃迁。一般来说，电荷转移跃迁波长比 d-d 跃迁短，强度更强。

③ 配体内的跃迁　有机配体分子中的电子跃迁包括 $\sigma-\sigma^*$、$n-\sigma^*$、$n-\pi^*$、$\pi-\pi^*$ 四种。其中，大多数有机化合物的吸收光谱是电子 $n-\pi^*$ 和 $\pi-\pi^*$ 跃迁的结果。因为紫外-可见光谱的波长范围在 $200 \sim 700nm$，$\sigma-\sigma^*$ 和 $n-\sigma^*$ 跃迁所需要的能量较大，所以，能在紫外区观测到这两种跃迁的分子较少。而 $n-\pi^*$ 和 $\pi-\pi^*$ 跃迁的吸收峰恰好位于 $200 \sim 700nm$ 范围内，因此，配体分子内的跃迁主要是 $n-\pi^*$ 和 $\pi-\pi^*$ 跃迁。如果金属和配体之间主要是静电作用，金属原子对配体吸收光谱的影响较小，配合物的吸收光谱与配体的吸收光谱类似。如果金属和配体之间形成共价键，则配合物的吸收峰向紫外方向移动，共价程度越强，吸收峰移动得越远。

（2）电子光谱在配合物研究中的应用

电子光谱在配合物研究中应用广泛，这里介绍几种常见的用途。

① 表征配合物的形成　可以根据配体配位前后紫外光谱的变化，判断配体是否与金属离子发生了配位。比如，用紫外光谱研究三乙烯四氨基双（二硫代甲酸钠）（DTC-TETA）的结构及其重金属配合物的配位行为。由于含 DTC 基团的化合物是双共轭体系，在紫外区具有两个很强的吸收峰，与重金属离子发生配位作用后，极易在紫外区形成新的吸收峰。为了证明所合成的化合物含有 DTC 官能团，可对该化合物及其重金属配合物进行紫外光谱测定。图 3-1 为 DTC-TETA 及其金属配合物的吸收光谱图，金属配合物溶液的紫外光谱测试是以 DTC-TETA 溶液为参比的。从图中可看出 DTC-TETA 分别在 265nm 和 290nm 处出现两个最大吸收峰。265nm 处为 N⋯C⋯S 基团的 $\pi-\pi^*$ 跃迁，290 nm 处为 S⋯C⋯S 基团中硫原子上非键电子向共轭体系的 $n-\pi^*$ 跃迁。而其 Cu(Ⅱ)、Cd(Ⅱ)、Zn(Ⅱ)、Ni(Ⅱ) 的配合物分别在紫外区的 321nm、310nm、311nm、325nm 处有一最大吸收峰，说明重金属离子加入后，发生了配位作用，使配体分子的共轭体系发生显著的变化，最大吸收峰显著红移。

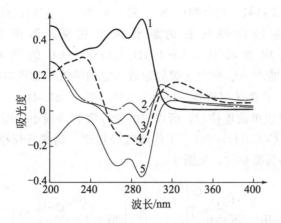

图 3-1　DTC-TETA 及其配合物的紫外光谱

1—DTC-TETA；2—Cd 配合物；3—Zn 配合物；4—Ni 配合物；5—Cu 配合物

② 确定配合物组成　可以用紫外光谱测定配合物的组成比。一般方法是在保持溶液中金属离子浓度 c_M 与配体浓度 c_L 总物质的量不变的前提下，改变 c_M 与 c_L 的相对量，配制一系列溶液。以吸光度 A 为纵坐标，配体摩尔分数 x_L 为横坐标作图，画得一曲线(见图 3-2)。所以，此方法叫做连续变换法，又称 Job 法。显然，在这一曲线中，吸光度 A 最大时，溶液中配体与金属离子摩尔比与配合物的组成一致，由此可得到配合物组成 $[n = x_L/(1 - x_L)]$。延长曲线两边的直线部分，相交于 E 点，若 M 与 L 全部形成 ML_n，最大吸收处应在 E 处，即其最大吸光度应为 A_1，但由于 ML_n 有一部分离解，其浓度要稍小一些，故实际测得的最大吸光度在 F 处，即吸光度为 A_2。这种方法要求在一定条件下，溶液中的金属离子与配位体都无色，只有形成的配合物有色，并且只形成一种稳定的配合物，配合物中配体的数目 n 也不能太大。

③ 区别配合物的键合异构体　当配体中两个不同的原子都可以作为配位原子时，配体可以不同的配位原子与中心原子键合而生成键合异构配合物。如 $[Co(NH_3)_5NO_2]Cl_2$(1) 与 $[Co(NH_3)_5ONO]Cl_2$(2) 互为键合异构体。可以用紫外光谱区别两个异构体，并确立其可能的结构。如图 3-3 中，异构体 1 即 $[Co(NH_3)_5NO_2]Cl_2$ 有一个宽吸收带，吸收峰位于 246.75 nm，异构体 2 即 $[Co(NH_3)_5ONO]Cl_2$ 只有一个窄的吸收带，吸收峰为 234.5nm。

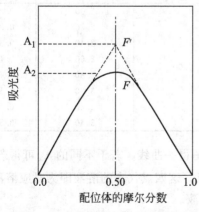

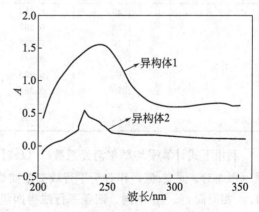

图 3-2　等摩尔系列法测配合物组成　　　　　图 3-3　两种异构体的紫外光谱图

246.75nm 处的紫外吸收归属于配合物中 NO_2 的 n-π* 跃迁。它们的最大吸光度分别为 1.56 和 0.55。两个配合物吸收峰所在的波长大致相同，都在 230 ~ 250nm 处，但 $[Co(NH_3)_5NO_2]Cl_2$ 的吸收峰比 $[Co(NH_3)_5ONO]Cl_2$ 的吸收峰宽。这是因为 $[Co(NH_3)_5NO_2]Cl_2$ 中的 N—O 有大 π 键的缘故。它的共轭结构使得未共用电子以 n-π* 的方式激发跃入 π* 轨道，产生了吸收带（lgε=1.56）。而 $[Co(NH_3)_5ONO]Cl_2$ 的配体中，与 Co^{3+} 配位的 O—N 键是以单键连接的，所以它的紫外吸收峰很小，而 N＝O 键尽管有一定的共轭结构，但是与 $[Co(NH_3)_5NO_2]Cl_2$ 的吸收峰相比，仍然是很小（lgε=0.55）。由此，可以推断两种异构体的可能结构，见图 3-4。

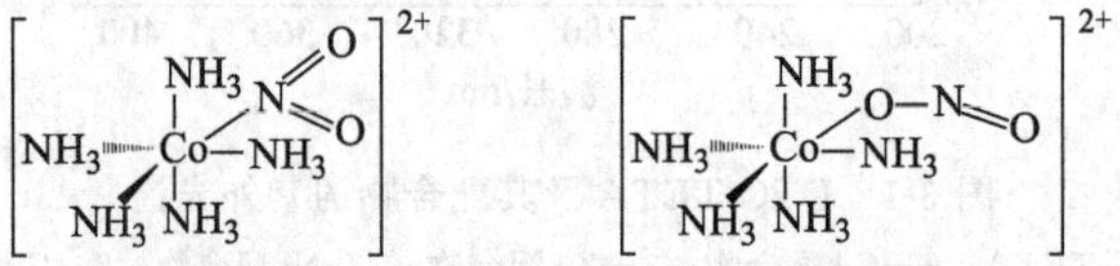

(1)配合物1   (2)配合物2

图 3-4   两种异构体的结构示意图

④ 稳定常数的测定   可以用紫外光谱测定配合物的稳定常数。如利用紫外光谱研究 Cu(Ⅱ) 与 2,2′-联吡啶形成的配合物的稳定常数。因为体系中 Cu(Ⅱ)、2,2′-联吡啶以及配合物在紫外区均有吸收，所以，不能用一般分光光度计直接测得配合物的纯光谱。渐增 c_{bipy} 配制四种 c_{Cu} 不同的溶液，在最大吸收波长 235nm 处测其吸光度 A（表 3-1）。然后通过对其吸光度进行校正，扣除 Cu(Ⅱ) 和 2,2′-联吡啶对配合物吸光度的影响。

表 3-1   系列溶液的吸光度值

c_{Cu} /10^{-5}(mol/L)	c_{bipy} /10^{-5}(mol/L)	ΔA	c_{Cu} /10^{-5}(mol/L)	c_{bipy} /10^{-5}(mol/L)	ΔA
0.50	0.40	0.060	1.50	1.60	0.249
	0.50	0.074		1.80	0.273
	0.60	0.089		2.00	0.338
	0.70	0.105		2.20	0.373
	0.80	0.120		2.40	0.426
	0.90	0.134		2.60	0.436
	1.00	0.144		2.80	0.438
	1.10	0.148		3.00	0.442
1.00	1.20	0.186	2.00	2.00	0.298
	1.30	0.207		2.20	0.338
	1.40	0.227		2.40	0.386
	1.50	0.246		2.60	0.434
	1.60	0.270		2.80	0.481
	1.80	0.280		3.00	0.535
	1.90	0.286		3.20	0.542
	1.90	0.290		3.40	0.548

利用下式计算平均摩尔消光系数 $\bar{\varepsilon}$，以 $\bar{\varepsilon}$ 对 c_{bipy} 作图得一曲线，若干不同的 c_{Cu} 可得若干曲线（图 3-5）。固定 $\bar{\varepsilon}$ 值，作若干平行线交诸曲线于四点，这四点代表的溶液即为对应溶液，其 [L] 相同而 c_L、c_M 不同，四条平行线得四组对应溶液。

$$\bar{\varepsilon}=\frac{\Delta A}{c_M}=\frac{\varepsilon_1\beta_1[L]+\varepsilon_2\beta_2[L]^2+\varepsilon_3\beta_3[L]^3}{1+\beta[L]+\beta_2[L]^2+\beta_3[L]^3}$$

对应溶液法测稳定常数的理论基础是 Bjerrum 形成函数，其定义为：

$$\bar{n}=\frac{c_{L}-[L]}{c_{M}}=\frac{\beta_{1}[L]+2\beta_{2}[L]^{2}+3\beta_{3}[L]^{3}}{1+\beta_{1}[L]+\beta_{2}[L]^{2}+\beta_{3}[L]^{3}}$$

根据 $c_{L}=\bar{n}c_{M}+[L]$，以互为对应溶液的 c_{bipy} 对 c_{Cu} 作图，得图 3-6。图中直线斜率为 $\bar{n}$，截距为 $[L]$，四条直线可得四组 $\bar{n}$ 与 $[L]$。将 $\bar{n}$ 与 $[L]$ 值分别代入 $\bar{n}$ 定义式并整理得四个方程。任取三个方程组成方程组，用选主元高斯消去法求解方程组，即可得 β_{1}、β_{2}、β_{3}，结果见表 3-2。

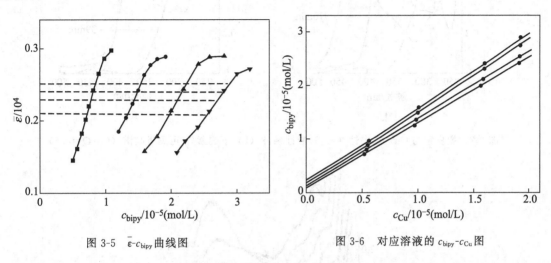

图 3-5　$\bar{\varepsilon}$-c_{bipy} 曲线图　　　　　　图 3-6　对应溶液的 c_{bipy}-c_{Cu} 图

表 3-2　对应溶液法求解的 β 值

方程编号	1、2、3	1、2、4	1、3、4	平均值
$\beta \times 10^{8}$	1.10 (1.01)	1.03 (1.03)	0.966 (1.01)	1.03 (1.02)
$\beta \times 10^{13}$	4.35 (4.01)	4.116 (4.10)	3.86 (4.01)	4.12 (4.04)
$\beta \times 10^{17}$	2.10 (1.26)	1.52 (1.45)	0.893 (1.26)	1.50 (1.32)

⑤ 研究配合物的形成机理　利用电子光谱，不仅可以表征配合物的形成，探索不同反应条件对配位反应的影响，还可以为配合物的形成机理提供实验依据。如果实验仪器采用增强型的光谱探测系统，可以实时拍摄紫外光谱，则能够非常方便地进行动力学研究。一般方法是在反应进行的不同时刻，用电子光谱对反应体系进行表征，根据吸收带在不同时刻的变化推断反应机理及结果。比如，用带有快门的增强型瞬态光谱探测系统研究槲皮素（3,5,7,3′,4′-五羟基黄酮）与 Cu^{2+} 和 Al^{3+} 的配位反应。分别在中性和酸性条件下研究槲皮素与 Cu^{2+} 的配位反应，发现两种条件下形成配合物的机理不同。在中性条件下有吸收峰为 428nm 的中间产物出现，而在酸性条件下则直接生成最终产物，但最终产物的吸收峰相同，都只有一个 296nm 的吸收带（图 3-7）。当用紫外-可见光谱研究槲皮素与 Al^{3+} 的反应时（图 3-8），发现反应进行到 40ms 时，槲皮素的两个特征峰消失（254nm 和 374nm），但在 384nm 处出现过渡产物的吸收峰，而 Al^{3+} 的特征吸收带仍存在。随着反应的进一步进行，过渡产物及 Al^{3+} 消失，配合物的特征峰在 267nm 和 436nm 处产生。当反应进行到 980ms 时，Al^{3+} 的特征吸收带完全消失，配合物的特征峰增至最强。

⑥ 荷移光谱的应用　金属到配体的电荷转移（MLCT，氧化跃迁），这类光谱发生在容易被氧化的金属和容易被还原的配体所组成的配合物中，在配体中有较低的空轨道能接受从

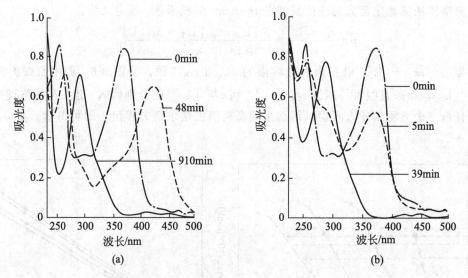

图 3-7　槲皮素与 Cu^{2+} 在中性（a）和酸性条件（b）下的紫外-可见吸收谱（$Cu/Q=0.5$）

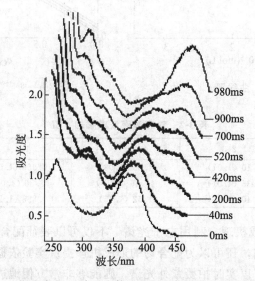

图 3-8　槲皮素与 Al^{3+} 反应体系不同时刻的紫外-可见吸收谱

金属迁移来的电子，如吡啶、联吡啶和邻菲啰啉等。配体和 Ti^{3+}、V^{2+}、Fe^{2+}、Cu^{2+} 等组成配合物，它们产生了强烈的带色配合物并具有荷移光谱的特性。在同一种无机化合物中含有两种不同氧化态的金属，可以产生金属价态的荷移光谱（intravalence），其中一个金属离子起着配体的作用，这样的化合物会产生典型的强烈吸收。例如，普鲁士蓝 $KFe^{III}[Fe^{II}(CN)_6]$ 以及钼蓝中的 Mo^{V} 和 Mo^{VI}。能发生这种跃迁的化合物一般都有较深的颜色。具体应用实例如下。a. 有不少配合物的荷移吸收谱带出现在可见区，因而可广泛应用于金属离子的比色测定。例如，分析化学上采用灵敏显色的方法以 SCN^- 测定 Fe^{3+}（显红色）以及 H_2O_2 测定 Ti^{4+}（显黄色或橙色，随 pH 不同而不同），两者都是利用所形成配合物的 LMCT 跃迁性质。类似的例子还有很多。b. 双核混合价配合物价间跃迁光谱可用来研究两个金属离子间电子的偶合作用。双核混合价配合物可作为优良的导电材料、磁性材料等。在基础理论研究中被用来模拟生物体内的电子传递过程和作为内层电子转移反应中的稳定中间体。

3.2.2 振动光谱

在配体和金属形成配合物时，配体的对称性和振动能级受到影响，其振动光谱发生改变，并且，在配体和金属之间产生新的振动。所以，配合物的振动光谱主要包括三种振动：配体振动，骨架振动和偶合振动。理论上讲，含有 N 个原子的非直线型分子有 $3N-6$ 个，直线型分子有 $3N-5$ 个正则振动模型。这些振动中，有的振动只能在红外光谱中观测到，称为红外活性振动；有的只能在拉曼光谱中观测到，称为拉曼活性振动；而有些振动在红外和拉曼光谱中均可观测到，称为红外和拉曼活性振动。红外光谱和拉曼光谱都属于振动光谱，我们这里分别介绍其在配合物研究中的应用。

（1）红外光谱

配合物分子的对称性、配位键的强度和环境的相互作用都会影响到其红外光谱。因此，可以利用红外光谱进行配合物的形成、结构、对称性及稳定性等方面的研究。

① 配体配位方式的研究　众所周知，很多配体在与金属配位时，可以有多种配位模式。以配合物中常用的羧酸配体为例，配位模式就非常丰富。常见的有：单齿，双齿，螯合，单原子桥联。而双齿又可以分为顺顺双齿，反反双齿和顺反双齿三种类型，又有双齿加单原子桥联以及螯合加单原子桥联等配位方式（见图 3-9）。羧基的反对称伸缩振动频率高于伸缩振动频率，两者之间差值的大小与其配位模式有关。所以，可以根据羧酸对称伸缩振动和不对称伸缩振动值差值 $\Delta\nu$，判断羧酸是否参与配位及其配位方式。游离羧酸根离子的 $\Delta\nu$ 在 $160\mathrm{cm}^{-1}$ 左右，如果配合物红外光谱中的 $\Delta\nu$ 远大于 $160\mathrm{cm}^{-1}$，一般认为羧酸根以单齿方式配位；如果配合物红外光谱中的 $\Delta\nu$ 比 $160\mathrm{cm}^{-1}$ 小得多，一般认为羧酸根以螯合方式配位；当羧酸根以双齿方式进行配位，其 $\Delta\nu$ 与游离酸根离子的 $\Delta\nu$ 差不多。如果遇到这种情况，可以通过两种方法对双齿配位和游离羧酸进行区别。一种方法是看配合物红外谱图中 $1700\mathrm{cm}^{-1}$ 左右有没有强的吸收峰。如果有，说明羧酸根未参与配位，反之说明羧酸根以双齿方式进行配位。另外一种方法是，观察 $600\sim50\mathrm{cm}^{-1}$ 是否有金属-配体的特征频率。如果有，说明配体与金属发生配位作用，反之，说明配体未参与配位。当配体中含有两种或两种以上配位原子时，通过金属-配体特征频率的位置，还可以判断与金属配位的是哪个原子。

图 3-9　羧酸配体常见的配位模式

比如，在氮杂环类羧酸配体与 Sn 的一系列配合物中，化合物 **1~8**（见图 3-10）的不对称伸缩振动 ν_{as,CO_2} 和对称伸缩振动 ν_{s,CO_2} 分别出现在 $1678\sim1638\mathrm{cm}^{-1}$ 和 $1358\sim1339\mathrm{cm}^{-1}$ 处，其 $\Delta\nu$ 值在 $339\sim280\mathrm{cm}^{-1}$ 范围内。说明这些配合物中，羧基都是以单齿形式与金属配位。化合物 **9** 的 $\Delta\nu$ 值为 $168\mathrm{cm}^{-1}$，说明在该配合物中，羧基未参与配位或者是以双齿形式与金属

配位。同时，在 $496 cm^{-1}$ 处观测到了 Sn—O 键的吸收峰，但未观测到 Sn—N 键对应的吸收峰，说明该配合物中羧基以双齿形式与金属进行了配位，氮原子未参与配位。

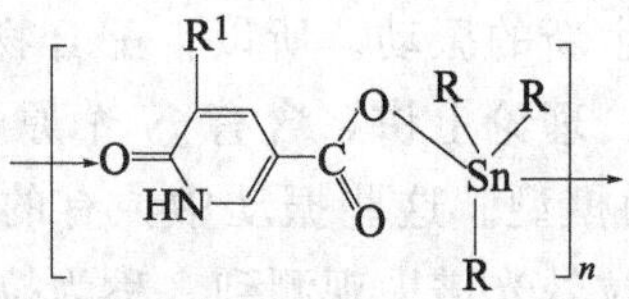

R= C_6H_5 **1**，^nBu **2**，$2-ClC_6H_4CH_2$ **3**，$4-ClC_6H_4CH_2$ **4**，$2-FC_6H_4CH_2$ **5**，
$4-FC_6H_4CH_2$ **6**，$C_6H_5CH_2$ **7**，$4-CNC_6H_4CH_2$ **8**

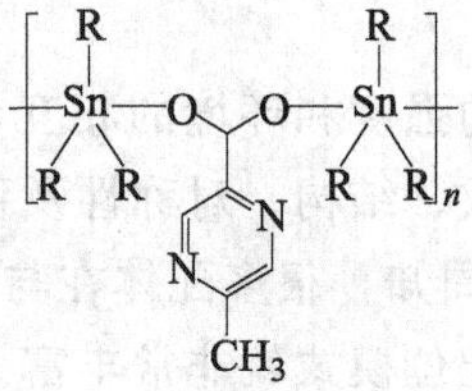

图 3-10　配合物 **1~9** 的结构式

② 顺反异构体的研究　在顺反异构体中，反式异构体的对称性比顺式异构体的对称性高。比如，在 MX_4Y_2 型单齿配合物中，反式异构体为四方变形八面体结构，而顺式异构体为正交变形八面体结构。对称性的降低会使红外活性振动数目增加，反式异构体中非红外活性的振动，在顺式异构体中可能会成为红外活性的振动。因此，顺式异构体红外光谱具有比反式异构体红外光谱更多的谱带。将同一配合物两种异构体的红外光谱进行比较，可以根据谱带的多少，区分哪一种为顺式，哪一种为反式。比如，用红外光谱研究 $Cr(dbm)Cl_2Py_2$（dbm = 二苯甲酰甲烷，Py = 吡啶）的几何构型。如图 3-11 所示，$Cr(dbm)Cl_2Py_2$ 可能存在三种几何异构体。根据光谱选律：两个配体若处顺位，配位键之间无论是对称伸缩还是反对称伸缩都有偶极矩变化，可以出现两个具有红外活性的伸缩带。若处于反位，只有反对称伸缩才有偶极矩变化，只出现一个具有红外活性的伸缩带。从图 3-11 可知，$Cr(dbm)Cl_2Py_2$ 异构体 1 的红外光谱中除去 $Cr(dbm)_3$ 和吡啶环相应谱带（$469 cm^{-1}$，$444 cm^{-1}$，$411 cm^{-1}$，$398 cm^{-1}$，$329 cm^{-1}$）外，只有一个 Cr—Cl 伸缩带（$361 cm^{-1}$），所以 $Cr(dbm)Cl_2Py_2$ 异构体 1 具有（a）构型。而 $Cr(dbm)Cl_2Py_2$ 异构体 2 的红外光谱中除去 $Cr(dbm)_3$ 和吡啶环相应谱带外，有两个 Cr—Cl 伸缩带（$368 cm^{-1}$，$351 cm^{-1}$），和两个 Cr—N 伸缩带（$231 cm^{-1}$，$222 cm^{-1}$），所以可以推断具有（c）构型。图 3-12 是其远红外光谱图。

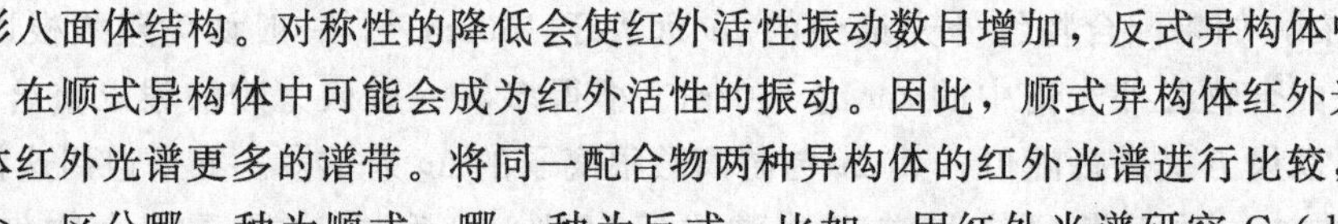

图 3-11　$Cr(dbm)Cl_2Py_2$ 的三种几何异构体

（2）拉曼光谱

① 拉曼散射及原理　光被透明介质分子散射后频率发生变化，这一现象称为拉曼散射。在散射光谱中，频率与入射光频率 ν_0 相同的成分称为瑞利散射，频率对称分布在 ν_0 两侧的谱线或谱带 $\nu_0 \pm \nu_1$ 即为拉曼光谱。其中频率较小的成分 $\nu_0 - \nu_1$ 称为斯托克斯线，频率较大的

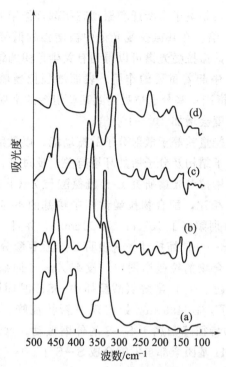

图 3-12　Cr(dbm)$_3$（a），Cr(dbm)Cl$_2$Py$_2$ 异构体 1（b），Cr(dbm)Cl$_2$Py$_2$
异构体 2（c）和 CrCl$_3$Py$_3$（d）的远红外光谱图

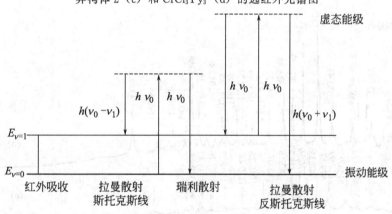

图 3-13　拉曼散射能级图

成分 $\nu_0 + \nu_1$ 称为反斯托克斯线。靠近瑞利散射线两侧的谱线称为小拉曼光谱；远离瑞利线的两侧出现的谱线称为大拉曼光谱。小拉曼光谱与分子的转动能级有关，大拉曼光谱与分子振动-转动能级有关。从理论上解释，拉曼光谱是入射光子与分子发生非弹性散射，分子吸收频率为 ν_0 的光子，发射 $\nu_0 - \nu_1$ 的光子，同时分子从低能态跃迁到高能态（斯托克斯线）。分子吸收频率为 ν_0 的光子，发射 $\nu_0 + \nu_1$ 的光子，同时分子从高能态跃迁到低能态（反斯托克斯线）。分子能级的跃迁仅涉及转动能级，发射的是小拉曼光谱；如果涉及到振动-转动能级，发射的是大拉曼光谱（图 3-13）。

　　② 拉曼散射的基本类型及其在配合物研究中的应用　拉曼散射可以分为正常拉曼散射，共振拉曼散射和表面增强拉曼散射三种基本类型。上面提到的概念属于正常拉曼散射（normal Raman scattering，NRS），也是在实验室使用最多的拉曼散射。共振拉曼散射（resonance Raman effect）是指激发线的波长接近或落在散射物质的电子吸收光谱带内时，某些

拉曼谱带的强度将大大增强，是电子态跃迁和振动态相耦合作用的结果。共振拉曼散射较正常拉曼散射效应强 $10^2 \sim 10^4$ 倍。在共振拉曼光谱中被增强的谱带数目一般要少于正常拉曼光谱的谱带数目。因此，从共振拉曼光谱可以得到有关生色团的结构信息，共振拉曼光谱在生物化学、无机配合物研究中起着重要的作用。表面增强拉曼散射（surface enhanced Raman scattering，SERS）是指当一些分子被吸附到某些粗糙的金属（如银、铜或金）的表面上时，它们的拉曼信号的强度会增加 $10^4 \sim 10^7$ 倍。

　　入射光与拉曼散射光的能量差等于散射分子的振动能，以散射光强度对该能量差作图就是拉曼光谱。振动能量与分子结构及分子所处环境有关，反过来，可以利用振动能量来判断化合物的相关信息。比如，用拉曼光谱研究 L-半胱氨酸与 Zn(Ⅱ) 的配合物（图 3-14）。与L-半胱氨酸配体的拉曼光谱相比，配合物拉曼谱图中羧基的不对称、对称伸缩振动特征峰（1432 cm^{-1}，1399cm^{-1}）分别频移了 107cm^{-1} 和 11cm^{-1}。并且，配合物在 295cm^{-1} 处产生新的特征峰，该峰归属于 Zn—O 伸缩振动。这表明 L-半胱氨酸分子中的羧基氧原子与 Zn^{2+}配位，形成了配位键。在配合物的拉曼谱图中，没有 Zn—S 伸缩振动的特征峰出现，说明—SH 硫原子没有与 Zn^{2+} 配位。但 L-半胱氨酸配体中—SH 基团原本位于 2574cm^{-1} 处的强的伸缩振动特征峰却消失了，在 496cm^{-1} 处出现一新特征峰。对比配体拉曼光谱中 496 cm^{-1} 处的特征峰，新出现的特征峰归属于 S—S 的伸缩振动。这说明配体中同时存在—SH 和 S—S，但配位过程中—SH 基团全部自发缩合成 S—S 了。

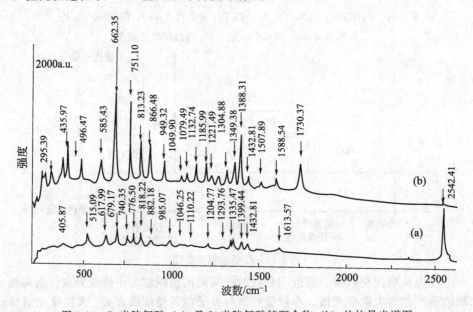

图 3-14　L-半胱氨酸（a）及 L-半胱氨酸锌配合物（b）的拉曼光谱图

　　通过测量样品的 SERS 谱，并与其正常拉曼光谱进行比较，可以得到样品分子振动及其在表面的作用情况。SERS 谱中，拉曼信号增强的规律符合拉曼选律：a. 离基底近的振动得到的增强最大，离基底远的振动得到的增强几乎为零；b. 垂直于基底的振动会得到最大的增强，平行于基底的振动增强不明显。比如，测量以银镜为衬底的钴卟啉的 SERS 谱，并将其与钴卟啉粉末的正常拉曼谱比较（图 3-15）。可以看出：粉末谱中存在的拉曼峰在 SERS 谱中大部分也都测量到了，其强度有了一定倍数的增加，而且在 SERS 谱中得到了粉末谱中没有出现的拉曼峰。进一步分析可知，有些在正常拉曼谱中强度很小的峰，在 SERS 谱

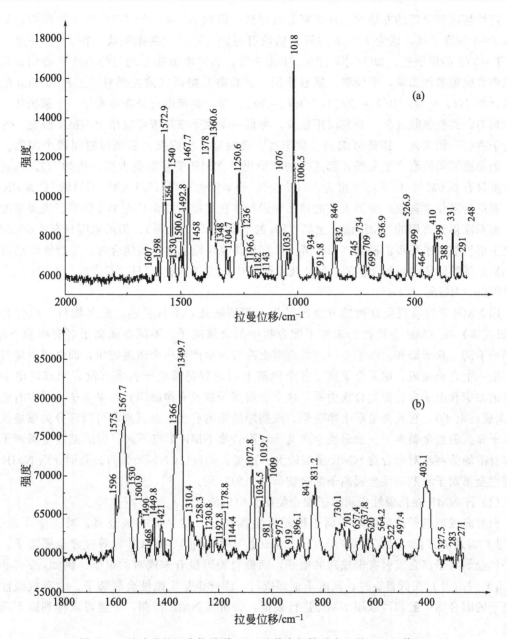

图 3-15　钴卟啉的正常拉曼谱（a）及其在银镜基底上的 SERS 谱（b）

中得到了增强。如归属为环弯曲振动的 $832cm^{-1}$（$831.2cm^{-1}$），归属为卟啉环变形振动的 $1348cm^{-1}$（$1349.7cm^{-1}$），归属为 C_β 双键伸缩振动的 $1564cm^{-1}$（$1567.7cm^{-1}$）；而有些在正常拉曼谱中强度较大的峰，在 SERS 谱中变成了弱峰。如：$1006.5cm^{-1}$（$1009cm^{-1}$）、$1018cm^{-1}$（$1019.7cm^{-1}$）、$1250.6cm^{-1}$（$1258.3cm^{-1}$）、$1467.7cm^{-1}$（$1468cm^{-1}$）。根据拉曼选律，说明钴卟啉分子在 632.8nm 激发线作用下，以 C_β 双键一端的 C_β 原子接近基底，双键以一定角度吸附在基底上，卟啉环产生了变形，苯环以较小的角度倾斜接触基底。

3.2.3　核磁共振

　　将磁性原子核放入强磁场后，用适宜频率的电磁波照射，磁性原子核吸收能量，发生原子核能级跃迁，同时产生核磁共振信号，得到核磁共振光谱。利用核磁共振光谱进行结构测定，定性与定量分析的方法称为核磁共振波谱法，简称 NMR。所谓磁性原子核是指自旋量子数 $I \neq 0$ 的原子核，因为 $I = 0$ 的原子核没有磁矩，不产生共振吸收。在 $I \neq 0$ 的原子核中，$I = 1/2$ 的原子核，如 ${}_1^1H$、${}_6^{13}C$、${}_7^{14}N$、${}_9^{19}F$、${}_{15}^{31}P$ 等，其核电荷球形均匀分布于核表面。它们的核磁共振现象较简单，谱线窄，适宜检测，是核磁共振研究的主要对象。$I \neq 0$ 的其他原子核，如 ${}^2H(I = 1)$，${}^{11}B(I = 3/2)$，${}^{17}O(I = 5/2)$ 等，其核电荷分布可看作一个椭圆体，分布不均匀，共振吸收复杂，研究应用较少。考量一个原子核是否可以用于 NMR 研究，除自旋量子数这一因素外，还要考虑同位素丰度、灵敏度、核四极矩和弛豫时间四个因素。比如，如果核的同位素丰度太低，那这样的核给出的 NMR 信号就会太弱。比如 ${}^{17}O$，其同位素丰度只有 0.037%（${}^{19}F$ 的丰度为 100%）。${}^{13}C$ 的丰度也不高（1.1%），所以做 ${}^{13}C$ NMR 谱时，要进行同位素富集，需要大量的样品和进行多次扫描。如果只有丰度够高，但灵敏度太低，也不能得到有用的 NMR 谱。比如 ${}^{103}Rh$ 的丰度很高（100%），但灵敏度只有 0.000031，理论上讲该核几乎不可能得到 NMR 谱。只有与其他自旋活性的核偶合时，才能够给出有用的 NMR 谱图信息。在配合物的 NMR 技术研究中，常用的核有 ${}^1H$、${}^{13}C$、${}^{11}B$、${}^{31}P$、${}^{113}Cd$、${}^{195}Pt$ 以及 ${}^{117}Sn$、${}^{119}Sn$ 等。

用 NMR 研究有机化合物的方法已经为人们所熟知，不再赘述。配合物与有机化合物（有机配体）在 NMR 上的差别来源于配合物中的金属离子，不同金属离子对有机物 NMR 的影响不同。众所周知，电子在一定的轨道上旋转时会产生一个轨道磁矩，而电子自转时又会产生一个自旋磁矩。如果金属离子各个轨道上的位置都被电子占满（没有未成对电子），则轨道磁矩和电子自旋磁矩合成为零，这个金属离子就没有净磁矩；如果电子壳层中有空位（有未成对电子），它就会呈现出净磁矩。根据净磁矩的有无，金属离子可以区分为顺磁性金属离子和抗磁性金属离子。抗磁性金属离子对配合物 NMR 影响不大，而顺磁性金属离子由于本身磁场的存在对配合物 NMR 影响较大。这里我们以 ${}^1H$ NMR 为例，分别介绍 NMR 在抗磁性金属离子和顺磁性金属离子配合物研究中的应用。

(1) ${}^1H$ NMR 在抗磁性金属离子配合物研究中的应用

没有未成对电子的金属离子属于抗磁性金属离子，常见的有碱金属、碱土金属离子，$Pb(II)$ 以及 $Pd(II)$、$Pt(II)$、$Ag(I)$、$Zn(II)$、$Cd(II)$、$Hg(II)$ 等过渡金属离子。还有一些金属离子高自旋时有未成对的电子，而低自旋时没有未成对的电子。例如，$Fe(II)$、$Co(II)$、$Ni(II)$ 在低自旋时，其电子全部成对，因此也是抗磁性金属离子。含有抗磁性金属离子的配合物一般都可以用 NMR 进行表征，分析其 NMR 谱图，主要可以得到以下几种信息：

① 研究配合物的形成及可能的组成　用 ${}^1H$ NMR 谱图研究配合物的形成及组成，通常是在相同或相近条件下（测试温度和溶剂等），分别做自由配体及配合物的 ${}^1H$ NMR 谱图，以配体在反应前后化学位移的变化情况，来推断配合物的形成和可能的组成。比如，为研究 β-萘甲酰三氟丙酮（TFNB）和 $2,2'$-联吡啶（bpy）与氯化钐反应后配合物的形成情况，以氘代氯仿为溶剂，测定两个配体及钐配合物的 ${}^1H$ NMR 谱（表 3-3）。配合物的 ${}^1H$ NMR 数据表明，形成配合物后，配体 TFNB 化学位移在 15.24 处烯醇式—OH 质子的信号消失。这表明 TFNB 以双齿共轭烯醇负离子与 Sm^{3+} 键合，发生配位作用。$2,2'$-联吡啶与配合物的化学位移均在 7~9 范围内，且配位后的化学位移向高场移动，表明 $2,2'$-联吡啶的两个氮原子参与了配位。由此可以推断，TFNB 和 $2,2'$-联吡啶均与 Sm^{3+} 进行了配位，可能的组成是 $Sm(TFNB)_3bpy$。

表 3-3　配体（TFNB，bpy）及配合物［Sm(TFNB)₃bpy］的¹H NMR 谱学表征数据

配体	配体 TFNB	配体 bpy	Sm	Sm₀.₅La₀.₅
=C—OH	15.24	—	—	—
—C₁₀H₇	7.567～8.513	—	7.436～8.541	—
H₂,₉	—	8.708～8.719	8.706	8.704
H₃,₈	—	7.945～7.988	7.368～7.387	7.322～7.342
H₅,₆	—	8.411～8.431	7.634～7.757	7.575～7.634
H₄,₇	—	7.455～7.486	7.187～7.216	7.170～7.198

② 判断参与配位的配位原子　有些配体中含有两个或者两个以上的配位原子，当此类配体与金属离子发生反应时，需要判断是哪个（些）配位原子与金属生成了配位键。虽然可以根据软硬酸碱理论，大致判断各个配位原子与该金属离子配位能力的强弱，但是，在配位反应中，配体的空间位阻效应，反应条件（温度，溶剂等）等因素的影响使得配体的配位模式变得难以预测。此时，可以用 NMR 判断参与配位的配位原子。一般来说，离配位原子越近，基团的化学位移变化越大，离配位原子越远，化学位移变化越小，因此，可以根据化学位移变化来判断该配位原子是否参与配位。水杨醛缩邻甲苯胺 Schiff 碱与 Zn(Ⅱ) 的配合物¹H NMR 谱图中（图 3-16），亚氨基上质子吸收峰向低场位移了 0.34，说明配体中氮原子与中心原子配位，使质子周围电子密度降低，去屏蔽效应增强。O—H 的质子吸收峰位移了 0.39，进一步表明氮原子与氧原子参与了配位。

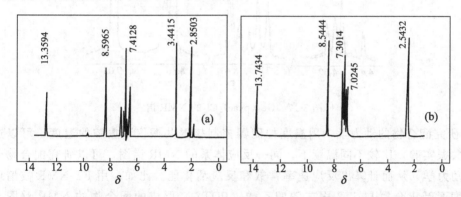

图 3-16　Schiff 碱配体的¹H NMR 谱图（a）和 Zn(Ⅱ) 配合物的¹H NMR 谱图（b）

③ 区分配合物的顺反异构　对一个具有不同构型的配合物来说，其顺式和反式异构体所具有的对称性往往是不同的，对称性的不同导致配合物中氢的环境不同。因此，从配合物¹H NMR 谱图中质子峰的个数往往就可以推断该配合物的构型。下面以双（β-二酮）配合物的顺反异构为例说明。第ⅣA族金属除 Pb(Ⅳ) 以外均能与 β-二酮形成 ［M(Ⅳ)Cl₂(β-dik)₂］型配合物。以对称性 β-二酮乙酰丙酮为例，它有两种异构体：

　　　4个甲基峰等同，单峰　　　　　　每2个甲基等同，有强度相等的2个峰

实际的核磁测定表明，其有 2 组强度相等的甲基峰，故为顺式结构。

非对称性的 β-二酮配位情况有很大不同。例如，用叔丁基（t-Bu）取代乙酰丙酮（acac）中的一个甲基而形成的 β-二酮三甲基乙酰丙酮（pvac）的配合物可能有五种异构体存在：

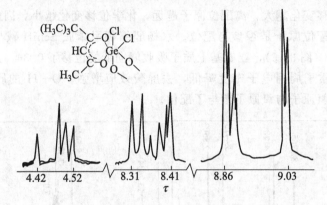

它们各自的甲基、叔丁基的信号数目（峰数）可直接推测出来。但实际核磁测试表明（图 3-17）无论甲基或者叔丁基，均有 6 个信号出现，说明它在溶液中有 5 种异构体存在。

图 3-17　Ge (pvac)$_2$Cl$_2$ 的 NMR 谱

④ 研究配合物的动力学　用温度控制器控制核磁共振仪谱振腔的温度，可以进行变温核磁共振实验。比较不同温度下，同一反应体系的 NMR 谱图，可以研究配合物分子内过程的动力学，从而计算出反应速率常数和反应活化能。比如，用 FT-NMR 波谱仪测量不同温度下碱土金属与 1,2-丙二胺四乙酸（PDTA）形成的配合物的 NMR 谱图。对于 PDTA 配体而言，在骨架上只有一个—CH$_3$ 基团，从而使其配合物中平面内两个乙酸基或平面外的两个都是处于磁非等性的环境中，因此在 N 原子反转这一慢过程时就出现四个乙酸基—CH$_2$—质子的四组 AB 谱。由图 3-18 可见，Mg 和 Ca-PDTA 金属配合物，在较低温度时均呈现由四组乙酸基—CH$_2$—基团产生的四组 AB 谱。随着温度升高 N 原子反转速度加快，四个乙酸基变成两组等性，因此观察到两组 AB 谱，就是完全融合现象。值得注意的是现在是同一个 N 原子上的两组乙酸基上—CH$_2$—产生的两组 AB 谱，随温度升高逐渐向一起靠近，最后达到完全融合而呈现一组 AB 谱。由图不难看出，其中一组较慢，另一组较快，说明两个 N 原子的反转速率不同。对于 Mg-PDTA 有一组化学位移差较小，因此在融合时，看起来似乎变成一组 AB 谱，实际上是两组谱的重叠谱。通过各变温谱的全线型分析求出各个温度下的分子内交换过程的速率常数 k 后，根据 Arrhenius 理论和 Eyring 过渡态理论，以 $\ln k$ 对 $1/T$ 作图（图 3-19），即可求得 Mg 和 Ca-PDTA 金属配合物分子内过程的活化能。

(2) ^{1}H NMR 在顺磁性金属离子配合物研究中的应用

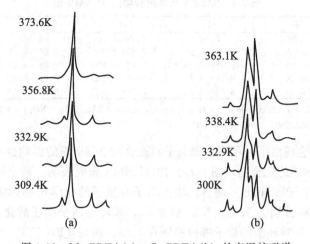

图 3-18　Mg-PDTA(a)，Ca-PDTA(b) 的变温核磁谱

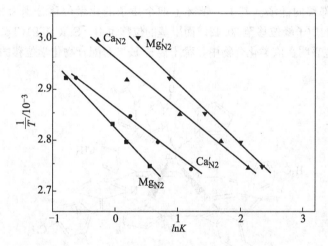

图 3-19　Mg-PDTA 和 Ca-PDTA 的 Arrhenius 图

含有未成对电子的金属离子是顺磁性金属离子。在三价稀土离子中，除 Y^{3+}、La^{3+} 没有 4f 电子，Lu^{3+} 的 4f 电子全充满之外，从 Ce^{3+} 到 Yb^{3+} 等 13 个稀土离子都有 4f 未成对电子，属于顺磁性金属离子。还有部分过渡金属离子，如 Cu(Ⅱ)、Mn(Ⅱ)、Fe(Ⅱ)、Co(Ⅱ)、Ni(Ⅱ) 等也属于顺磁性金属离子。顺磁性金属离子中的未成对电子对配合物的 NMR 产生很大的影响。其中一部分顺磁性金属离子，如 Cu(Ⅱ)、Mn(Ⅱ) 等，会导致其配合物的 NMR 不可测定。所以，不能用 NMR 研究这一类顺磁性金属离子的配合物。另外一部分顺磁性金属离子，其配合物的 NMR 谱图可以测定，但是化学位移变化很大，而且峰宽急剧变大。与配体的 NMR 谱图相比，配合物的 NMR 谱图中化学位移和峰形的巨大变化是由顺磁性金属离子的配位所导致的，所以，可以由此来判断金属离子是否与该配体进行了配位反应，即检验配合物的形成。比如，在用 NMR 研究双水杨醛缩乙二胺 Schiff 碱（SALEN）与镧系(Ⅲ)和钴(Ⅱ)的异核配合物时（表 3-4），发现配位后由于顺磁离子的引入，NMR 谱线的位移、线宽有强烈的变化，碳链上质子峰 H_5 分裂成复杂多重峰。由于中心金属离子与 N 发生配位，使 H_2 的峰形及位移与 SALEN 相比，发生明显变化。

表 3-4　SALEN 及其配合物的¹H NMR 谱

化合物	H₁	H₂	H₃	H₄	H₅
SALEN	9.96	8.58	7.40,7.31	6.86	3.91
1	9.97	8.35,8.19	7.43～7.13	6.66～6.56	4.05,3.90,2.67
2	10.25	8.58～8.30	7.42～7.28	6.89～6.47	4.05,3.91,2.67
3	10.24	8.58～8.19	7.42～7.28	6.91～6.47	4.05,3.92,2.67
7	10.25	8.58～8.26	7.49～7.28	6.93～6.48	4.05,3.92,2.67

注：1，2，3，7分别为 Co (SALEN) (NO₃)₃·3H₂O, LaCo (SALEN)₂ (NO₃)₅·2H₂O, NdCo (SALEN)₂ (NO₃)₅·2H₂O 和 YCo (SALEN)₂ (NO₃)₅·2H₂O。

即便同为顺磁性金属离子，不同金属离子对配合物 NMR 谱的影响也不相同。比如，对于 Sm^{3+} 及 Er^{3+} 与卟啉形成的配合物（图 3-20）的¹H NMR 研究表明，两个配合物表现出不同的核磁特性。对 ［Sm(TTP)(TpH)］ 而言，稀土离子对质子的化学位移影响不大，其中吡唑环上三个质子的化学位移分别为 1.74、5.28 和 8.13，苯环上四个质子的化学位移分别是 6.92、7.14、7.34 和 7.84，卟啉环上的质子峰位移则在 7.89。而在 ［Er(TTP) (TpH)］ 中，质子的化学位移发生巨大变化。从图 3-21 中可以看到，除吡唑环上的两个质子的化学位移外，其余质子的化学位移全部移向低场。其中，苯环上四个质子的化学位移分别为 31.01、15.05、9.75 和 7.87，卟啉环上的质子峰位移至 20.42。而甲基的位移也由 ［Sm(TTP)(TpH)］ 中的 2.51 移到 5.88。该结果清楚地表明在该类化合物中，稀土离子 Er^{3+} 对配合物化学位移的影响比 Sm^{3+} 要大。

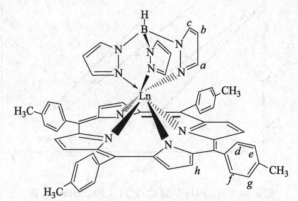

Ln=Sm³⁺,[Sm(TTP)(TpH)](1),Et³⁺,[Er(TTP)(TpH)](2)

图 3-20　稀土单卟啉配合物

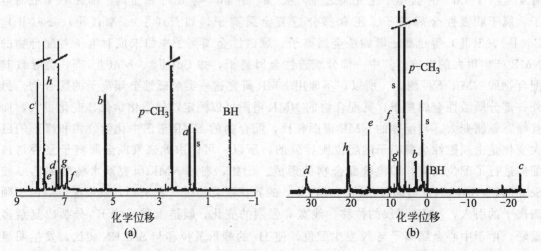

图 3-21　［Sm(TTP)(TpH)］（a）和 ［Er(TTP) (TpH)］（b）在 CDCl₃ 中的¹H NMR 谱图

（3）一些 ^{1}H 和 ^{13}C NMR 谱图中的化学位移

表 3-5 和表 3-6 分别列出了 ^{1}H 和 ^{13}C NMR 谱图中一些重要化学位移。

表 3-5　各种环境中质子的化学位移

质子的类型	化学位移 δ	质子的类型	化学位移 δ
烷基，RCH_3	0.8～1.0	酮，$RCOCH_3$	2.1～2.6
烷基，RCH_2CH_3	1.2～1.4	醛，$RCOH$	9.5～9.6
烷基，R_3CH	1.4～1.7	乙烯基，$R_2C{=}CH_2$	4.6～5.0
烯丙基，$R_2C{=}CRCH_3$	1.6～1.9	乙烯基，$R_2C{=}CRH$	5.2～5.7
苄基，$ArCH_3$	2.2～2.5	芳香烃，ArH	6.0～9.5
烷基氯化物，RCH_2Cl	3.6～3.8	炔烃，$RC{\equiv}H$	2.5～3.1
烷基溴化物，RCH_2Br	3.4～3.6	醇羟基，ROH	0.5～6.1①
烷基碘化物，RCH_2I	3.1～3.3	羧酸类，$RCOOH$	10～13
醚，$ROCH_2R$	3.3～3.9	酚羟基，$ArOH$	4.5～7.7①
醇，$HOCH_2R$	3.3～4.0	氨基，$R{-}NH_2$	1.0～5.0①

① 这些质子的化学位移在不同的溶剂中随着温度和浓度的不同而不同。

表 3-6　^{13}C NMR 中一些重要的化学位移

碳原子类型	化学位移 δ	碳原子类型	化学位移 δ
烷基，RCH_3	0～40	烯烃，R_2C	100～170
烷基，RCH_2CH_3	10～50	苄基碳	100～170
烷基，R_3CH	15～50	腈类，$-C{\equiv}N$	120～130
烷基卤化物或胺类，(CH_3) $C-X(X{=}Cl,\ Br,\ NR_2)$	10～65	胺类，$-CNR_2$	150～180
		羧酸类，酯类，$-COOH$	160～185
醇或醚，R_3COR	50～90	酮类或醛类，$-C{=}O$	182～215
炔烃，$-C{\equiv}H$	60～90		

3.2.4　光电子能谱

光电子能谱是利用单色的紫外线或 X 射线光源照射在样品上，入射光子与样品相互作用，光子的能量被转移给原子某一壳层上被束缚的电子，使原子的内层电子或价电子发射出来，成为光电子。测量光电子能量，以电子能为横坐标，相对强度为纵坐标作出光电子能谱图。根据所用单色光的不同，光电子能谱技术分为 X 射线光电子能谱和紫外光电子能谱。X 射线光电子能谱（XPS）用较弱 X 射线作为电离源，用于测量原子内壳层电子结合能。紫外光电子能谱（UPS）用紫外线作为电离源，主要研究价电子的电离能。在此重点介绍在配合物研究中应用更为广泛的 XPS。XPS 技术在配位化合物材料的研究中，为配合物表面或界面结构的表征，聚合物所含的碳、氧、氮、硫以及过渡金属等元素的分析提供了丰富的信息。

每一种原子都有与内部原子轨道相关的特征结合能，这使得每一元素在 XPS 中都能产生一组特征峰。所以，可以用于鉴定除氢和氦（没有内层电子）以外所有的元素。XPS 有多种用途，可以做混合物成分分析，化学状态分析，官能团分析，定量分析以及深度分析等，这里我们只介绍 XPS 在配合物结构和性质研究中的应用。

（1）确定配体的配位点

该方法是将自由配体与该配体所形成的配合物的结合能进行对比，如果配体与金属反应后，配位原子的结合能升高，说明该原子在配合物形成过程中给出了电子，参与了与金属的

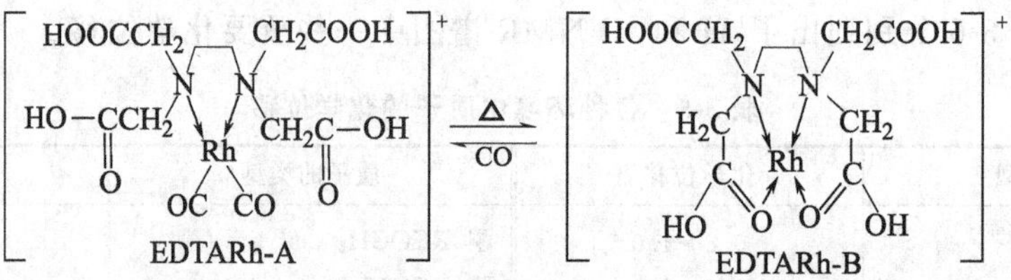

图 3-22 Rh 与 EDTA 形成的两种配合物及其互相转化

配位。如果某配位原子的结合能在反应前后没有变化，说明该原子未参与配位。例如，可以用 XPS 判断 EDTA 与 Rh 的两种配合物中（见图 3-22）EDTA 的配位点。

从表 3-7 中的 XPS 数据可以看出，形成配合物 A 结构后，N_{1s} 结合能由配体的 400.4eV 变为 402.8eV，升高 2.4eV，说明在配合物形成过程中 N 原子给出电子参与了与铑的配位。在配合物由 A 结构变为 B 结构，再经 CO 处理后回复到 A 结构的变化中，由于 N 原子的配位状态未起变化，其 N_{1s} 结合能亦无变化。配合物中 O_{1s} 结合能的变化如表 3-7 所示，当配合物 A 结构形成后，由于配体中 O 未参与配位，其 O_{1s} 结合能基本未变。当配合物变成 B 结构时，由于配体中部分 O 参与与铑的配位，其 O_{1s} 结合能有两个：一个为 533.1eV，比配合物 A 提高 3eV，证明配体中有 O 与铑配位；另一结合能仍为 530.1eV，与配合物 A 中 O_{1s} 结合能一致，说明配合物 B 中有部分 O 未参与配位。当配合物由 B 结构经 CO 处理后回复到 A 结构时，其配合物中部分配位的 O 的 O_{1s} 结合能相应降低。$Rh_{3d5/2}$ 的结合能随配合物的结构变化而呈规律性变化：与 $Rh_2(CO)_4Cl_2$ 的 $Rh_{3d5/2}$（311.2eV）相比，配合物 A 中的 $Rh_{3d5/2}$ 结合能下降 1eV。配合物由 A 结构变为 B 结构后，$Rh_{3d5/2}$ 的结合能下降 0.4eV，其变化较小的原因是 O→Rh 配位键的结合能的强度弱于 N→Rh 配位键，因而 Rh 原子从 O 原子上接受的转移电荷较少所致。

表 3-7 Rh 与 EDTA 形成的配合物的结合能数据

配合物	ν/cm^{-1}	E_b/eV		
		N_{1s}	O_{1s}	$Rh_{3d5/2}$
配体 EDTA		400.4	530.0	
EDTARh-A	1950	402.8	530.1	310.2
	1890			
EDTARh-B	1950	402.2	533.1, 530.1	309.8
经 CO 处理后	1890	402.8	530.1	310.2

再例如，在苯并-15-冠-5（B-15-C-5）、联吡啶与稀土离子（Ln）的混合配体配合物中，$Ln_{3d5/2}$ 结合能降低（大约 1～2eV），醚氧 O_{1s} 的结合能与自由冠醚对比，几乎未见变化。对 N_{1s} 观测到两个分得很好的能量峰，其中的高结合能峰（约 407eV）属于 $N_{1s}(NO_3^-)$，低结合能峰（约 400eV）应属于 N_{1s}(bipy)（自由联吡啶的 N_{1s} 为 398.80eV）。上述观测结果表明，在该混合配体配合物中，与中心离子配位的只有联吡啶的 N 原子和 NO_3^- 的 O 原子，冠醚的氧原子并没有参加配位。

（2）判断配体的桥基原子和端基原子

除了判断配体的配位点以外，XPS 的结合能数据还可以进一步判断配体的配位方式。因为，当配体以不同方式与金属配位时，其结合能的大小不同。比如，对 Cl_{2p} 光电子能谱的研究表明，结合能大小是 $Cl_b > Cl_t > Cl^-$（Cl_b 是桥基原子，Cl_t 是端基原子，Cl^- 是未配位的氯离子）。因此，可以根据配体中配位原子结合能的大小判断 Cl 是以桥联或者端基方式配位。又如在羰基化合物中，因为桥基 CO 的反馈程度比端基 CO 大，所以，桥基 CO 的 O_{1s} 结合能比端基 CO 低。在 $[\eta_5\text{-}C_5H_5Fe(CO)_2]_2$ 的 XPS 能谱中发现，O_{1s} 谱有两个峰，一个是桥基 CO 的峰，另一个是端基 CO 的峰，强度比 1:1。说明在该配合物中，两个羰基一个是桥联配位，另一个是端基配位。

（3）确定配合物的组成

XPS 能谱中，峰的相对强度通常正比于分子中原子的相对数目（常需用灵敏度因子法对强度进行修正），因此，可以根据光电子峰的峰面积，测定样品中不同元素的相对含量或者相同元素非等效原子的相对含量，并由此确定配合物的化学式。灵敏度因子法的修正方法为：以峰边、背景的切线交点为准扣除背景，计算峰面积或峰强，然后分别除以相应元素的灵敏度因子，就可得到各元素的相对含量。例如，利用 XPS 测得 $FeCl_3$ 与 DMF 形成的配合物中元素 Fe，Cl，N，C 和 O 的峰面积比，推测出其分子组成为 $(FeCl_3)_2(DMF)_{3.3}(H_2O)_{2.7}$，与元素分析结果一致。配合物中 C_{1s} 存在 3 个峰［图 3-23 (a)］，化学环境相同的 2 个甲基 C 只出现 1 个单峰（285.2eV），而羰基 C 产生 2 个光电子峰（286.4eV，289.2eV），其峰面积比为 1.75，表明 3.3 mol DMF 中有 2.1 mol 与相对缺电子的 Fe^{3+} 配位，产生 286.4eV 的光电子峰，而 1.2 mol 与另一个相对富电子的 Fe^{3+} 配位，形成 289.2eV 的光电子峰；Cl_{2p} 有 2 个峰（199.3eV，200.9eV）［图 3-23(b)］，其峰面积比 2:1，表明 6 个 Cl 原子中，2 个 Cl 与相对富电子的 Fe^{3+} 配位，4 个 Cl 与相对缺电子的 Fe^{3+} 配位；O (1s) 有 3 个峰：533.0eV，532.3eV 和 530.9eV［图 3-23(c)］，其峰面积比为 2.1:2.6:1.2，533.0eV 和 530.9eV 峰属于 DMF 中的羰基氧，532.3eV 峰则属于游离水。因此，该配合物的化学式可进一步表示为 $[FeCl_2(DMF)_{1.2}(H_2O)_{2.7}]^+$ $[FeCl_4(DMF)_{2.1}]^-$。

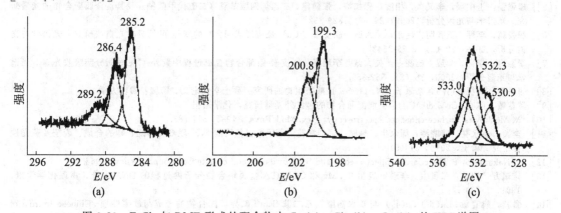

图 3-23　$FeCl_3$ 与 DMF 形成的配合物中 C_{1s}(a)，Cl_{1s}(b)，O_{1s}(c) 的 XPS 谱图

（4）判断配合物的几何构型

在配合物的 XPS 谱图中，除光电子特征峰外，配体和金属之间的电荷转移还会使配合物出现伴峰现象。主要有振激（shake up），振离（shake off），X 射线伴峰，俄歇电子峰和能量损失峰等伴峰。利用振激伴峰可以判断配合物的几何构型。如四面体结构的 Ni^{2+} 有振激伴峰现象，而平面四方结构的 Ni^{2+} 则没有，Co^{2+} 处于高自旋态时比低自旋态表现出更强的振激伴峰现象，而 Co^{3+}（反磁性）则并非如此。

习　题

1. 如何用紫外光谱测定磺基水杨酸铁（乙二胺镍）配合物的组成及稳定常数？

2. 试根据环己基甲酸镧配合物的红外光谱图，判断该配合物中羧基采取的配位方式。

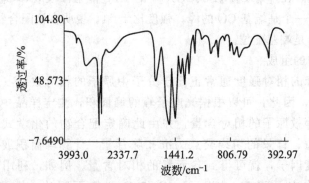

3. 讨论 Jahn-Teller 效应对配合物电子光谱的影响。

4. 四面配合物都是高自旋的且其颜色都比相应的八面体配合物颜色深，原因是什么？

5. 镧系金属离子在紫外-可见光范围内吸收因子很小，可通过形成配位化合物的方法改善，原因是什么？

6. 红外及拉曼光谱都属于分子振动光谱，应用其在研究配位化合物时有什么区别。

7. 配合物中心原子（离子）的电子构型是否对其 NMR 谱有较大影响？原因是什么？

8. 应用光电子能谱研究配合物可以获得哪些配合物的结构信息？

参 考 文 献

[1] 朱龙观编著. 高等配位化学. 上海：华东理工大学出版社，2009.
[2] 章慧等编著. 配位化学——原理与应用. 北京：化学工业出版社，2009.
[3] 李晖编著. 配位化学（双语版）. 北京：化学工业出版社，2006.
[4] 黄惠忠等编著. 表面化学分析. 上海：华东理工大学出版社，2007.
[5] 廖强强，王中瑗，李义久，相波，程如梅，张勤建. 三乙烯四胺基双（二硫代甲酸钠）及其重金属配合物的光谱研究. 光谱学与光谱分析，2009，29（3）：829-832
[6] 薛俊鹏，李萍，王齐明，赵伟，吴大诚. 槲皮素与 Cu^{2+} 反应形成配合物的紫外-可见吸附光谱法研究. 光谱学与光谱分析，2009，29（9）：2539-2542.
[7] 李慧峰，李萍，李迎，杨晓占，吴大诚，李瑞霞. 槲皮素-铝配合物合成过程中紫外-可见时间分辨吸收光谱. 光谱学与光谱分析，2008，28（2）：352-355.
[8] 李法辉. 有机锡（Ⅳ）含杂原子（N，O，S）羧酸衍生物的研究：硕士学位论文. 聊城：聊城大学.
[9] 罗慧敏，陈克. $Cr(\beta\text{-}dik)Cl_2L_2$ 型混配合物的远红外光谱研究，化学通报.
[10] M Moskovits. Surface-enhanced spectroscopy, Rev. Mod. Phys.，1985，57：783.
[11] 李颖，赵永亮，傅晓涛，周永生，魏晓燕，刘润花. 萘甲酰三氟丙酮-2,2′-联吡啶铽配合物的合成、表征及荧光性能研究. 稀土，2010，31（5）.
[12] K Nakamoto, P T McCarthy. Spectrascopy and Structure of Metal chelate Compound, Wiley, 1968.
[13] 宋瑞方，巴勇，张贵生，李瑛，裘祖文. Mg 和 Ca-PDTA 金属络合物分子内过程的 DNMR 谱. 物理化学学报，1991，7（1）.
[14] 鲁桂，姚克敏. Ln(Ⅲ)-Co(Ⅱ) 与双水杨醛缩乙二胺 Schiff 碱异核配合物的合成与波谱性质. Chinese Journal of Applied Chemistry，1998.
[15] 何宏山. 稀土卟啉配合物结构及变温核磁研究. 光谱实验室，2008，25（6）.
[16] 张抒峰，邹瑾，潘平来，袁国卿. 乙二胺四乙酸铑配合物的结构及催化性能研究. 化学通报，2001.
[17] 朱文祥，赵继周，杨瑞娜，黄惠忠. 稀土冠醚配合物的 XPS 研究. 物理化学学报，1991，7（3）.
[18] 袁欢欣，欧阳键明. X 射线光电子能谱在配合物研究中的应用及其研究进展. 光谱学与光谱分析，2007，27（2）：395-399.
[19] Kim Y J, Park C R. Inorg. Chem.，2002，41（24）：6211.

第4章 配合物的合成方法

化合物的合成是化学研究的一个非常重要的组成部分，配位化学的奠基人 Werner 所提出的配位化学概念和理论，就是建立在当时钴氨（胺）配合物的合成和拆分的基础上。20世纪 50 年代二茂铁和二苯铬的合成，以及随后对其结构进行研究所取得的巨大成就，带来了金属有机化学的飞速发展。此后 20 多年里，与金属有机化学有关的化学家共 8 人次获得了诺贝尔化学奖，而他们的成就主要基于新颖化合物（特别是金属有机化合物）的合成和他们对这些化合物的结构研究和应用。

随着配位化学研究领域的延伸与发展，配合物的数量和种类在不断增长。目前已知的配合物数目庞大，种类繁多，合成方法亦多种多样，千差万别，而且由于各种结构新颖、性能独特的新配合物不断涌现，一些新的特殊的合成方法也不断被开发和报道出来。因此，很难总结出一个适合大多数配合物合成的模式，对于不同的配合物要采用不同的合成方法。在迄今为止已经出版的各种教材和专著中，对配合物的合成方法有不同的分类。例如，根据反应物的存在形态分，有液相、固相和气相合成法；根据合成条件分，有高压和低压、高温、中温和低温合成法；根据反应类型分，有取代反应、异构化反应、氧化还原反应；根据实验方法分，有直接法、组分交换法、模板法等。在本章中，我们将简要介绍液相法、低热固相反应法、水（溶剂）热合成法和微波合成法。

4.1 液 相 法

液相法又称溶液法，就是将反应物用一种或多种溶剂溶解，然后混合，通过反应析出固体产物，其本质是配合物在过饱和溶液中析出。在配合物合成中，往往先考虑采用此法。因为在溶液中，反应物混合均匀，反应条件较易控制，因而容易得到所需产物。若此法不行或不好，再考虑选用其他方法。

采用液相法合成配合物的第一步就是要选择溶剂。选择溶剂既要考虑反应物的性质，又要考虑生成物的性质，还要考虑溶剂本身的性质。具体来说，所选择溶剂要满足以下几个条件：

① 能使反应物充分溶解；

② 不与产物作用；

③ 使副反应尽量少；

④ 与产物易于分离。

水是一种价廉易得的最常用的溶剂，很多配合物是在水溶液中合成的。在水溶液中进行的所谓直接取代反应是合成金属配合物最常用的方法。这一方法利用金属盐和配体在水溶液中进行反应，其实质是用适当的配体去取代水配合离子中的水分子。例如，经典配合物 $[Cu(NH_3)_4]SO_4$ 可用 $CuSO_4$ 水溶液与过量的浓氨水制得：

$$[Cu(H_2O)_4]SO_4 + 4NH_3 \longrightarrow [Cu(NH_3)_4]SO_4 + 4H_2O \tag{4-1}$$

（浅蓝）   （深蓝）

在室温下，$[Cu(H_2O)_4]^{2+}$ 中的配位 H_2O 分子很快被 NH_3 分子所取代，这可通过溶液的颜色由浅蓝变为深蓝看出来。向溶液中加入足量的乙醇以降低配合物的溶解度，便可以使深蓝色的 $[Cu(NH_3)_4]SO_4$ 结晶析出。

此法也适用于 Ni(Ⅱ)、Cd(Ⅱ)、Zn(Ⅱ) 等配合物的合成，但不适用于 Fe(Ⅲ)、Cr(Ⅲ)、Al(Ⅲ)、Ti(Ⅳ) 等硬金属离子氨配合物的合成，这是因为在水溶液中存在以下平衡：

$$NH_3 + H_2O \rightleftharpoons NH_4^+ + OH^- \tag{4-2}$$

因此，必然发生 NH_3 与硬碱 OH^- 对金属离子的竞争反应，虽加入了过量氨水，但硬酸金属离子主要结合硬碱 OH^- 形成氢氧化物沉淀。所以合成这类配合物须采用其他方法。

在水溶液中还可进行其他类型的取代反应。例如，下面的取代反应是一种间接取代反应，常被称为组分交换反应：

$$[NiCl_4]^{2-} + 4CN^- \longrightarrow [Ni(CN)_4]^{2-} + 4Cl^- \tag{4-3}$$

$$[Co(NH_3)_5Cl]Cl_2 + 3en \longrightarrow [Co(en)_3]Cl_3 + 5NH_3 \tag{4-4}$$

发生配体取代反应的驱动力主要有浓度差和配体配位能力的差别等。浓度差就是加入过量的新配体或者直接使用新配体作为溶剂来进行取代反应，使取代反应平衡朝着生成目标配合物的方向移动，反应得以顺利完成。前述 $[Cu(NH_3)_4]SO_4$ 的合成中使用过量氨水就是这种情况。实际应用中更多的是利用配体配位能力的差别来进行取代反应，一般用配位能力强的配体取代配位能力弱的配体，或者用螯合配体取代单齿配体，从而生成更稳定的配合物。式(4-3) 和式(4-4) 所表示的反应就属于这种情况。这一类反应不需加入过量的配体，通常按反应的化学计量比加入即可。对于有些反应，加入的新配体的量不同，会生成组成不同的产物。

某些金属配合物的取代反应在室温下进行相当慢，常须采用加热等方法才能得到预期的产物。如：

$$K_3[RhCl_6] + 3K_2C_2O_4 \xrightarrow{H_2O,\,100\,℃,\,2h} K_3[Rh(C_2O_4)_3] + 6KCl \tag{4-5}$$
$$\quad\text{(酒红色)} \qquad\qquad\qquad\qquad\qquad\qquad\qquad \text{(黄色)}$$

选用合适的催化剂，能提高慢取代反应的速率。如

$$trans\text{-}[PtCl_2(NH_3)_4]^{2+} + 2SCN^- \xrightarrow{[Pt(NH_3)_4]^{2+}} trans\text{-}[Pt(SCN)_2(NH_3)_4]^{2+} + 2Cl^- \tag{4-6}$$

当无催化剂时，$trans\text{-}[Pt(SCN)_2(NH_3)_4]^{2+}$ 未能制得，而加入催化剂 $[Pt(NH_3)_4]^{2+}$ 后，反应即可顺利完成。

溶液的酸度对反应产率和产物分离至关重要，某些配合物的合成只有当溶液的 pH 值控制在一定的范围内才有可能。例如，由三氯化铬与乙酰丙酮水溶液合成 $[Cr(C_5H_7O_2)_3]$ 时，由于反应物和产物都溶于水，使反应无法进行到底，如果在反应液中加入尿素，由尿素水解生成氨控制溶液的 pH 值，就可以使产物很快地结晶出来：

$$CO(NH_2)_2 + H_2O \longrightarrow 2NH_3 + CO_2 \tag{4-7}$$

$$CrCl_3 + 3C_5H_8O_2 + 3NH_3 \longrightarrow [Cr(C_5H_7O_2)_3] + 3NH_4Cl \tag{4-8}$$

在水溶液中，还可以通过氧化还原反应，将不同氧化态的金属化合物，在配体存在下，使其氧化或还原，以制得期望的该金属的配合物。最常见的例子是由二价钴化合物氧化制备三价钴配合物：

$$2CoCl_2 + 2NH_4Cl + 8NH_3 + H_2O_2 \longrightarrow 2[Co(NH_3)_5Cl]Cl_2 + 2H_2O \tag{4-9}$$

制备时，将 NH_4Cl 溶解在浓氨水中，加入 $CoCl_2 \cdot 6H_2O$，在搅拌下慢慢加入 30% 的 H_2O_2，待溶液中无气泡生成后，加入浓盐酸即得到红紫色晶体。

加入活性炭作为催化剂，上述反应可得到产物 $[Co(NH_3)_6]Cl_3$：

$$2CoCl_2 + 2NH_4Cl + 10NH_3 + H_2O_2 \longrightarrow 2[Co(NH_3)_6]Cl_3 + 2H_2O \tag{4-10}$$

常用的氧化剂有 H_2O_2、空气、卤素、$KMnO_4$、PbO_2 等。例如，氯气可以把 Pt(Ⅱ) 的配合物直接氧化成 Pt(Ⅳ) 配合物：

$$cis\text{-}[Pt(NH_3)_2Cl_2] + Cl_2 \longrightarrow cis\text{-}[Pt(NH_3)_2Cl_4] \tag{4-11}$$

现在有越来越多的配合物是在非水溶剂中合成的。之所以要用非水溶剂，主要有以下原因：

① 防止某些金属离子（如前面提到的 Fe^{3+}、Cr^{3+}、Al^{3+}、Ti^{4+} 等）水解；

② 使配体溶解；

③ 配体的配位能力弱，竞争不过水；

④ 溶剂本身就是配体，比如 NH_3。

例如，用 $CrCl_3 \cdot 6H_2O$ 为原料，在水溶液中加乙二胺不能制得 $[Cr(en)_3]Cl_3$，而生成的是氢氧化铬沉淀：

$$[Cr(H_2O)_6]^{3+} + 3en \xrightarrow{aq} Cr(OH)_3 \downarrow + 3enH^+ + 3H_2O \tag{4-12}$$
$$\text{（紫色）} \qquad\qquad \text{（灰蓝）}$$

若以无水 $CrCl_3$ 为原料，利用非水溶剂乙醚，在过量乙二胺作用下，可以制得 $[Cr(en)_3]Cl_3$：

$$CrCl_3 + 3en \xrightarrow{乙醚} [Cr(en)_3]Cl_3 \tag{4-13}$$
$$\text{（蓝紫色）} \qquad\qquad \text{（黄色）}$$

用 DMF 为溶剂，能够以高产率通过下面的取代反应制得 $cis\text{-}[Cr(en)_2Cl_2]Cl$：

$$[Cr(DMF)_3Cl_3] + 2en \xrightarrow{DMF} cis\text{-}[Cr(en)_2Cl_2]Cl + 3DMF \tag{4-14}$$

利用无水乙醇为溶剂可以制备发光的稀土配合物如 $Eu(OHAP)_3 \cdot 2H_2O$、$Eu(OHAP)_3$ Phen、$Eu_2(DAR)_3 \cdot 4H_2O$ 和 $Eu_2(DAR)_3 \cdot Phen_2$（HOHAP＝邻羟基苯乙酮，H_2DAR＝4,6-二乙酰基间苯二酚，Phen＝邻菲啰啉）。合成 $Eu_2(DAR)_3 \cdot 4H_2O$ 时，按照 H_2DAR：$EuCl_3$ 的摩尔比为 3：2 的比例将 $EuCl_3$ 溶于无水乙醇中，在搅拌下滴加含有 H_2DAR 的无水乙醇溶液，得到淡黄色的澄清溶液。在搅拌下用三乙胺或者氢氧化钠的乙醇溶液调 pH 值到 6～7，产生大量黄色沉淀。放置过夜后抽滤并用无水乙醇洗涤，最终得到黄色固体粉末。该配合物在紫外灯下能发出强的红光，其结构示意如图 4-1 所示。

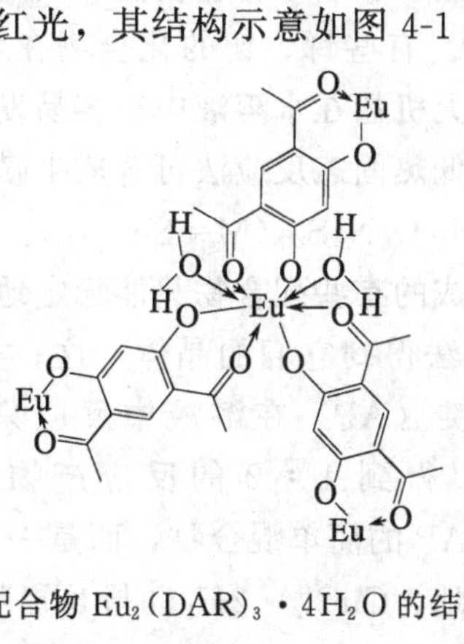

图 4-1　配合物 $Eu_2(DAR)_3 \cdot 4H_2O$ 的结构示意图

4.2　低热固相反应法

固相化学反应是指有固体物质直接参与的反应，既包括经典的固-固反应，也包括固-气反应和固-液反应。因此，所有固相化学反应都是非均相反应。

固相反应不用溶剂，一般产率较高，制备方便简单，同时还具有高选择性。根据固相反应发生的温度，可以将固相反应分为三类，即反应温度低于 100℃ 的低热固相反应、反应温度介于 100～600℃ 之间的中热固相反应以及反应温度高于 600℃ 的高热固相反应。这仅是一种人为的划分，也有人将后两类反应归为高热固相反应一类。

研究固体和材料的科技工作者往往注重高温固相反应，而配合物合成主要利用的是低热固相反应，因为在高温下配体容易分解和挥发。在利用低热固相反应法合成配合物方面，南京大学忻新泉及其研究组从 1988 年起，进行了系统的研究，取得了一系列令人瞩目的成果，包括合成了各类配合物，如单核和多核配合物 $[C_5H_4N(C_{16}H_{33})]_4[Cu_4Br_8]$、$[Cu_{0.84}Au_{0.16}(SC(Ph)NHPh)(Ph_3P)_2Cl]$、$[Cu_2(PPh_3)_4(NSC)_2]$、$[Cu(SC(Ph)NHPh)(PPh_3)_2X](X=Cl, Br, I)$ 等，并测定了晶体结构。

有些固相配位反应在室温，甚至在 0℃ 时就可以发生。例如，4-甲基苯胺（4-MB）与 $CoCl_2 \cdot 6H_2O$ 两种固体混合，即可观测到颜色变化，稍加研磨即可反应完全，生成配合物 $[Co(4-MB)_2Cl_2]$。又如，2-氨基嘧啶（AP）与 $CuCl_2 \cdot 2H_2O$ 两种固体混合，室温下很快发生以下反应并伴有明显的颜色变化：

$$CuCl_2 \cdot 2H_2O + 2AP \longrightarrow Cu(AP)_2Cl_2 + 2H_2O \qquad (4-15)$$
$$\text{（蓝色）} \qquad\qquad\qquad \text{（绿色）}$$

固相合成反应在合成一些新颖的配合物方面有重要应用。如，系列化合物 $RE(L)_3 \cdot 4H_2O$（RE＝镧系元素，L＝苯羟乙酸根）可以利用固相反应来合成，将定量 $RECl_3 \cdot xH_2O$ 和苯羟乙酸（HL）混合并充分研磨，研磨初期就有带明显刺激性气味的气体放出，出现潮湿现象，并逐渐明显直到发黏呈糊状，将所得到的混合物用无水乙醇和无水乙醚各洗涤三次干燥后得配合物 $RE(L)_3 \cdot 4H_2O$。

有人结合微波用固相反应法合成了赖氨酸锌配合物：按摩尔比 1：1 准确称取赖氨酸和二水乙酸锌，混合后研磨，然后将其放入微波炉中，控制一定的条件加热，所得产物放入无水乙醇中浸泡，抽滤后干燥后即得产品。

一些锑、铋的配合物具有抗癌、杀菌等生物功能，因此合成新的锑、铋的配合物对生物无机化学和医药都具有重要意义。有些锑、铋的化合物在水溶液中通过液相反应合成较困难，因为许多三价锑、铋离子的无机盐在水溶液中很容易发生水解。然而这样的化合物通过固相反应制备相对较容易。通过低热固态反应法可合成牛磺酸水杨醛钾与三氯化锑和三氯化铋的配合物，其组成为 $K_2MC_{18}H_{20}O_8N_2S_2$（M＝Sb, Bi）。

低热固相配位化学反应中生成的有些配合物只能稳定地存在于固相中，遇到溶剂后不能稳定存在而转变为其他产物，无法得到它们的晶体，这一类化合物被称为固配化合物。例如，$CuCl_2 \cdot 2H_2O$ 与 α-氨基嘧啶（AP）在溶液中反应只能得到摩尔比为 1：1 的产物 $Cu(AP)Cl_2$。利用固相反应可以得到 1：2 的反应产物 $Cu(AP)_2Cl_2$。分析测试表明，$Cu(AP)_2Cl_2$ 不是 $Cu(AP)Cl_2$ 与 AP 的简单混合物，而是一种稳定的新固相化合物，它对于溶剂的洗涤均是不稳定的。类似地，$CuCl_2 \cdot 2H_2O$ 与 8-羟基喹啉（HQ）在溶液中反应只能得到 1：2 的产物 $Cu(HQ)_2Cl_2$，而固相反应则还可以得到液相反应中无法得到的新化合物 $Cu(HQ)Cl_2$。

某些有机配体的配位能力很弱，并且容易在金属离子的催化下发生转化。已知的醛的配合物主要是一些重过渡金属与螯合配体（如水杨醛及其衍生物）形成的配合物，而过渡金属卤化物与简单醛的配合物数目很少，且制备均是在严格的无水条件下利用液相反应进行的。用低热固相反应可以方便地合成 $CoCl_2$、$NiCl_2$、$CuCl_2$、$MnCl_2$、$ZnCl_2$ 等金属卤化物与芳香醛的配合物，如对二甲氨基苯甲醛（p-DMABA）和 $CoCl_2 \cdot 6H_2O$ 通过固相反应可以得到暗红色配合物 $Co(p\text{-}DMABA)_2Cl_2 \cdot 2H_2O$。测试表明，配体是以醛的羰基与金属配位的，这个化合物对溶剂不稳定，用水或有机溶剂都会使其分解为原来的原料。

溶液中配位化合物存在逐级平衡，各种配位比的化合物平衡共存，如金属离子 M 与配体 L 有系列平衡（略去可能有的电荷）：

$$M+L \underset{}{\rightleftharpoons} ML \overset{L}{\rightleftharpoons} ML_2 \overset{L}{\rightleftharpoons} ML_3 \overset{L}{\rightleftharpoons} ML_4 \overset{L}{\rightleftharpoons} \cdots\cdots \tag{4-16}$$

各种配合物的浓度与配体浓度、溶液 pH 值等有关。但是，固相化学反应一般不存在化学平衡，因此可以通过精确控制反应物的配比等条件，实现分步反应，得到所需的目标化合物。如前述 $CuCl_2 \cdot 2H_2O$ 与 8-羟基喹啉的反应，通过控制反应物的摩尔比，既可得到在液相中以任意摩尔比反应所得的稳定产物 $Cu(HQ)_2Cl_2$，又可得到在液相中得不到的稳定的中间产物 $Cu(HQ)Cl_2$；又如，$AgNO_3$ 与 2,2-联吡啶（bpy）以 1：1 摩尔比于 60℃ 固相反应可以得到浅棕色的中间态配合物 $Ag(bpy)NO_3$，它可以与 bpy 进一步固相反应生成黄色产物 $Ag(bpy)_2NO_3$。

利用低热固相配位反应中所得到的中间产物作为前体，使之在第二或第三配体存在的环境下继续发生固相反应，从而合成所需的混配化合物，实现分子装配，这是化学家梦寐以求的目标，也是低热固相反应的魅力所在。例如，将 $Co(bpy)Cl_2$ 和 $Phen \cdot H_2O$ 以 1：1 或 1：2 摩尔比混合研磨后分别获得了 $Co(bpy)(Phen)Cl_2$ 和 $Co(bpy)(Phen)_2Cl_2$；将 $Co(Phen)Cl_2$ 和 bpy 按 1：2 摩尔比反应得到 $Co(bpy)_2(Phen)Cl_2$。

4.3　水（溶剂）热合成法

在 4.1 介绍的液相法合成反应主要是在常规条件（常温或一般加热、常压）下进行的溶液反应，而且所用的反应物在水或有机溶剂中有一定的溶解度。但是这些方法有很大的局限性，比如，有些反应物在各种溶剂中不溶或难溶，因而不能通过液相合成来获得目标化合物。为此，人们开始寻找并利用新的合成方法来合成配合物，水热法（hydrothermal method）和溶剂热法（solvothermal method）就是其中之一。水热、溶剂热合成现在已成为无机合成化学的一个重要的分支，在配合物合成中被广泛使用。

水热合成是指在特制的密闭反应器（高压釜）里，采用水溶液作为反应介质，通过对反应器加热，创造一个相对高温（100～1000℃）和高压（1～100MPa）的反应环境，来合成特殊的物质（化合物）以及培养高质量的晶体。有些在常温下不溶或难溶的物质，在水热反应的高温高压条件下，反应物的溶解率增大，反应活性提高，反应速率加快。适当调节水热条件下的环境气氛，有利于低价态、中间价态与特殊价态化合物的生成，有利于生长极少缺陷、取向好、完美的晶体，且合成产物结晶度高以及易于控制产物晶体的粒度。

水热反应和溶剂热反应有各自的应用范围。水热法最大的优点是不需要高温烧结就可以得到结晶粉体，可以在纳米、微米和毫米级，是一种环境污染小、成本低、易于商业化的实验方法。尽管水热反应取得了很大成功，但仍然无法掩盖这种方法的局限性。最明显的缺点就是它不能应用于对水敏感的化合物参与的反应。此外，在高温高压下有些反应物无法在水中溶解，这样反应物较低的溶解性就使得反应很难发生。为了克服水热反应的缺点，于是就有人使用有机溶剂来代替水，这就成为溶剂热合成。溶剂热法是在水热方法的基础上发展起来的一种新的材料制备方法，将水热法中的水换成有机溶剂（例如醇、有机胺、苯或四氯化碳等），采用类似水热法的原理制备在水溶液中无法生长、易氧化、易水解或对水敏感的材料。溶剂热法的优点主要体现在如下几个方面：①在有机溶剂中进行的反应能够有效地抑制产物的氧化过程或空气中氧的污染；②由于有机溶剂的低沸点，在同样的条件下可以达到比水热更高的气压，从而有利于产物的结晶；③非水溶剂的采用使得溶剂热法可选择原料的范围大大扩展。

水热反应或溶剂热反应是在水热反应器中进行的。反应器可以根据反应温度、压力和反应液的量来确定，常用的有反应釜和玻璃管两种。反应釜由不锈钢外套和聚四氟乙烯内衬组成。水热、溶剂热实验中的重要因素是装满度。装满度指反应混合物占密闭反应釜的体积分数。水的临界温度是 374 ℃，此时的相对密度是 0.33，即意味 30％ 装满度的水在临界温度下实际上是气体，所以实验中既要保证反应物处于液相传质的反应状态，又要防止由于过大的装满度而导致的过高压力（否则会爆炸）。一般控制装满度在 85％ 以下，并在一定温度范围内工作。对于不同的合成体系，要严格控制所需要的压力。聚四氟乙烯内衬和密封垫圈在高温下会变软，高于 200℃ 则不能使用。

水热反应合成晶体材料的一般程序：①按设计要求选择反应物料并确定配方；②摸索配料次序，混料搅拌；③装釜，封釜；④确定反应温度和时间；⑤取釜，冷却（空气冷）；⑥开釜取样；⑦洗涤和干燥；⑧样品检测（包括进行形貌、大小、结构、比表面积和晶形检测）及化学组成和晶体结构分析。

下面是水热法合成配合物的一个例子。将氨三乙酸（HNTA）、氢氧化钾和 Sm_2O_3 按一定摩尔比及适量的水混合加入到反应釜内，在 130℃ 反应 72h 后，得到粉红色块状晶型的配合物 $\{[Sm(NTA)(H_2O)_2] \cdot H_2O\}_n$，见图 4-2。

水热和溶剂热反应的特点是快速高效、简单、成本低和污染少。该方法不足之处是只能看到反应的结果，难以了解反应过程，不利于对反应机理的研究，有待于进一步完善和突破。

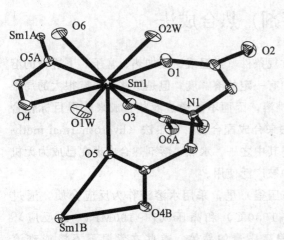

图 4-2　配合物 $\{[Sm(NTA)(H_2O)_2] \cdot H_2O\}_n$ 的晶体结构

4.4　微波合成法

实验表明，极性分子容易吸收微波能而快速升温，而非极性分子几乎不吸收微波能而难以升温。例如水、醇类和酸类等极性溶剂都在微波下速被迅加热，而非极性溶剂几乎不升温。有些固体物质能强烈吸收微波能而被迅速加热升温，例如 Co_2O_3、NiO 和 CuO 等，而有些物质几乎不吸收微波能，升温幅度很小，如 $FeCl_3$、$SnCl_4$。微波加热大体可以认为是介电加热效应。

在微波介电加热效应中，主要起作用的是界面极化及偶极极化。影响材料介电性质的两个重要参数是介电损耗 ε' 和介电常数 ε''。ε' 是电磁辐射转变为热量的效率的量度，ε'' 是用来描述分子被电场极化的能力，也可以认为是样品阻止微波能通过的能力的量度。物质在微波加热中的受热程度可用下式表示：$\tan\delta = \varepsilon'/\varepsilon''$。$\tan\delta$ 被称为介电耗散因子，表示在给定的温度和频率下，一种物质把电磁能转换成热能的能力。因此微波加热机制部分地取决于样品的介电耗散因子 $\tan\delta$ 的大小。实验表明，微波介电加热的效果除取决于物体本身的 $\tan\delta$ 值之外，还与反应物的粒度、数量及介质的热容量有关。与传统加热方式相比，微波加热有以下一些特点：①微波的直接耦合导致整体加热；②在临界温度上加热速度极快；③分子水平意义下的搅拌；④可选择性加热。微波加热有致热与非致热两种效应，前者使反应物分子运动加剧而温度升高，后者则来自微波场对离子和极性分子的洛仑兹力作用。微波加热能量大约为几焦耳/摩尔，不能激发分子进入高能级，但可以通过在分子中储存微波能量，即通过改变分子排列等焓或熵效应来降低活化自由能。由于微波是在分子水平上进行加热，因而加快了反应速率，在微波催化下许多反应速率往往是常规反应的数十倍，甚至上千倍，而且微波化学反应存在着收率高、产物容易分离、化学污染小等优点。

微波法合成配合物在溶液体系合成报道比较多，下面我们来看一个具体的例子。将 L-天冬氨酸（L-Asp）溶于热水中，加入氧化锌并在微波辐射下回流反应，冷却静置后析出白色粉末状产物。元素分析、红外光谱数据和 X 射线衍射证明该晶体是以包含了一分子结晶水的 $[Zn(L\text{-}Asp)(H_2O)_2]$ 为结构单元的螺旋链状聚合物。

目前，在固相体系中微波法合成配合物也有相关文献报道，但比较少。通过研究微波辐射条件下 $Co(\text{II})$、$Ni(\text{II})$、$Cu(\text{II})$ 的乙酸盐与氨基酸、席夫碱、β-二酮、8-羟基喹啉等有机配体之间的固相配位化学反应，发现微波辐射条件下的固相配位化学反应与传统加热条件下的固相配位化学反应相比，速度提高了数十倍甚至数百倍，而且微波辐射条件下的固相化学反应进行得完全，产率较高，这就为金属配合物的合成提供了一个快速而又简便的方法。在实验研究的固相配位化学反应体系中，因各反应物均不能有效地吸收微波，故在无任何引发剂存在的条件下，微波辐射对所研究的固相反应体系影响不大，为了克服这一缺点，在研究中采用了加入微量引发剂（能有效吸收微波能量的液体，如水、乙醇、乙酸、甲醇等）的方法。引发剂能与微波有效地偶合，因此，可使固相配位化学反应在微波辐射条件下很快进行，只要固相反应一经发生，其产物水和乙酸又可吸收微波，使反应得以继续进行并很快进行完全。

现在微波已广泛应用到化学合成的各个领域，对微波场中的化学反应研究也取得了很大进展，但因为目前受到理论方面的局限，还不能准确阐明微波反应机理。同时，因为以上的化学反应多是在市售微波炉中进行，不易实现连续和大规模生产，难以实现工业化。相信通过对微波反应的进一步深入研究，揭示微波场中的化学反应本质，微波化学将会有更广的应用前景。

习　题

1. 采用液相法合成时，选择溶剂要满足哪些条件？

2. 配体取代反应的驱动力主要有哪些？

3. 溶液的酸度对配位反应的产率和产物分离有何影响？试举例说明。

4. 为什么有些配合物需要在非水溶剂中进行？

5. 什么是固相反应？它有何优点？

6. 什么是低热固相反应？利用低热固相反应法合成配合物有何优点？

7. 4 甲基苯胺（4 MB）与 $CoCl_2 \cdot 6H_2O$ 两种固体混合进行固相反应，或在乙醇或乙醚中进行液相反应，均可生成配合物 $[Co(4\text{-}MB)_2Cl_2]$，但在水中不能发生反应。为什么？

8. $K_3[Fe(CN)_6]$ 与 KI 在溶液中不反应，但在固相中可以反应生成 $K_4[Fe(CN)_6]$ 和 I_2。可能的原因是什么？

9. 什么是水热合成、溶剂热合成？水热和溶剂热合成有何特点？

10. 进行水热合成或溶剂热合成时，对容器的填充度（装满度）有何要求？为什么？

11. 微波合成法与传统的固相合成法相比有何优点？

12. 微波合成对反应物有何要求？

参 考 文 献

[1] Liu S L, Wen C L, Qi S S, et al. Synthesis and photoluminescence properties of novel europium complexes of 2-hydroxyacetophenone and 4, 6-diacetylresorcinol. Spectrochim. Acta Part A, 2008, 69：664-669.

[2] Bao S A, Lang J P, Xin X Q, et al. Studies on solid state reactions of coordination compounds (LXII)：Solid state synthesis and crystal structure of the complex $[Cu_{0.84}Au_{0.16}(PPh_3)_2(SC(Ph)NHPh)Cl] \cdot 0.5CS_2$. Chin. Chem. Lett. , 1992, 3 (12)：1027-1028.

[3] 朗建平，鲍时安，忻新泉等. 固相配位化学反应研究(LXI)-$[Cu(SC(Ph)NHPh)(PPh_3)_2X](X=Cl, Br, I)$ 的固相合成和晶体结构（X=Cl）. 高等学校化学学报，1993，14（6）：750-754.

[4] 钟国清，郭应臣，栾绍嵘等. 固固相反应合成牛磺酸水杨醛钾与锑、铋的配合物. 广州化学，2002，27（2）：21-26.

[5] Yao X B, Zheng L M, Xin X Q. Synthesis and characterization of solid-coordination compounds Cu (AP)₂Cl₂. J. Solid State Chem. , 1995, 117：333-336.

[6] Lei L X, Xin X Q. Solid state synthesis of a new compound Cu (HQ) Cl₂. Thermochimica Acta, 1996, 273：61-67.

[7] Liang B, Dai Q P, Xin X Q. Solid state reaction at low temperature to synthesize a weak ligand coordination complex, Co (p-DMABA)₂Cl₂·2H₂O. Synth. React. Inorg. Met. -Org. Chem. , 1998, 28 (2)：165-173.

[8] 周益明，忻新泉. 低热固相合成化学. 无机化学学报，1999，15（3）：273-292.

[9] Yu L C, Liu S L, Liang E X, et al. Three lanthanide coordination polymers with nitrilotriacetic acid：hydrothermal syntheses, crystal structures and fluorescent property. J. Coord. Chem. , 2007, 60 (19)：2097-2105.

[10] Galema S A. Microwave Chemistry. Chem. Soc. Rev. , 1997, 26 (3)：233-238.

[11] Mingos D M P, Baghurst D R. Application of microwave dielectricheating effects to synthetic problems in chemistry. Chem. Soc. Rev. , 1991, 20 (1)：1-47.

[12] 贾殿赠，杨立新，夏熙，忻新泉. 微波技术在固相配位化学反应中的应用研究：Co（Ⅱ）、Ni（Ⅱ）、Cu（Ⅱ）配合物在微波条件下的固相合成. 高等学校化学学报，1997，18（9）：1432-1435.

第 5 章　金属有机化学

5.1　绪　　论

金属有机化学是无机化学和有机化学交叉的一门分支学科，是研究金属有机化合物的制备、性质、组成、结构、化学变化规律及其应用的科学，目前已成为化学中极其活跃的领域之一。金属有机化学所研究的金属有机化合物及相关反应，已经在化学合成、配位催化及制药工业等许多领域得到了广泛应用，并取得了巨大成功。

5.1.1　金属有机化学的发展史

1827 年，丹麦化学家 W. C. Zeise 在加热 $PtCl_2/KCl$ 的乙醇溶液时得到了过渡金属烯烃配合物 $K[PtCl_3(C_2H_4)] \cdot H_2O$（Zeise 盐，图 5-1），这是人们最早合成的金属有机化合物，标志着金属有机化学这一学科发展的开端。第一个系统研究金属有机化学的为英国科学家 E. Frankland，1849 年他用碘甲烷和锌反应得到了二甲基锌 $(CH_3)_2Zn$，这是第一个含金属-碳σ键的金属有机化合物。Frankland 在总结实践经验的基础上提出了金属有机化合物的定义和基的概念。1900 年，V. Grignard 合成了 CH_3MgBr（Grignard 试剂），为金属有机合成开创了新局面，Grignard 因此而获得了 1912 年诺贝尔化学奖。1922 年，美国的 T. Midgeley 和 T. A. Boyd 发现四乙基铅 $Pb(C_2H_5)_4$ 具有优良的汽油抗震性。1923 年，四乙基铅在工业上大规模生产用作汽油抗震剂，这是第一个工业化生产的金属有机配合物。但四乙基铅有毒，大量使用含铅汽油造成了严重环境污染，现在已基本上被淘汰。工业上第一次用金属有机配合物作为催化剂的配位催化过程是 1938 年德国 Ruhr 公司的 O. Rolen 发现的烯烃氢甲酰化反应，从此开创出金属有机化学中的著名羰基合成及配位催化学科。

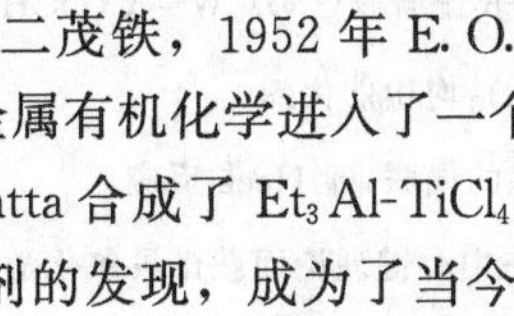

图 5-1　Zeise 盐的结构

金属有机化学飞速发展得益于二茂铁的合成以及 Ziegler 催化剂的发现。1951 年 P. L. Pauson 和 S. A. Miller 等合成了二茂铁，1952 年 E. O. Fischer 和 G. Wilkinson 确认了二茂铁的夹心结构。二茂铁的发现，使金属有机化学进入了一个新时代，大大促进了金属有机化合物的发展。随后，K. Ziegler 和 G. Natta 合成了 $Et_3Al\text{-}TiCl_4$，即 Ziegler 催化剂，使烯烃聚合实现了工业化。二茂铁及 Ziegler 催化剂的发现，成为了当今蓬勃发展的金属有机化学研究的新起点，Fischer、Wilkinson、Ziegler、Natta 等科学家也由于这些研究获得了诺贝尔奖。

从 20 世纪 50 年代至今，无论在理论还是实践应用方面，金属有机化学均日益显示出其重要性，成为目前化学研究中非常活跃的领域之一。现已发现，周期表中几乎所有金属元素以及一些准金属元素都能和碳结合，形成不同形式的金属有机化合物。迄今已先后有十几位科学家因在有机金属化学领域做出的巨大贡献而荣获诺贝尔化学奖。在新的世纪里。金属有机化学与新的具有活力的学科再次交叉，必将在环境、材料、能源和人类健康等方面做出新的贡献。表 5-1 为金属有机化学的发展进程。

表 5-1 金属有机化学的发展进程

年代	重要历史事件
1827	W. C. Zeise 发现第一个金属有机化合物 $K[PtCl_3(C_2H_4)]\cdot H_2O$(即 Zeise 盐)
1849	E. Frankland 发现第一个含金属—碳 σ 键的金属有机化合物二甲基锌
1852	C. J. Löwig 合成了 $Pb(C_2H_5)_4$、$Sb(C_2H_5)_4$、$Bi(C_2H_5)_4$
1863	C. Friedel 与 J. M. Crsfts 合成了有机氯硅烷化合物
1890	L. Mond 合成第一个羰基化合物 $Ni(CO)_4$
1891	L. Mond 合成 $Fe(CO)_5$
1900	发现 Grignard 试剂,开创了金属有机化学新局面,V. Grignard 因此而获得了 1912 年诺贝尔化学奖
1909	W. J. Pope 合成了第一个烷基铂配合物 $(CH_3)_3PtI$
1917	W. Schlenk 用金属锂与烷基汞反应合成了烷基锂化合物
1921	T. Midgeley 和 T. A. Boyd 发现四乙基铅具有优良的汽油抗震性,1923 年开始大规模生产
1925	发现 Fischer-Tropsch 法
1930	K. Ziegler 改进了烷基锂的制法并应用于有机合成上
1931	W. Hieber 首次合成出了过渡金属羰基氢化物 $H_2Fe(CO)_4$
1938	O. Rolen 发现了烯烃氢甲酰化反应;Reppe 开发了炔烃羰基化反应并实现工业化
1944	R. G. Rochow 发现有机硅的直接合成法
1951	T. J. Kealy 和 P. L. Panson 合成了二茂铁,次年,G. Wilkinson 和 E. O. Fisher 确认了二茂铁的结构,二人分享了 1973 年的诺贝尔奖;提出烯烃-金属 π 键理论
1953	K. Ziegler 和 G. Natta 合成了 $Et_3Al\text{-}TiCl_4$,即 Ziegler 催化剂,使烯烃聚合实现了工业化,二人共同获得了 1963 年诺贝尔化学奖;提出缺电子键理论
1954	G. Wittig 合成了磷叶立德 $Ph_3P^+\!-\!CH_2^-$(Wittig 反应),1979 年获得了诺贝尔化学奖
1956	H. C. Brown 发现了烯烃的硼氢化反应,并应用于工业上,1979 年他与 Wittig 分享了诺贝尔化学奖
1957	J. J. Speier 等发现硅氢化反应;J. Smidt 发现 Wacker 法
1958	G. Wilke 发现镍配合物催化丁二烯的环齐聚反应,并发现 $[CpMo(CO)_3]_2$ 分子中存在 Mo-Mo 共价键
1961	D. C. Hodgkins 确定了辅酶维生素 B_{12} 的分子结构是钴卟啉,这是自然界中存在的为数不多的金属有机化合物,Hodgkins 因此而获得了 1964 年的诺贝尔化学奖
1963	在美国辛辛那提召开了第一届金属有机化学国际会议;J. Organomet. Chem 杂志创刊
1964	E. O. Fischer 发现了过渡金属卡宾配合物 $(CO)_5W\!=\!C(OCH_3)CH_3$,获得 1973 年诺贝尔化学奖
1965	G. Wilkinson 发现了 $RhCl(PPh_3)_3$ 均相催化剂
1971	R. F. Heck 发现卤代芳烃与烯烃的偶联,即 Heck 反应
1976	W. N. Lipscomb 提出了二电子三中心键理论而获诺贝尔化学奖
1983	H. Taube 因研究配位催化甲烷 C—H 键活化获得诺贝尔化学奖
1982~1985	W. Kaminsky 发现了 Cp_2ZrCl_2/MAO 乙烯聚合催化剂(茂金属催化剂)
1986	Royori 发现有机锌化合物与羰基配合物的不对称催化加成
2001	W. S. Knowles、K. B. Sharpless 和 R. Noyori 因在不对称催化加氢和氧化反应研究领域所做出的贡献而同获诺贝尔化学奖
2005	Y. Chauvin、R. H. Grubbs 和 R. R. Schrock 同获诺贝尔化学奖,以表彰他们在用交互置换反应进行有机合成,开辟了合成药物、高聚物等新工业路线方面做出的卓越贡献

5.1.2　金属有机化合物的定义与分类

（1）金属有机化合物的定义

金属有机化合物又称有机金属化合物（organomctallic compound），是指金属原子与有机基团中的碳原子直接键合而成的化合物。如果金属与碳之间有氧、硫、氮原子相隔时，该化合物则不属于金属有机化合物。比如下式中的 **2** 为金属有机化合物，而 **1** 不是。

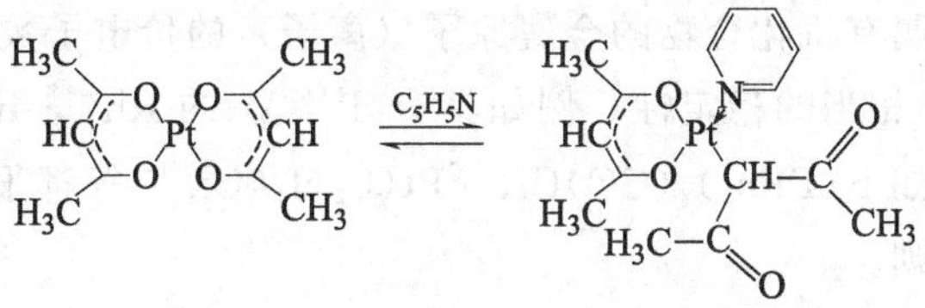

1　　　　　　　　　　　　　　　　**2**

金属有机化合物是介于无机化合物与有机化合物之间的一类化合物。目前，金属有机化合物的定义已大大扩展，除了含金属—碳键（M—C）的化合物，周期表中ⅤA族的P、As、Sb、Bi 以及 B、Si、Se 等准金属与碳直接键合的化合物，通常也按金属有机化合物处理。值得注意的是，有些化合物虽然也含有金属—碳键，但属于无机化合物范畴，比如金属的碳化物、氰化物等。但金属氢化物，尤其是过渡金属氢化物包括在金属有机化合物中。

（2）金属有机化合物的分类

根据不同的原则，金属有机化合物有多种分类方法。

按照金属的类型可将金属有机化合物分为主族金属有机化合物、过渡金属有机化合物和稀土金属有机化合物。

按照化合物中金属—碳键的性质可将金属有机化合物分为两大类：

① 离子型金属有机化合物　　这类化合物主要由电负性小、化学性质活泼的ⅠA、ⅡA族金属与烃基键合形成的化合物组成，其通式可写为 RM 或 R_2M（R 为烃基）。这类化合物具有离子化合物的典型特征，可以将它们看作是烃（R—H）的盐类。

② 共价型金属有机化合物　　这类化合物又可以进一步分为含 σ 共价键的金属有机化合物，这类化合物中金属的电负性一般较大，与碳原子直接形成 σ 键，如 $Cd(CH_3)_2$、$Hg(CH_3)_2$ 和 $Sn(CH_3)_4$ 等；含 π 共价键的金属有机化合物，这类化合物主要由过渡金属与含有碳—碳多重键的配体（烯烃、炔烃、二烯、二烯基及芳烃等）形成，如 Zeise 盐 $K[PtCl_3(C_2H_4)] \cdot H_2O$、二茂铁 $Fe(C_5H_5)_2$ 等。在含 π 共价键的金属有机化合物中，金属与配体之间除了有 π 键之外，也常含有 σ 键。如四茂钛（**3**）中有两个茂基以 π 键与钛原子键合，另两个茂基则以 σ 键与钛原子键合；含缺电子键的金属有机化合物，这类化合物中价电子少于按电子配对法成键所需的价电子数，如 $Al_2(CH_3)_6$ 等。

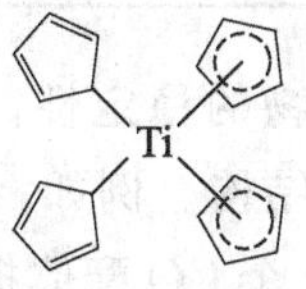

3

5.1.3　有效原子序数（EAN）规则

20 世纪 30 年代，英国化学家 N. V. Sidgwick 等在研究过渡金属羰基配合物的形成规律时，发现了一条可用于预测金属羰基配合物稳定性的经验规则，称为有效原子序数（effective atomic number）规则，简称 EAN 规则。该规则可表述为：在过渡金属有机化合物中，当过渡金属原子（离子）的价电子数与配体提供的价电子数之和等于 18 时，该化合物通常能够稳定存在。因此 EAN 规则又称为 18 电子规则。比如以下三种羰基化合物均满足 EAN 规则，所以都能稳定存在。

$$Ni(CO)_4 \qquad\qquad Fe(CO)_5 \qquad\qquad Cr(CO)_6$$

EAN：　　　$10+2\times4=18$　　　　$8+2\times5=18$　　　　$6+2\times6=18$

但是，有些过渡金属有机化合物的金属原子（离子）的价电子数与配体提供的价电子数之和为 16 时，也表现出相当的稳定性。例如具有 d^8 组态的 Rh^+、Ir^+、Pd^{2+}、Pt^{2+} 所形成的平面正方形化合物，如 $Ir(PPh_3)_2(CO)Cl$、$[Pt(C_2H_4)Cl_3]^-$ 等都很稳定，所以 EAN 规则又称为 18 或 16 电子规则。

对于原子序数为奇数的过渡金属羰基配合物，可通过如下两种方式形成 18 电子稳定结构：一是形成羰基配合物阴离子，如 $[Mn(CO)_5]^-$；另外可彼此结合形成二聚体，相邻金属原子共用两个电子形成 M—M 键，如 $Mn_2(CO)_{10}$（**4**）。

4

也有极少数价电子数超过 18 的物质，如二茂钴 $Co(C_5H_5)_2$（EAN=19）、二茂镍 $Ni(C_5H_5)_2$（EAN=20）。一般认为，在茂金属配合物中，螯合效应增大了配合物的稳定性。

利用 EAN 规则判断化合物稳定性时，必须知道配体所提供的价电子数目。现将一些典型的配体提供的价电子数列于表 5-2 中。

表 5-2　常见配体提供的价电子数

配体类型	价电子数	配　　体
缺电子配体	-2	BH_3，BF_3
单电子配体	1	X，R，R_3Sn，H，CN，SCN，NO_2，COR
双电子配体	2	R_2O，R_2S，R_3N，R_3P，R_3As，$RCH=CH_2$，$RC\equiv CH$，CO
多电子配体	3	C_3H_5，NO
	4	C_4H_4，C_4H_6，$NH_2CH_2CH_2NH_2$，$C_8H_{10}(COD)$，$Ph_2PCH_2CH_2PPh_2$
	5	C_5H_5（环戊二烯基），C_9H_7（茚基）
	6	C_6H_6，C_7H_8（环庚三烯），$C_{10}H_{14}$（甲基异丙基苯）
	7	C_7H_7（环庚三烯基）
	8	C_8H_8（环辛四烯）

利用 EAN 规则除了可以判断化合物的稳定性，还可以估算一些金属原子簇合物中金属—金属键的数目，并推测该簇合物的结构。例如，在羰基簇合物 $Ir_4(CO)_{12}$ 中，4 个 Ir 原子提供的价电子数为 36（$4\times9=36$），12 个 CO 配体提供的价电子数为 24（$12\times2=24$），因此 $Ir_4(CO)_{12}$ 分子中金属原子与配体的价电子数之和为 60，平均每个 Ir 原子周围有 15 个价电子。按 EAN 规则，每个 Ir 原子还缺三个电子，因而每个 Ir 原子必须与另三个 Ir 形成三条 Ir—Ir 键方能达到 18 电子的要求。由以上分析可以推测，$Ir_4(CO)_{12}$ 为四面体原子簇结构（图 5-2），即可以满足 18 电子稳定的要求。

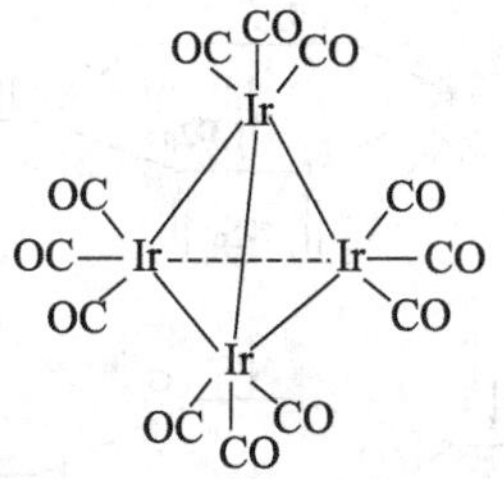

图 5-2　$Ir_4(CO)_{12}$ 的结构

5.2　金属羰基配合物

CO 作为配体（称为羰基）与金属键合形成的配合物称为金属羰基配合物。1890 年，L. Mond 首次合成了金属羰基配合物 $Ni(CO)_4$，这也是人们第一次获得金属中心为零价的金属有机化合物。1891 年，Mond 又合成了另一个金属羰基配合物 $Fe(CO)_5$。此后，人们又进一步研究发现了含有负价态以及含正一价、二价、三价、四价过渡金属的金属羰基阴离子。随着研究的深入，各种结构的新型金属羰基配合物不断涌现，并在金属有机化合物合成、精细有机合成及配位催化等方面得到了广泛的应用，使金属羰基配合物成为了当前金属有机化学领域中的研究热点之一。金属羰基配合物按照金属原子的个数可以分为简单金属羰基配合物和多核金属羰基配合物。多核金属羰基配合物目前一般归为原子簇合物，我们将在 5.3 中另行介绍。本节只对简单金属羰基配合物的结构与成键、性质、制备及应用等方面进行概述。

5.2.1　金属羰基配合物的结构与化学键

（1）金属羰基配合物的结构

对简单金属羰基配合物来说，因羰基数目的不同，配合物的空间结构也不同，主要有四面体、三角双锥及八面体三种方式（图 5-3）。

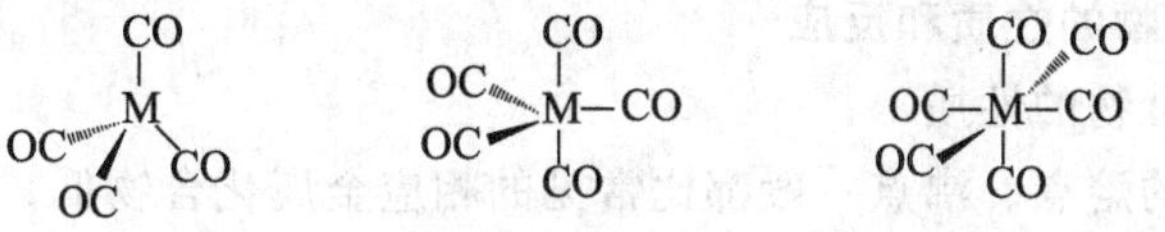

M = Ni, Pd　　　M = Fe, Ru, Os　　　M = V, Cr, Mo, W

图 5-3　简单金属羰基配合物的空间结构

（2）金属羰基配合物的化学键

CO 是金属有机化学中最常见的 σ 电子给予体和 π 电子接受体，它通过 C 原子与金属原子成键。CO 的分子轨道如图 5-4 所示。CO 的最高占有轨道 σ_{2p} 与金属原子 M 能够形成 σ 配位键，电子由碳流向金属（M←CO）。同时，CO 的 π_{2p}^* 空轨道与金属原子具有 π 对称性的 d 轨道重叠，接受金属原子提供的电子（M→CO），这种由金属原子单方面提供电子到配体的空轨道上形成的 π 键称为反馈 π 键（图 5-5）。形成反馈键时，金属将电子对给予配体，低氧化态的金属具有较多价电子，有利于形成反馈键。在羰基化合物中由于 σ 配位键和反馈 π 键的同时作用，使得金属与 CO 形成的羰基化合物具有很高的稳定性。

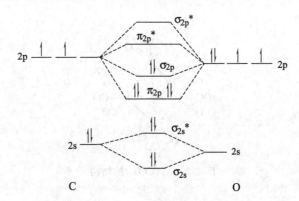

图 5-4　CO 分子轨道的能级示意图

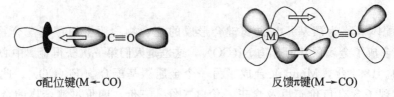

σ配位键(M←CO)　　　　反馈π键(M→CO)

图 5-5　金属羰基配合物的反馈键形成示意图

金属羰基配合物的成键特点也可以从 IR 光谱及原子间的键长得到验证。通常一个化学键的 IR 吸收频率较高说明该键较强；反之，IR 吸收频率向低频移动则说明该键被削弱了。未配位的 CO 伸缩振动频率在 $2143cm^{-1}$，形成金属羰基配合物以后，CO 伸缩振动频率降至 $2000cm^{-1}$ 左右，因此 CO 配位以后 C—O 键被削弱。配位前 CO 的 C—O 键长为 112.8pm，形成金属羰基配合物后，C—O 键长为 114~116pm，较配位前稍有增长。而羰基配合物中的 M—C 键长在 181~206pm 之间，比正常的 M—C 键长 218pm 明显缩短。比如，在羰基配合物 $CH_3Mn(CO)_5$ 中，CO 配体的 C—O 键长为 115pm，比配位前长了 2.2pm。与锰配位羰基的 Mn—C 键长为 186pm，而该分子中 $Mn—CH_3$ 键长为 218.5pm，前者比后者缩短了 32.5pm。以上说明，CO 配位到过渡金属上以后，C—O 键被削弱，CO 被活化，而 M—C 键则增强了。

5.2.2　金属羰基配合物的性质和反应

（1）金属羰基配合物的性质

金属羰基配合物的熔点、沸点一般都比常见的相应金属化合物低，容易挥发，大多数金属羰基配合物不溶于水，可溶于有机溶剂，受热易分解为金属和一氧化碳。表 5-3 列出了一些简单金属羰基配合物的性质。

表 5-3　几种简单金属羰基配合物的性质

配合物	颜色	状态	熔点/℃	其他性质
$Ni(CO)_4$	无色	液体	−25	剧毒,易分解
$Fe(CO)_5$	浅黄	液体	−20	剧毒,热稳定性较强
$Cr(CO)_6$	白色	晶体	130	易升华,在空气中稳定
$Mo(CO)_6$	白色	晶体	150(分解)	易升华,在空气中稳定
$W(CO)_6$	白色	晶体	150	易升华,在空气中稳定
$V(CO)_6$	墨绿色	固体	70(分解)	真空中升华,易还原,溶液为橙黄色
$Ru(CO)_5$	无色	液体	−22	易挥发,光催化下转化为 $Ru_3(CO)_{12}$
$Os(CO)_5$	无色	液体	−15	易挥发,易转化为 $Os_3(CO)_{12}$

（2）金属羰基配合物的反应

① 热分解反应　将金属羰基配合物加热至较高温度时，它们会发生分解反应，生成金属与 CO。利用这一反应特性可以用来分离或提纯金属。首先将金属制成羰基配合物，然后使之挥发与金属中的杂质分离，得到纯的金属羰基配合物。再将该羰基配合物加热分解，即可制得很纯的金属。例如，可以利用 $Fe(CO)_5$ 在 $200\sim250℃$ 时分解，制备磁芯所使用的高纯铁粉。

$$Fe(CO)_5 \longrightarrow Fe + 5CO$$

② 取代反应　金属羰基配合物中的 CO 可以被一些配位能力更强的其他配体取代，产物一般为混合配体的金属羰基配合物，这也是制备混合配体金属羰基配合物的方法。在适当反应条件下，可以取代任意数目的 CO，但很少能被完全取代。

$$Ni(CO)_4 + PCl_3 \longrightarrow (CO)_3Ni(PCl_3) + CO$$

$$M(CO)_6 + Py \longrightarrow (CO)_3M(Py) + 3CO \ (M=Cr, Mo, W)$$

$$M(CO)_6 + CH_2{=}CH_2 \xrightarrow{h\nu} (CO)_5M(CH_2{=}CH_2) + CO \ (M=Cr, Mo, W)$$

③ 加成反应　金属羰基配合物可以在适当条件下，直接与卤素进行加成反应，生成高配位的衍生物。例如：

$$Fe(CO)_5 + X_2 \longrightarrow Fe(CO)_5X_2$$

金属羰基配合物还可以与含烯基的分子进行加成反应，如与含乙烯基的高分子反应：

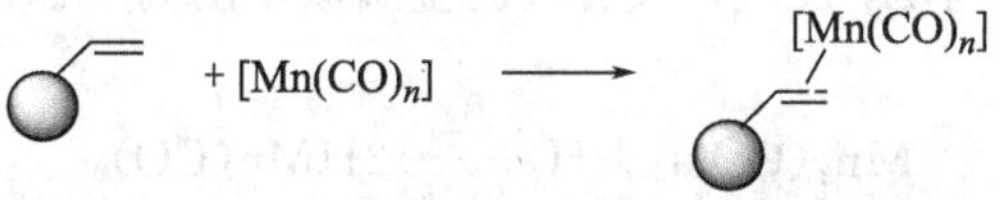

④ 过渡金属羰基阴离子的反应　过渡金属羰基阴离子是一个很有用的有机合成试剂，作为亲核试剂，它能与卤代烷、酰氯等反应生成烷烃、醛、酮及羧酸衍生物等。例如：

$$Na_2[Fe(CO)_4] \xrightarrow{RX} RFe(CO)_4 \xrightarrow{H^+} RH$$

$$Na_2[Fe(CO)_4] \xrightarrow[\ \ \ ]{R\overset{\displaystyle O}{\overset{\|}{C}}X} R\overset{\displaystyle O}{\overset{\|}{C}}Fe(CO)_3L \xrightarrow{H^+} RCHO$$

5.2.3　金属羰基配合物的制备

（1）金属与 CO 直接反应

该法要求金属必须是新还原得到的具有活性的粉状物。例如，常温常压下，活性 Ni 粉和 CO 作用可得 $Ni(CO)_4$；在 $200℃$，约 $10MPa$ 下，活性 Fe 粉与 CO 作用可得 $Fe(CO)_5$。

$$Ni + 4CO \longrightarrow Ni(CO)_4$$

$$Fe + 5CO \longrightarrow Fe(CO)_5$$

（2）还原-羰基化作用

大多数不能用直接法制备的金属羰基配合物，可在高温、高压下，用还原剂将金属卤化物或氧化物等还原成活泼的原子态金属，再与 CO 反应制得。例如：

$$CrCl_3 + Al + 6CO \longrightarrow Cr(CO)_6 + AlCl_3$$

$$MoCl_3 + 3Na + 6CO \longrightarrow Mo(CO)_6 + 3NaCl$$

这类反应的还原剂一般是 Na、Mg、Al、Zn 等活泼金属或烷基铝等，反应压力一般为20～

30MPa。有时也可用 CO 直接还原过渡金属氧化物或卤化物制得相应金属羰基配合物。例如：

$$OsO_4 + 9CO \longrightarrow Os(CO)_5 + 4CO_2$$

（3）过渡金属羰基阴离子的合成

过渡金属羰基阴离子可利用中性的过渡金属羰基配合物与碱反应，或多核羰基配合物与碱金属反应来制备。例如：

$$Fe(CO)_5 + 4OH^- \longrightarrow Fe(CO)_4^{2-} + CO_3^{2-} + 2H_2O$$

$$Mn_2(CO)_{10} + 2Na \longrightarrow 2Na[Mn(CO)_5]$$

$$Co_2(CO)_8 + 2Na(汞齐) \longrightarrow 2Na[Co(CO)_4]$$

此外，过渡金属羰基阴离子还可以通过在 CO 的气氛下还原相应的金属卤化物或氧化物以及其他前驱体来制备。例如：

$$2CoCl_2 + 12KOH + 11CO \longrightarrow 3K[Co(CO)_4] + 3K_2CO_3 + 4KCl + 6H_2O$$

（4）其他过渡金属羰基配合物的合成

用一种配位能力更强的配体置换金属羰基配合物中的羰基，或者多核羰基配合物被一些小分子裂解，可以制得单核混合配位的金属羰基配合物。例如：

$$Ni(CO)_4 + R_3P \longrightarrow (CO)_3Ni(R_3P) + CO$$

$$Cr(CO)_6 + C_6H_6 \longrightarrow (CO)_3Cr(C_6H_6) + 3CO$$

$$Mn_2(CO)_{10} + Br_2 \longrightarrow 2BrMn(CO)_5$$

中性金属羰基配合物与 H_2 反应，或者过渡金属羰基阴离子以酸处理，可以得到过渡金属羰基氢化物。例如：

$$Mn_2(CO)_{10} + H_2 \longrightarrow 2HMn(CO)_5$$

$$Na[Co(CO)_4] + H^+ (aq.) \longrightarrow CoH(CO)_4 + Na^+$$

$$Na_2[Fe(CO)_4] + 2H^+ (aq.) \longrightarrow FeH_2(CO)_4 + 2Na^+$$

5.2.4 金属羰基配合物在催化合成中的应用

金属羰基配合物在有机催化领域中占有重要的地位，许多金属羰基配合物及其衍生物都具有优良的催化性能。在烯烃的氢甲酰化反应中，所有能形成羰基配合物的金属都是潜在的催化剂，其中羰基钴配合物 $Co_2(CO)_8$ 曾经是该反应最重要的催化剂，目前 $Co_2(CO)_8$ 在氢甲酰化反应生产醛工业上仍占有很大比重。

$$RCH = CH_2 + CO + H_2 \xrightarrow{Co_2(CO)_8} RCH_2CH_2CHO + \underset{异构醛}{\overset{\overset{\displaystyle CHO}{|}}{RCHCH_3}}$$

$$\underset{正构醛}{}$$

$Co_2(CO)_8$ 在烯烃氢甲酰化反应（图 5-6）中作为催化剂前体，首先转化为 $HCo(CO)_4$，$HCo(CO)_4$ 失去一个 CO 后得到催化活性物种 $HCo(CO)_3$ 进入到催化循环中。但 $HCo(CO)_3$ 不稳定，极易分解成 Co 和 CO。为保证催化活性物种 $HCo(CO)_3$ 的稳定性，需要将原料合成气压力维持在一个高压状态（20～30MPa），因此以 $Co_2(CO)_8$ 催化烯烃氢甲酰化反应又称为"高压钴法"。"高压钴法"还必须在较高的反应温度下才能获得适当的反应速率，因此造成了工业生产条件非常苛刻，同时生产的产物中用途更大的正构醛（n-aldehyde）的比例较低。

1965 年，英国壳牌（Shell）石油公司用叔膦置换了两个 CO，得到 $Co_2(CO)_6(R_3P)_2$，并证明催化活性物种是 $HCo(CO)_3R_3P$，使用该催化剂可使氢甲酰化反应能在 0.8～1MPa 下即可进行，并且产物中正构醛的比例大大提高。1975 年，联碳（Union Carbide）公司等使用 Wilkinson 配合物 $Rh(Ph_3P)_3Cl$ 为催化剂，催化活性物种为 $HRh(CO)(Ph_3P)_3$（图 5-7）。这一铑膦

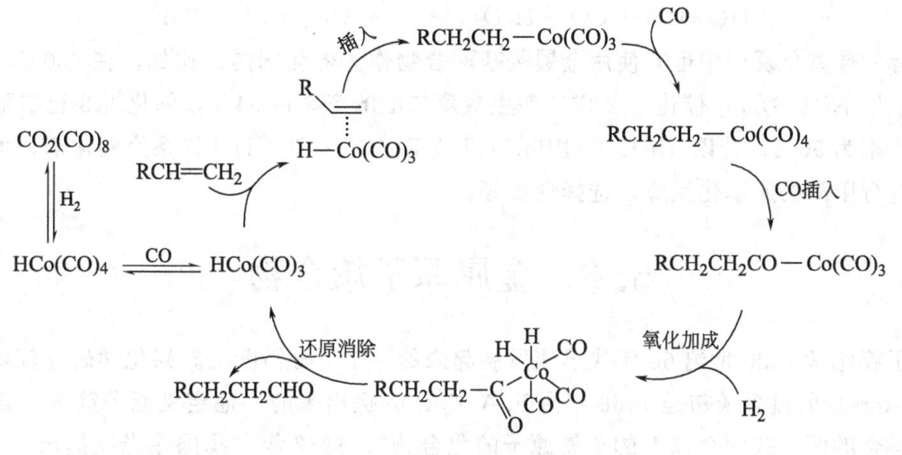

图 5-6　羰基钴催化烯烃氢甲酰化反应

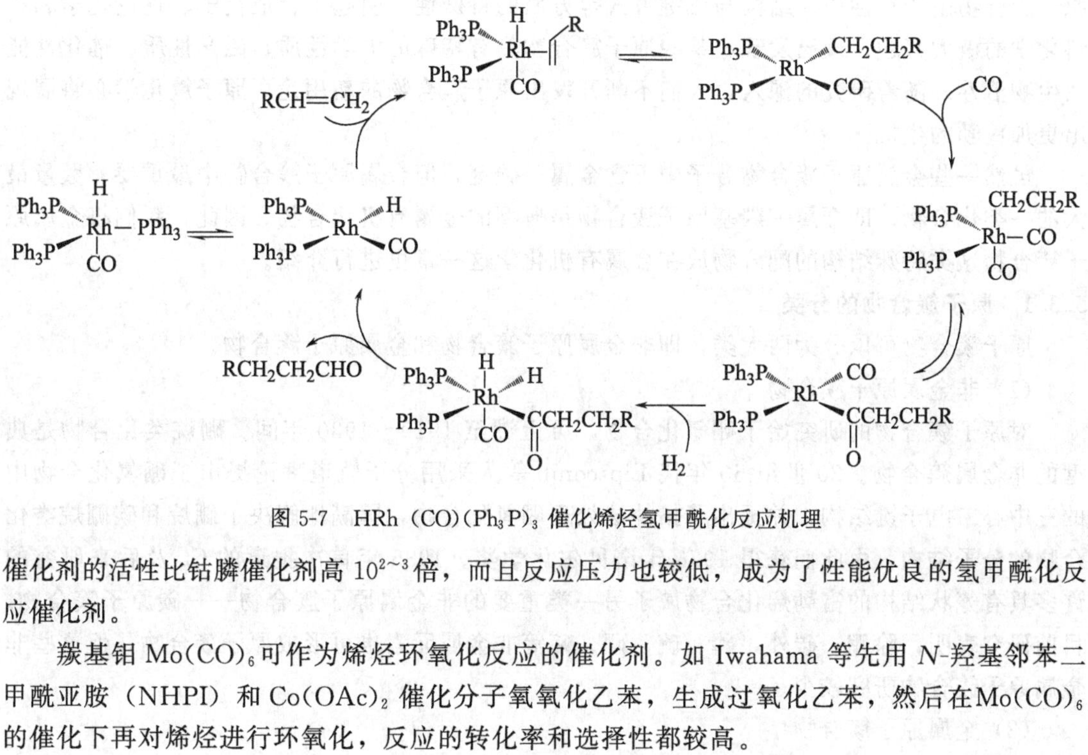

图 5-7　HRh(CO)(Ph₃P)₃催化烯烃氢甲酰化反应机理

催化剂的活性比钴膦催化剂高 $10^{2\sim3}$ 倍，而且反应压力也较低，成为了性能优良的氢甲酰化反应催化剂。

羰基钼 Mo(CO)₆ 可作为烯烃环氧化反应的催化剂。如 Iwahama 等先用 N-羟基邻苯二甲酰亚胺（NHPI）和 Co(OAc)₂ 催化分子氧氧化乙苯，生成过氧化乙苯，然后在 Mo(CO)₆ 的催化下再对烯烃进行环氧化，反应的转化率和选择性都较高。

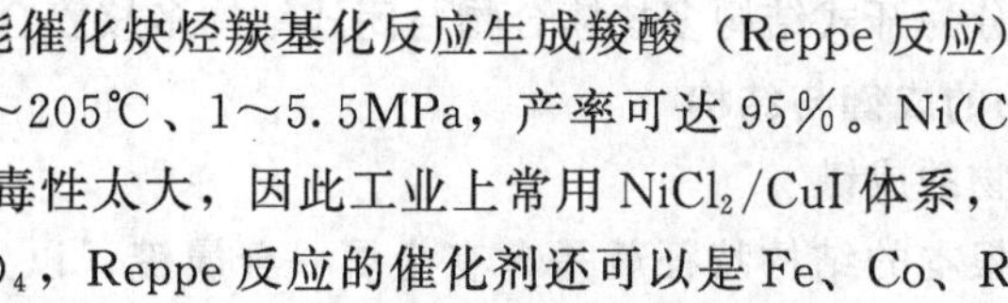

羰基镍 Ni(CO)₄ 能催化炔烃羰基化反应生成羧酸（Reppe 反应）。比如催化乙炔生成丙烯酸的反应条件为 $180\sim205℃$、$1\sim5.5MPa$，产率可达 95%。Ni(CO)₄ 催化羰基化反应的活性很高，但其缺点是毒性太大，因此工业上常用 NiCl₂/CuI 体系，在反应过程中原位生成 Ni(CO)₄。除了 Ni(CO)₄，Reppe 反应的催化剂还可以是 Fe、Co、Rh、Pt、Pd 的羰基配合物，其他过渡金属 Cu、Ru、Os、Mn 的羰基配合物也有活性。

$$HC\!\equiv\!CH + CO + H_2O \xrightarrow{Ni(CO)_4} CH_2\!=\!CHCOOH$$

在醇的羰基化反应中也有使用金属羰基配合物作为催化剂的。比如，在 250℃、20MPa 条件下，以 $Ni(CO)_4/I_2$ 催化 1,2-戊二醇生成庚二酸的产率达 94％，催化 1,2-己二醇生成辛二酸的产率为 90％。若以 $Rh(CO)(PPh_3)_2Cl$ 或 $Rh(CO)_2Cl/CH_3I$ 体系为催化剂，可在接近常压下进行甲醇的羰基化反应，选择性很好。

5.3　金属原子簇合物

原子簇化学是 20 世纪 60 年代迅速发展起来的一个十分活跃的新兴化学研究领域。原子簇（clusters）的概念最初是 1966 年由 F. A. Cotton 提出来的，他定义原子簇为"含有直接而明显键合的两个或两个以上的金属原子的化合物"。1982 年，我国徐光宪提出，"原子簇为三个或三个以上的有限原子直接键合组成多面体或缺顶多面体骨架为特征的分子或原子"。原子簇合物由于在性质、结构与成键方式等方面的特殊性，引起了合成化学、理论化学和材料化学的极大兴趣。现已发现，某些原子簇合物具有特殊的电学性质、磁学性质、催化性能及生物活性。随着研究的深入，人们不断开发出原子簇合物的新用途，原子簇化学必将展现出更加蓬勃的生机。

虽然一些金属原子簇合物分子中不含金属—碳键，但金属原子簇合物中最重要、数量最大的一类化合物，即金属—羰基原子簇合物是典型的金属有机化合物，因此，我们将金属原子簇合物这类特殊结构的配合物放在金属有机化学这一章里进行介绍。

5.3.1　原子簇合物的分类

原子簇合物可以分为两大类，即非金属原子簇合物和金属原子簇合物。

（1）非金属原子簇合物

对原子簇合物的研究始于硼氢化合物，可上溯至 1910～1930 年间。硼烷类化合物是典型的非金属簇合物。20 世纪 50 年代 Lipscomb 等人采用分子轨道理论提出了硼氢化合物中的三中心二电子键结构，并提出了拓扑法处理硼氢化合物，圆满地解决了硼烷和碳硼烷类化合物的分子结构，由此而获得 1976 年诺贝尔化学奖。1985 年首次报道的 C_{60} 及后来研究的许多具有笼状结构的富勒烯化合物属于另一类重要的非金属原子簇合物——碳原子簇合物。目前研究表明，除硼、碳外，磷、硫、硒、碲等非金属元素也可形成原子簇合物，但这些非金属原子簇合物研究较少。

（2）金属原子簇合物

金属原子簇化学的研究始于 1960 年前后，虽然至今只有四五十年的历史，但是它却以惊人的速度发展着，目前已成为无机化学研究的前沿领域之一。金属原子簇合物的种类很多，按金属原子数分类，有二核簇合物、三核簇合物、四核簇合物等；按配体类型分类，则有羰基簇合物、含卤素簇合物、含硫族簇合物等；按成簇原子类型可分为同核簇合物与异核簇合物；按结构类型可分为开式结构多核簇合物与闭式结构多核簇合物。

5.3.2　金属原子簇合物的成键与结构

（1）金属原子簇合物的成键

金属原子簇合物最根本的结构特征就是含有金属—金属键，以 M—M 表示。因此分子中含有 M—M 键的化合物均可看作金属原子簇合物，如 $Co_2(CO)_8$、$[Re_2Cl_8]^{2-}$ 等也属于金属原子簇合物。金属原子簇合物中的金属原子氧化数通常较低，低氧化数使得金属—金属容易成键。例如，在羰基金属原子簇合物中，金属原子氧化数一般为 0 或负值；在低价过渡金属卤化物的簇状化合物中，金属原子氧化数通常为＋2 或＋3。

过渡金属原子簇合物中 M—M 键的存在与否可以通过如下三个方面来进行判断：

① 键能 通常认为 M—M 键能在 80kJ/mol 以上的化合物才是簇合物。例如，$Mn_2(CO)_{10}$ 中 Mn—Mn 键能为 104kJ/mol，$Ru_3(CO)_{12}$ 中 Ru—Ru 键能为 117kJ/mol。但是簇合物键能数据很不完善，尤其是高核簇合物中键能测定更加困难，同时由于采用不同的方法测得的键能数据差别较大，因此通常要根据化合物的结构特征来判断 M—M 键的存在并粗略估计其强度。

② 键长 键长是判断化合物中 M—M 键是否存在的重要标准，如果化合物中的金属原子间的距离比在纯的金属晶体中要小很多，且无桥基存在，说明有 M—M 键生成。例如，$Re_2Cl_8^{2-}$ 中 Re—Re 键长为 224pm，远小于纯金属铼中两原子间的距离（274pm）。但采用这种方法判断时需要注意金属氧化态和桥基配体对金属键长的影响。

③ 磁矩 当 M—M 键生成以后，电子自旋成对，导致化合物磁矩减小，甚至变为零，磁化率数值此时发生变化。例如，$Co(CO)_4$ 未成对电子数 1，而 $Co_2(CO)_8$ 未成对电子数 0，说明后者分子中可能存在 Co—Co 键。由于磁化率比较容易测定，所以磁化率可以作为 M—M 键是否存在的重要判据之一。需要注意的是，在较重的过渡金属元素中，由于存在自旋-轨道耦合。也会导致磁化率降低。

总之，判断是否存在 M—M 键需要结合几种结构参数来考虑，有时还须考虑化合物的光谱数据来进行综合分析，才能得出正确的结论。

目前有些文献将金属中心原子间以配体桥联但没有 M—M 键的配合物也归为金属原子簇合物，但这些化合物属一般的多核配合物，其结构与性质用一般的配位理论即可说明，故本节不予以讨论。

在金属原子簇合物中，金属与配体之间存在三种常见的键合方式：一为端式，即配体通过一条直线或近似直线的 M—A—B（A、B 为配体）单元端式连接于一个金属原子 [图 5-8(a)]；二是桥式，即配体双重桥联于两个金属原子之间，配位分子轴和 M—M 轴相互垂直或基本垂直 [图 5-8(b)]；三为帽式，即配体多重桥联于几个金属原子之间，配位分子轴垂直于或接近垂直于金属原子所在的平面 [图 5-8(c)]。

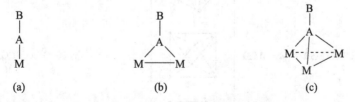

图 5-8 金属与配体的三种键合方式

（2）金属原子簇合物的结构

根据所含金属及金属键数目的多少，金属原子簇合物可以分为双核、三核、四核、五核、六核以及更多核的结构类型。表 5-4 列出了金属原子簇合物的一些比较常见的空间结构及簇合物实例。

表 5-4　金属原子簇合物的主要结构类型

簇合物类型	空间结构	空间结构图示	举例
双核	直线形（1 个 M—M 键）		$Co_2(CO)_8$，$Re_2Cl_8^{2-}$
三核	直线形（2 个 M—M 键）		$Mn_2Fe(CO)_{14}$，$[Mn_3(CO)_{14}]^{3-}$
	V 形（2 个 M—M 键）	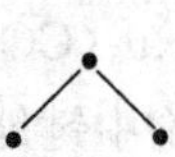	$(CH_3N_2)[Mn(CO)_4]_3$
	三角形（3 个 M—M 键）	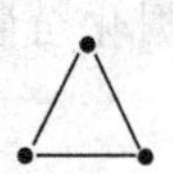	$Fe_3(CO)_{12}$，Re_3Cl_9
四核	四面体（6 个 M—M 键）	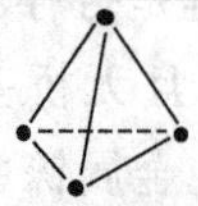	$Co_4(CO)_{12}$，$FeRuOs_2(\mu_2\text{-}CO)_2(\mu_2\text{-}H)_2(CO)_{11}$
	四边形（4 个 M—M 键）	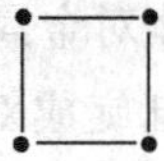	$Co_4(CO)_{10}(\mu_4\text{-}S)_2$，$[Re_4(CO)_{16}]^{2-}$
	蝶形（5 个 M—M 键）	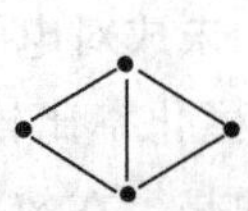	$Fe_4(CO)_{13}C$，$[HFe_4(CO)_{13}]^-$
五核	三角双锥（9 个 M—M 键）	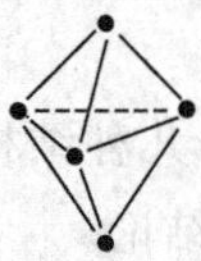	$Os_5(CO)_{16}$，$[Ni_5(CO)_{12}]^{2-}$
	四方锥（8 个 M—M 键）	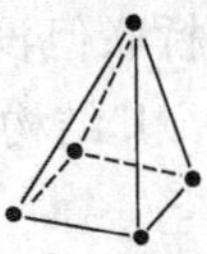	$Fe_5(CO)_{15}C$，$[Ru_5N(CO)_{14}]^-$
六核	八面体（12 个 M—M 键）	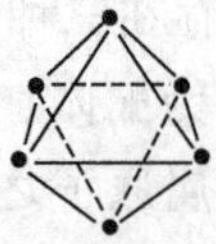	$Rh_6(CO)_{16}$，$[Ru_6(CO)_{18}]^{2-}$，$Zr_6(\mu\text{-}Cl)_{12}Cl_{12}(PR_3)_4$
	三棱柱（9 个 M—M 键）	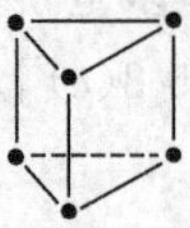	$[Pt_6(CO)_6(\mu_2\text{-}CO)_6]^{2-}$，$[Co_6C(CO)_{15}]^{2-}$
	反三角棱柱（12 个 M—M 键）	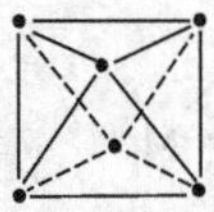	$[Ni_6(CO)_6(\mu_2\text{-}CO)_6]^{2-}$
	加冠四方锥（11 个 M—M 键）	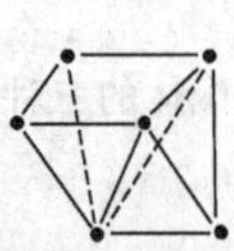	$H_2Os_6(CO)_{18}$，$Os_6(CO)_{17}S$
	加冠三角双锥（12 个 M—M 键）	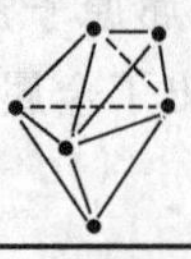	$Os_6(CO)_{17}(Ph_3P)$，$Os_6(CO)_{16}(MeCCEt)$

5.3.3　金属-羰基原子簇合物

金属-羰基原子簇合物是指配体为 CO 的金属原子、特别是过渡金属原子簇合物，这是目前数量最多、发展最快、也是最重要的一类金属原子簇合物之一。

（1）金属-羰基原子簇合物的性质

金属-羰基原子簇合物在常温下一般为固体，不溶于水，可溶于一些有机溶剂。与单核羰基金属配合物相比，相应的多核金属-羰基原子簇合物的颜色通常较深，熔点也较高，并且金属原子数目越多，颜色越深。例如 $Fe(CO)_5$ 为淡黄色液体，$Fe_2(CO)_9$ 为金黄色固体，$Fe_3(CO)_{12}$ 为墨绿色固体，$Ru(CO)_5$ 为无色液体，$Ru_3(CO)_{12}$ 为橙色晶体。而对于同族金属元素的簇合物，其颜色则是由上至下逐渐变浅。例如 $Rh_4(CO)_{12}$ 为红色固体，$Ir_4(CO)_{12}$ 为黄色固体。

在金属-羰基原子簇合物中，由于 CO 是一个较强的 σ 电子给予体和 π 电子接受体，分子中存在 σ—π 配键的协同效应，使得这类簇合物都比较稳定。

（2）金属-羰基原子簇合物的结构

金属-羰基原子簇合物根据其所含金属原子数目也可以分为双核、三核、四核、五核、六核、甚至更多核等许多种结构类型（表5-4）。既可以是含相同金属中心的同核羰基金属簇合物，如 $Fe_2(CO)_9$，也可以是含不同金属中心的异核羰基金属簇合物，如 $H_2FeRu_3(CO)_{13}$。

① 双核金属-羰基原子簇合物　双核金属-羰基原子簇合物中含有一个 M—M 键，两个金属原子之间既可以通过 CO 配体桥联，如 $Fe_2(CO)_9$，也可以不含桥联配体，如 $Mn_2(CO)_{10}$。

$Co_2(CO)_8$ 在固态时采取的是桥式结构［图 5-9(a)］，分子中有 6 个 CO 配体为端式键合，每个 Co 原子上分别连接 3 个 CO，还有 2 个 CO 在两个 Co 原子间作为桥联基团。当 $Co_2(CO)_8$ 溶解在烃类溶剂中时则以非桥式结构存在［图 5-9(b)］。这两种构型的相对稳定性可能受晶格能和溶剂化能的影响。由于桥式和非桥式结构的能量相差很小，因此在环境的微小变化中，容易相互转化，即所谓立体化学上的非刚性。

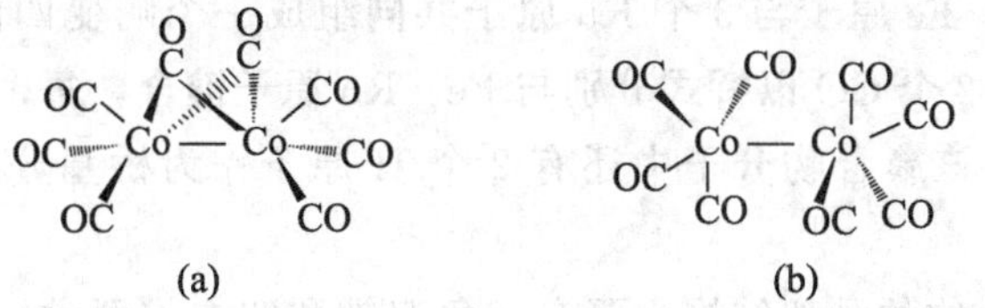

(a) 　　　　　　　　　　　(b)

图 5-9　$Co_2(CO)_8$ 的结构

② 多核金属-羰基原子簇合物　多核金属-羰基原子簇合物结构的基本骨架一般是由金属原子构成的三角形，如图 5-10 所示。由于存在金属—金属键及 CO 可以按端式、桥式或帽式与金属原子配位，使得多核金属-羰基原子簇合物的空间结构变得非常复杂。

三核金属-羰基原子簇合物中含有三个金属—金属键，可以形成直线链状、V 形或三角形结构，但一般以三角形为主。例如，在 $Fe_3(CO)_{12}$ 结构中，有 2 个 CO 配体通过桥联方式与 Fe_3 三角形一条边上的 2 个 Fe 原子键合，其余 CO 则以端式与 Fe 原子键合［图 5-10(a)］。$Ru_3(CO)_{12}$、$Os_3(CO)_{12}$ 的结构与 $Fe_3(CO)_{12}$ 类似，但在 M—M 上无羰基桥联［图 5-10(b)］。

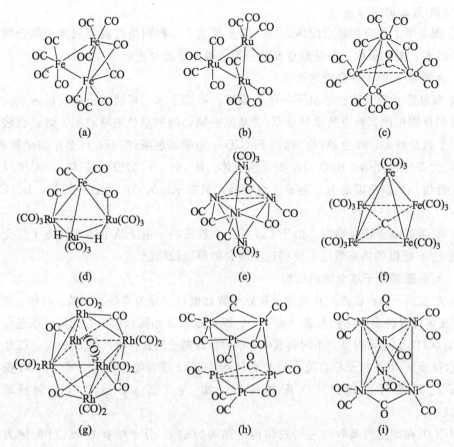

图 5-10　多核金属-羰基原子簇合物的空间构型

四核羰基金属簇合物大多为四面体构型，如 $Ir_4(CO)_{12}$、$Co_4(CO)_{12}$、$[Fe_4(CO)_{13}]^{2-}$、$H_2FeRu_3(CO)_{13}$ 等。在 $Co_4(CO)_{12}$ 的分子结构中，含有 6 个 Co—Co 键，3 个 CO 配体以桥联方式与 Co 配位，其余 9 个 CO 则以端式与 Co 原子键合 [图 5-10(c)]。异核羰基金属簇合物 $H_2FeRu_3(CO)_{13}$ 中，Fe 原子与 3 个 Ru 原子共同组成一个畸变四面体骨架。两个 CO 以端式与 Fe 键合，还有 2 个 CO 以桥式分别与 Fe、Ru 原子键合，每个 Ru 原子上还均有 3 个 CO 作为端基。此外，该簇合物分子中还有 2 个 H 原子作为桥基分别与 2 个 Ru 原子相连 [图 5-10(d)]。

五核羰基金属簇合物的骨架结构主要有三角双锥和四方锥两种。$[Ni_5(CO)_{12}]^{2-}$ 中 5 个 Ni 原子组成三角双锥，轴向两个顶点上每个 Ni 原子有 3 个端式键合的 CO，三角形平面上的每个 Ni 原子各有 1 个端式键合的 CO，还与另一个 Ni 原子共享 1 个桥式 CO 配体 [图 5-10(e)]。在 $Fe_5(CO)_{15}C$ 中，5 个 Fe 原子构成一个正方锥，每个 Fe 原子均与 3 个 CO 端式键合，没有桥联配体。在底面的中心配位着 1 个碳原子 [图 5-10(f)]。这是第一个多原子簇碳化物，此后迅速发展成为一大类的簇状配合物。

六核羰基金属簇合物的骨架结构以八面体为主，八面体也是多核簇合物最为普遍的结构形式，如 $Rh_6(CO)_{16}$、$Co_6(CO)_{16}$、$Os_6(CO)_{18}^{2-}$、$Fe_6C(CO)_{16}^{2-}$、$Os_6H(CO)_{18}^{-}$ 等。例如，$Rh_6(CO)_{16}$ 中的 6 个 Rh 原子形成一个典型的高对称八面体，每个 Rh 原子上各有 2 个端式键合的 CO，在八面体的三角形面上对称地连接有 4 个 CO 配体，每个 CO 均与三角形面上的

Rh 原子桥联 [图 5-10（g）]。理想的正八面体构型并不多见，通常八面体骨架上有不同程度的变形。例如，$[Pt_6(CO)_6(\mu_2\text{-}CO)_6]^{2-}$ 的骨架构型为三棱柱体 [图 5-10（h）]，$[Ni_6(CO)_{12}]^{2-}$ 的骨架构型为反三角棱柱体 [图 5 10（i）]。

除了以上多核金属-羰基原子簇合物之外，还有七核、八核、九核、十核，甚至十三核等高核结构，这些多核簇合物的骨架结构有加冠八面体、双加冠八面体、三加冠共面二八面体、带心反立方八面体等多种复杂的空间构型，这里不一一赘述。

（3）金属-羰基原子簇合物的反应

① 热解反应

$$2Co_2(CO)_8 \xrightarrow{60℃} Co_4(CO)_{12} + 4CO$$

$$3Rh_4(CO)_{12} \xrightarrow{60\sim80℃} 2Rh_6(CO)_{16} + 4CO$$

这类反应是由含核较少的羰基簇合物转化为含核较多的羰基簇合物，它们均为吸热反应，这是由于部分较强的 M—CO 键转变为较弱的 M—M 键的缘故。热解法是合成配位不饱和羰基簇合物的主要方法，应用此法已制得了很多羰基簇合物，如 $Ru_3(CO)_{12}$、$Os_5(CO)_{16}$、$Fe_4(CO)_4(\eta_5\text{-}C_5H_5)_4$ 和 $Ni_2(CO)_2(\eta_5\text{-}C_5H_5)_2$ 等。此法也能合成羰基混合金属簇合物以及羰基金属簇碳化物和氢化物。例如：

$$Ru_3(CO)_{12} + Os_3(CO)_{12} \xrightarrow[\text{二甲苯}]{175℃} Ru_2Os(CO)_{12} + RuOs_2(CO)_{12}$$

② 加成反应　配位不饱和的金属-羰基原子簇合物可以与 H_2、卤素发生加成反应，在这类反应过程中伴随着金属形式氧化态的增加。例如：

$$[Rh_{12}(CO)_{30}]^{2-} + H_2 \longrightarrow 2[Rh_6(CO)_{15}H]^-$$

$$[Rh_{12}(CO)_{30}]^{2-} + I_2 \longrightarrow 2[Rh_6(CO)_{15}I]^-$$

③ 取代反应　在金属-羰基原子簇合物中，CO 也容易被一些配位能力更强的配体所取代，如 PX_3、PPh_3、RCN、NO、$CH_2=CH_2$、C_6H_6 等。例如：

$$Os_3(CO)_{12} + 2CH_3CN \longrightarrow Os_3(CO)_{10}(CH_3CN)_2 + 2CO$$

$$Os_3(CO)_{12} + 2NO \longrightarrow Os_3(CO)_9(NO)_2 + 3CO$$

$$Ru_6(CO)_{17}C + PPh_3 \longrightarrow Ru_6(CO)_{16}(PPh_3)C + CO$$

有些取代反应发生的同时还伴随着降解作用。例如：

$$Rh_6(CO)_{16} + 12PPh_3 \longrightarrow 3[Rh(CO)_2(PPh_3)_2]_2 + 4CO$$

④ 氧化还原反应　金属-羰基原子簇合物的氧化还原反应有两种情况：一是反应过程中不发生 M—M 键的变化，即簇合物的骨架没有改变；二是发生了 M—M 键的变化。例如：

$$Rh_6(CO)_{16} + 8KOH \xrightarrow[\text{KOH}]{H_2O} K_4[Rh_6(CO)_{14}] + 2K_2CO_3 + 4H_2O$$

有些氧化还原反应过程中也伴随着降解作用。例如：

$$10[Co_6(CO)_{15}]^{2-} + 22Na \longrightarrow 9[Co_6(CO)_{14}]^{4-} + 6[Co(CO)_4]^- + 22Na^+$$

配位不饱和金属-羰基原子簇合物还可以发生氧化还原缩合反应。例如：

$$[Rh_6(CO)_{15}]^{2-} + Rh_6(CO)_{16} \xrightarrow{THF} [Rh_{12}(CO)_{30}]^{2-} + CO$$

$$2[Rh_6(CO)_{15}]^{2-} + Rh_2(CO)_4I_2 \xrightarrow{THF} 2[Rh_7(CO)_{16}I]^{2-} + 2CO$$

5.3.4 其他重要的金属原子簇合物

(1) 金属-卤素原子簇合物

金属-卤素原子簇合物是较早发现的一类金属原子簇合物。早在 1907 年已报道合成了"$TaCl_2 \cdot 2H_2O$",但到 1913 年了解到该化合物的组成实际上是 $Ta_6Cl_{14} \cdot 7H_2O$,以后到 20 世纪 20 年代又发现了许多钼的多核卤化物,并且认识到它们的化学性质与单核的"Werner 配位化合物"不同。金属-卤素原子簇合物大多是二元簇合物。

金属-卤素原子簇合物在数量上远不如金属-羰基原子簇合物多,这可以从卤素及其金属原子簇合物的特点进行理解:首先,卤素的电负性较大,不是一个好的 σ 电子给予体,且配体相互间排斥力大,导致骨架不稳定;然后,卤素的反键 π* 轨道能级太高,不易接受金属 d 轨道上的电子形成反馈 π 键,即分散中心金属离子的负电荷累积能力不强;此外,中心金属原子的氧化态一般比羰基簇合物高,d 轨道紧缩(如果氧化数低,卤素负离子的 σ 配位将使负电荷累积;相反,如果氧化数高,则可中和这些负电荷),不易参与生成反馈 π 键。

① 双核金属-卤素原子簇合物　双核金属-卤素原子簇合物比较常见的有 $[Re_2Cl_8]^{2-}$、$[Mo_2Cl_8]^{4-}$、$Re_2(RCO_2)_4X_2$ 等。$[Re_2Cl_8]^{2-}$ 是目前发现的最简单的双核金属原子簇合物,其中的 Re—Re 键长为 224pm,比金属铼中两原子间距离小很多,Cl 原子在空间排列为重叠型结构而非交错型排列。为解释这种现象,F. A. Cotton 于 1964 年提出了"四重键理论",即铼原子的键轴为 z 轴,两个铼原子除形成 σ 键之外,还有其 d_{xz} 和 d_{yz} 轨道形成的两个 π 键,以及 d_{xy} 轨道重叠形成的 δ 键,两个铼原子之间沿 z 轴形成一个四重键(图 5-11)。正是由于四重键的存在,使得 $[Re_2Cl_8]^{2-}$ 能够稳定存在。同样,在 $[Mo_2Cl_8]^{4-}$ 中也存在类似的四重键。$[Mo_2Cl_8]^{4-}$ 中 Mo—Mo 键长为 214pm,而相应纯金属钼中两原子间的距离为 276pm。

图 5-11　$[Re_2Cl_8]^{2-}$ 的结构

② 三核金属-卤素原子簇合物　在三核金属-卤素原子簇合物中,三个金属原子可以形成链状或三角形的排列,但对于过渡金属,主要为三角形排列方式。例如,Re_3Cl_9 中的 3 个 Re 原子形成一个三角形骨架,每两个 Re 原子共享一个 Cl 原子桥基,此外,每个 Re 原子在三角形顶角的上方和下方键合一个 Cl 原子 [图 5-12(a)]。Re_3Cl_9 中的 Re—Re 键长为 248pm,比 $[Re_2Cl_8]^{2-}$ 中的 Re—Re 键长要长。在 $[Re_3Cl_{12}]^{3-}$ 的结构中,3 个 Re 原子也形成三角形排列,Re—Re 键长为 247pm,比 Re—Re 四重键键长(224pm)长,但比 $(CO)_5Re—Re(CO)_5$ 中的 Re—Re 单键键长(275pm)要短得多,因此在 $[Re_3Cl_{12}]^{3-}$ 的 Re—Re 键可以看作双键,是很强的键。与 Re_3Cl_9 的结构相似,$[Re_3Cl_{12}]^{3-}$ 只是在每个 Re 原子上多键合了一个 Cl 原子端基 [图 5-12(b)]。

③ 六核金属-卤素原子簇合物　六核金属-卤素原子簇合物通常为八面体结构。例如,$[Mo_6Cl_8]^{4+}$ 的结构中,6 个 Mo 原子组成一个正八面体,分子中含有 12 个 Mo—Mo 键,Mo—Mo 距离为 261pm。在八面体的各面上有一个 Cl 原子以 μ_3 帽式键合方式分别与 3 个 Mo 原子配位 [图 5-13(a)]。另一个六核金属-卤素原子簇合物 $[Nb_6Cl_{12}]^{2+}$ 也为八面体结构,12 个 Cl 原子在八面体的 12 条棱的外侧分别与 2 个 Nb 原子形成氯桥键 [图 5-13(b)]。

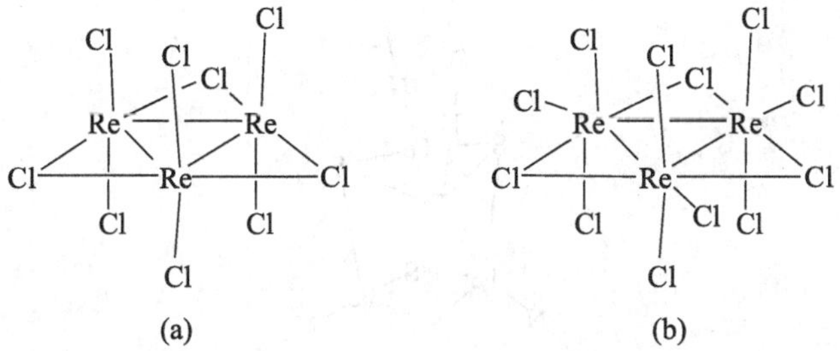

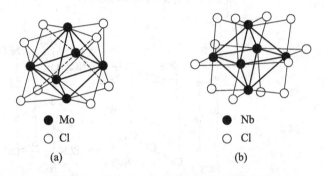

图 5-12　Re_3Cl_9 和 $[Re_3Cl_{12}]^{3-}$ 的结构

● Mo
○ Cl
(a)

● Nb
○ Cl
(b)

图 5-13　$[Mo_6Cl_8]^{4+}$ 和 $[Nb_6Cl_{12}]^{2+}$ 的结构

（2）金属-硫原子簇合物

在金属-硫原子簇合物中，存在着一类硫代金属原子簇，其中硫原子代替了部分金属原子的位置，并与金属原子共同组成原子簇合物的多面体骨架。

在硫代金属原子簇中，核心部分具有 M_4S_4 形式的原子簇受到了特殊的重视，尤以 Fe_4S_4 原子簇合物为最。众所周知，固氮酶是生物固氮的核心，而在研究固氮酶的成分和结构的过程中，发现固氮酶含有两种非血红素的铁硫蛋白，它们是钼铁蛋白和铁蛋白。在钼铁蛋白里，除含钼铁硫原子簇外，还含 Fe_4S_4 原子簇等。此外，在其他许多铁硫蛋白中，铁硫原子簇也是活性中心，它们的主要生理功能是传递电子。因此，铁硫原子簇合物，尤其是 Fe_4S_4 原子簇引起了人们的极大关注。人们把铁硫原子簇作为非血红素铁蛋白活性中心的模型化合物来进行研究。

在 M_4S_4 原子簇中，4 个金属原子形成四面体骨架，此外，在四面体的每个面上各连接一个硫原子。也可以认为 4 个金属原子和 4 个硫原子相间地占据立方体的 8 个顶点，构成畸变的立方体的原子簇骨架。比较常见的 M_4S_4 原子簇合物有 $Fe_4S_4(NO)_4$，它是一种黑色晶体，在空气中相当稳定。其中 Fe—Fe 键长为 265.1pm，12 个 Fe—S 键长的变化范围很小，仅 220.8～222.4pm，平均 221.7pm。$Fe_4S_4(NO)_4$ 的结构如图 5-14 所示。另一个含 Fe_4S_4 簇结构单元的铁硫簇合物 $[Fe_4S_4(CN)_4]^{4-}$ 也具有相似的结构。

另一类重要的金属-硫原子簇合物就是 Mo(W)/Cu(Ag, Au)/S 原子簇合物。这类簇合物由于其多变的结构和优良的光学性质及催化性能而得到了迅猛发展。目前，人们已合成出了几百个含有 $[MXS_3]^{2-}$（M＝Mo，W；X＝O，S）单元的原子簇合物，合成方法一般是用含硫金属盐单元 $[MXS_3]^{2-}$ 与无机盐 M'X'（M'＝Cu^+，Ag^+，Au^+；X'＝Cl^-，Br^-，I^-，CN^-，NCS^-）通过配体的配位作用而得到。由于 X' 的桥联效应，一个 $[MXS_3]^{2-}$ 四面体单元通过直接与 M' 或 M'X' 结合最终可以形成从二核到十核的原子簇合物骨架结构。这些

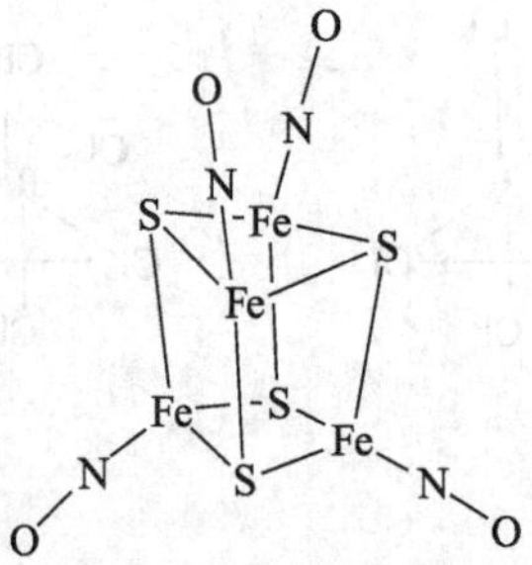

图 5-14 $Fe_4S_4(NO)_4$ 的结构

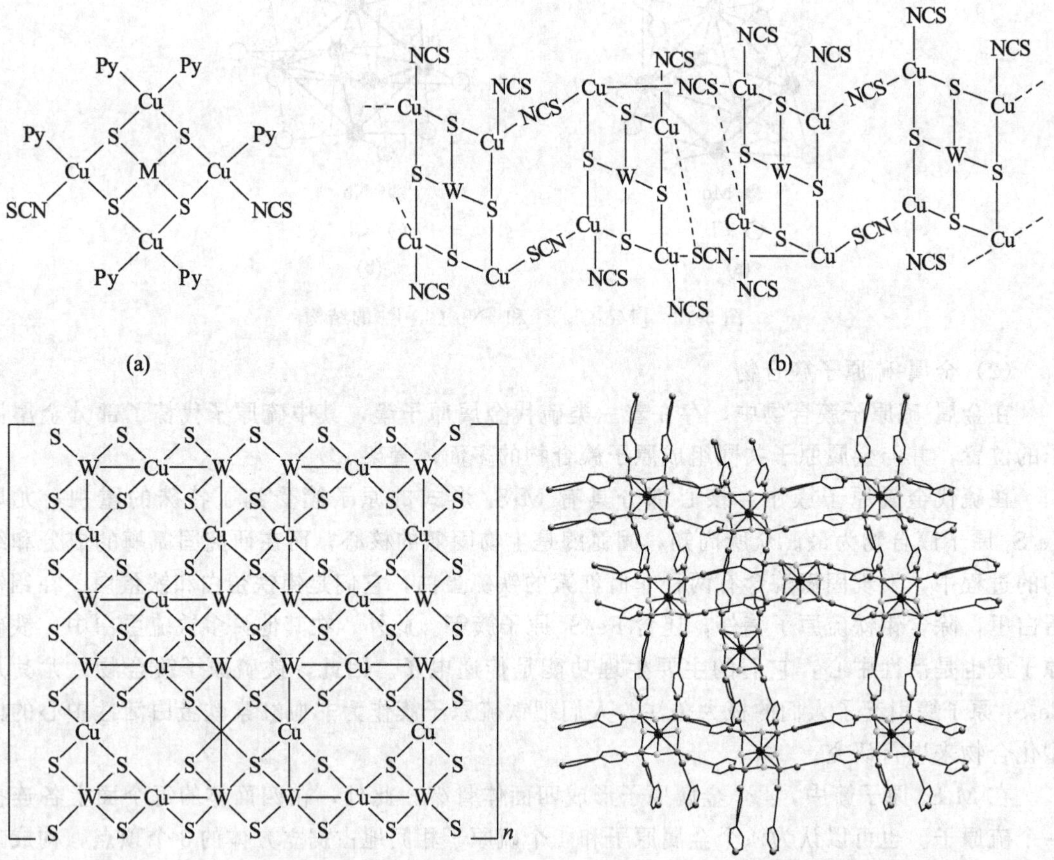

图 5-15 几种 Mo(W)/Cu(Ag，Au)/S 原子簇合物单体及原子簇聚合物的结构

（a）簇合物单体；（b）一维原子簇聚合物；（c）二维原子簇聚合物；（d）三维原子簇聚合物

骨架结构可以进一步聚合成为原子簇聚合物。一般来说，Mo(W)/Cu(Ag，Au)/S 原子簇聚合物可以分为簇合物单体、一维长链、二维层状及三维网状四大类。图 5-15 列举了几种 Mo(W)/Cu(Ag，Au)/S 原子簇合物单体及原子簇聚合物的结构。

5.3.5 金属原子簇合物的应用

金属原子簇合物在催化化学、材料科学以及生物医药等领域均有广泛的应用。

（1）催化化学

许多金属原子簇合物可以作为活性高、选择性好的新型催化剂。使用金属原子簇合物制备催化剂与常规方法相比，具有很多优点：第一，由于原子簇合物可以溶于有机溶剂，因此可以在催化剂的无水合成方面得到应用；第二，可以很容易合成无卤素的催化剂；第三，原子簇合物中的金属原子的价态一般比较低，因此可以在比较温和的条件下活化催化剂；第四，催化剂的组成一定并且容易控制。此外，使用金属原子簇合物为前驱体制得的金属颗粒大小、尺寸分布以及催化活性都优于使用常规方法制备的催化剂。例如，使用 $Ru_6(CO)_{17}$ 制备的 Ru 颗粒大小在 $1.2 \sim 2.0nm$，并且其催化活性是用 $RuCl_3$ 制备的颗粒的 22 倍。

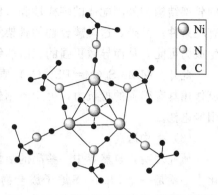

图 5-16　$Ni_4[CNC(CH_3)_3]_7$ 分子的结构

Reppe 采用单核镍配合物 $Ni[CNC(CH_3)_3]_4$ 为催化剂，自乙炔环化聚合生成环辛四烯。但是当用金属原子簇合物 $Ni_4[CNC(CH_3)_3]_7$ 为催化剂时，乙炔能选择性地生成苯。$Ni_4[CNC(CH_3)_3]_7$ 的结构如图 5-16 所示，4 个 Ni 原子呈四面体构型，每个 Ni 原子端式键合 1 个 $CNC(CH_3)_3$ 基团，另外 3 个 $CNC(CH_3)_3$ 基团按 μ_2 形式以 C 和 N 原子分别与 Ni 原子配位，形成大三角形。$Ni_4[CNC(CH_3)_3]_7$ 催化乙炔环聚成苯的机理为：$Ni_4[CNC(CH_3)_3]_7$ 的大三角形面上的 Ni 原子能吸附 C_2H_2 分子。当 3 个 C_2H_2 分子以 π 配键与 Ni 原子结合，每个 C_2H_2 提供 2 个电子给 Ni 原子。为保持 Ni_4 簇的价电子数与结合 C_2H_2 之前不发生变化（Ni_4 的四面体构型不变），$\mu_2\text{-}CNC(CH_3)_3$ 中的 N 脱离 Ni 原子。在大三角形面上的 3 个 C_2H_2 分子，由于空间几何条件及成键的电子条件合适，环化成苯分子。当 $[CNC(CH_3)_3]$ 基团因热运动使 N 原子重新靠拢并和 Ni 原子结合，为了保持 Ni_4 簇的价电子数不变，促使苯环离开催化剂分子成为产品放出，$[CNC(CH_3)_3]$ 配位方式恢复原样。

金属原子簇合物还可以作为其他许多化学反应的催化剂。比如 5.2.4 中介绍的 $Co_2(CO)_8$ 是一种重要的烯烃氢甲酰化反应催化剂；羰基钌簇合物 $Ru_3(CO)_{12}$ 和 $H_4Ru_4(CO)_{12}$ 可用于催化烯烃氢化、氢甲酰化及水煤气变换等反应；双金属硫簇合物 $Cp'_2Mo_2Co_2(CO)_4S_3$（$Cp' = CH_3C_5H_4$）已被用作氢化脱硫催化剂；一些以沸石为载体的 Co-Mo-S 催化剂的活性成分被认为是沸石内部的 Co_2MoS_6 簇合物；巨核钯簇合物 $Pd_{561}L_{60}(OAc)_{180}$（L＝邻菲啰啉（phen）或 2,2′-联吡啶）和 $Pd_{561}(phen)_{60}O_{60}V_{60}$（X＝$PF_6$，$ClO_4$，$BF_4$ 或 CF_3CO_2）可将脂肪醇催化氧化为酯，或催化乙烯的乙酰氧基化反应将其转变为酸。

（2）材料科学

过渡金属原子簇合物作为前驱体可用于材料科学领域。例如，利用 $HFe_3(CO)_9BH_4$ 作为制备金属玻璃 $Fe_{75}B_{25}$ 的前驱体，构筑了 Fe_3B 的多孔薄膜材料。这种方法具有毒性低、沉淀温度低以及膜化学计量易于控制等优点。此外，人们利用 Mössbauer 谱对上述 Fe_3B 薄膜进行分析时，发现该薄膜的磁性质与用其他方法制备的薄膜不同，其磁矩取向垂直于而不是平行于膜平面。这表明，利用原子簇化合物作为前驱体，可以在低温条件下构筑含有亚稳相的、化学计量一定的、性能优良的金属薄膜。

原子簇化合物还可用作无机固体新材料。例如，$Mo(W)/S/Cu(Ag)$ 原子簇合物因具有优良的三阶非线性光学性质而可能发展成为新型的光学材料，近年来引起了人们的广泛关注。这类簇合物比传统的三阶非线性光学材料如无机半导体和有机分子具有更优异的性能，同时还兼备了无机半导体和有机分子二者的优点。比如，$Mo(W)/S/Cu(Ag)$ 原子簇化合物的骨架结构和外围配体的多样性和可修饰性，为获得不同性能的三阶非线性光学材料提供了有利条件；另外，这类簇合物的骨架结构中包含了很多重金属原子，使得更多电子跃迁的发生成为可能，从而导致更强的三阶非线性光学性能。

此外，$MMo_6S_8（M＝Pb，Cu）$原子簇合物是强磁场中的良好超导体，对磁场的衰减电流作用具有很强的抵抗力，可用于制作超导线圈。$[Re_2Cl_8]^{2-}$因其具有光敏性，用于制造太阳能电池。

（3）生物医药

研究表明，自然界中一些酶的活性中心为一些金属原子簇合物。如前所说，固氮酶的活化中心就是一个Mo-Fe-S原子簇合物。因此，以化学合成的Mo-Fe-S原子簇合物作为固氮酶模拟物的研究现在已相当活跃。从1978年报道的作为固氮酶活性中心结构模型的第一个Mo-Fe-S簇合物开始，现在已合成出了多种不同类型的簇合物。图5-17为两种线型的Mo-Fe-S原子簇合物的结构示意图。我国科学家在这方面也开展了大量有意义的工作，合成了一系列的Mo-S、Mo-Fe-S及Fe_4S_4簇合物。将这些簇合物与UW45无细胞抽提液组合或与UW45无活性钼铁蛋白组合，在准生理反应条件下，均显示了相当高的催化乙炔还原为乙烯的活性，并显示了一定的固氮酶活性（把N_2还原成NH_3）。

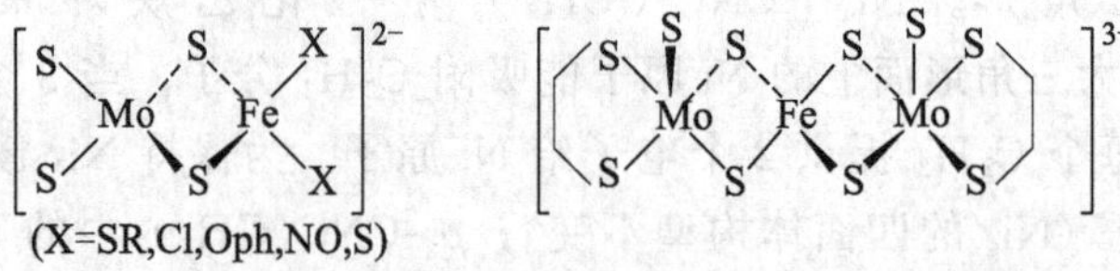

$$\left[\begin{array}{c} S \diagup\diagdown S \diagdown X \\ Mo \quad Fe \\ S \diagup\diagdown S \diagup X \end{array} \right]^{2-} \quad \left[\begin{array}{c} S \ S \quad S \ S \\ Mo \quad Fe \quad Mo \\ S \ S \quad S \ S \end{array} \right]^{3-}$$

(X=SR,Cl,Oph,NO,S)

图 5-17　两种线型 Mo-Fe-S 原子簇合物的结构示意图

金属原子簇合物还可能发展成为新型的抗肿瘤药物。例如，双核Rh原子簇合物$[Rh_2(RCOO)_4L_2]（R＝—CH_3，—CH_2CH_3，—C_6H_5，—CF_3；L＝H_2O$或其他溶剂分子）（图5-18）对口腔癌、艾氏腹水瘤、L1210白血病和P388白血病等显示出良好的抗肿瘤活性，但因毒性强阻碍了它们的应用。$[Rh_2(CH_3COO)_4(H_2O)_2]$簇合物对大肠杆菌DNA多聚酶Ⅰ的抑制作用比对RNA多聚酶的抑制作用强，并且对艾氏腹水瘤、肉瘤180和P388淋巴细胞性白血病显示良好的抗肿瘤活性。

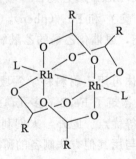

图 5-18　$[Rh_2(RCOO)_4L_2]$ 的结构

5.4　茂金属配合物

1951年，P. L. Pauson 和 T. J. Kealy 在 Nature 上发表了一篇具有划时代意义的文章，

报道了一种被称为二茂铁（Ferrocene）的新型有机铁化合物的合成方法。次年，G. Wilkinson 和 E. O. Fischer 等确认了二茂铁具有夹心结构并呈现芳香性。二茂铁特殊的夹心结构引起了科学家们的强烈兴趣。自此以后，大量新型结构的茂金属配合物不断涌现出来，对其性质及应用的研究也愈来愈广泛和深入，现在已成为无机化学与金属有机化学的重要研究领域。

茂金属配合物是指金属被对称地夹在两个平行的环戊二烯阴离子配体（简称茂基或 Cp）之间的化合物。广义的茂金属配合物还包括茂环之间有一定夹角的不对称夹心型化合物，单个茂环的"半夹心"化合物以及多层夹心型化合物。这些茂环上的 π 电子数符合 Hückel 规则，为六电子 π 给体，因此具有一定的芳香性。茂金属配合物种类繁多，本节仅就其典型结构、性质及应用等方面做简要介绍。

5.4.1　茂金属配合物的结构

茂金属配合物的性质与其电子结构和化学成键密切相关。根据结构的不同，茂金属配合物可以分为对称夹心型、不对称夹心型、多层夹心型等多种类型。

最典型的对称夹心型茂金属配合物是二茂铁（Cp_2Fe）。在二茂铁中，两个平行的茂环相互交错，间距为 3.32×10^{-12} m，Fe 原子被夹在两个茂环之间（图 5-19）。茂环中的 C—C 键长都是 138.9pm，很接近未配位苯的 C—C 键长 139.5pm，Fe—C 距离完全相等，为 206.4pm。研究表明，在固相时二茂铁中的两个茂环为交错型，而在气相时主要为重叠型，但气相中仍有相当部分分子为或接近为交错型的结构，在溶液中时茂环可以自由旋转。

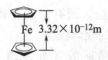

图 5-19　二茂铁的结构

对于 Cp_2V、Cp_2Mo 等一些价电子数少于 18 的茂金属配合物，其分子表现出一定的缺电子性，为了尽可能满足 18 电子构型，它们还能与其他配体配位形成不对称夹心配合物。在这些配合物中，两个茂环不再相互平行，而是具有一定的夹角，其结构如图 5-20 所示。

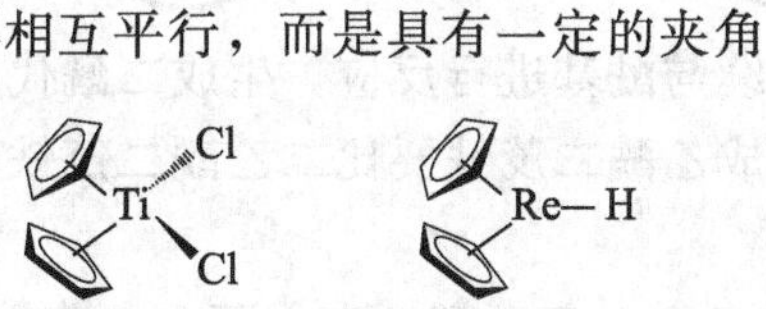

图 5-20　两种不对称夹心型茂金属配合物的结构

在有些茂金属配合物中，两个茂环（或茂环衍生物）可以将多个金属原子夹在中间形成多核夹心配合物。金属原子之间可以通过其他基团桥联，也可以不通过桥联而直接形成金属-金属键（图 5-21）。

除了以上结构外，茂金属配合物还包括一些多层夹心型配合物（图 5-22）以及只含有一个茂环的单茂环型配合物（图 5-23）。

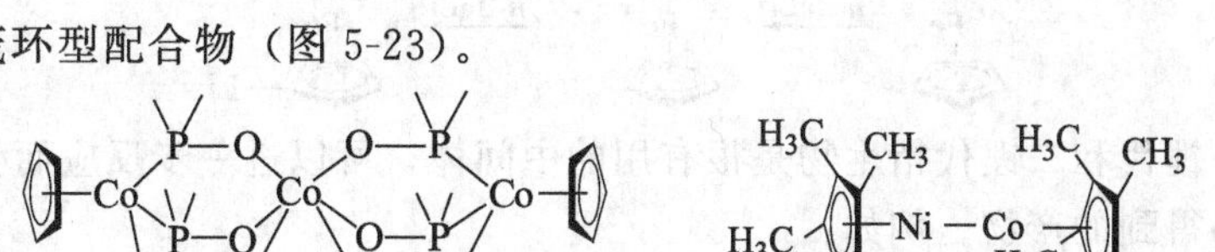

图 5-21　通过桥键或金属-金属键形成的多核夹心型配合物

图 5-22 ［CpNiCpNiCp］⁺ 的结构 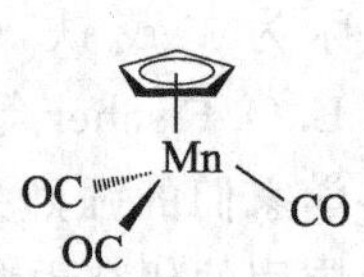   图 5-23 单茂环型配合物的结构

5.4.2 茂金属配合物的性质与反应

（1）茂金属配合物的性质

第一过渡系金属茂配合物的一些性质列于表 5-5 中。

表 5-5 第一过渡系金属茂配合物的性质

配合物	颜色	熔点/℃	未成对电子数	磁性	溶解性	稳定性
Cp₂V	暗绿	167	3	顺磁	溶于苯、四氢呋喃	对空气很敏感
Cp₂Cr	紫	172	2	顺磁	溶于液氨、四氢呋喃等	对空气很敏感
Cp₂Mn	暗棕	172	1	顺磁	溶于吡啶、四氢呋喃	对空气敏感
Cp₂Fe	橙黄	173	0	反磁	不溶于水，可溶于大多数有机溶剂	在空气中稳定
Cp₂Co	紫黑	173	1	顺磁	不溶于水，能溶于有机溶剂	对空气敏感
Cp₂Ni	暗绿	173	2	顺磁	不溶于水，能溶于有机溶剂	在空气中缓慢氧化

（2）茂金属配合物的反应

茂金属配合物具有丰富的化学反应性能。由于茂环及其衍生物具有一定的芳香性，因此在茂环上可以发生一些类似于苯的反应，而有些茂金属配合物还可以在金属原子上发生反应。下面列举茂金属配合物几个典型的化学反应。

① 酰化反应 与苯类似，在路易斯酸（如 AlCl₃）的作用下，茂环上氢可以被酰基取代。

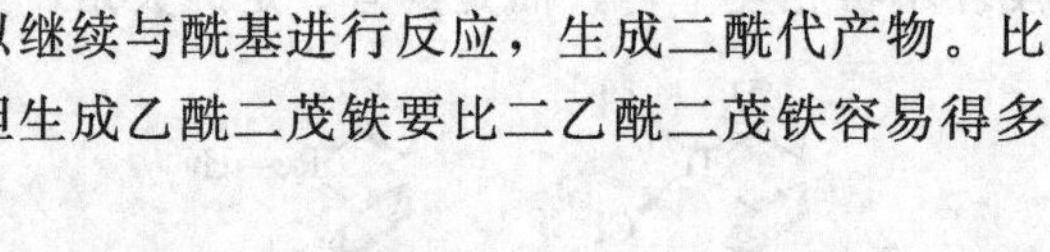

$$\text{Fe} + CH_3COCl \xrightarrow{AlCl_3} \text{Fe—COCH}_3 + HCl$$

酰化后的产物还可以继续与酰基进行反应，生成二酰代产物。比如乙酰二茂进一步酰化后生成二乙酰二茂铁，但生成乙酰二茂铁要比二乙酰二茂铁容易得多，即二茂铁酰化作用后活动性降低了。

② 缩合反应 在酸（如乙酸、亚磷酸）存在下，二茂铁可以和甲醛、胺发生缩合反应。

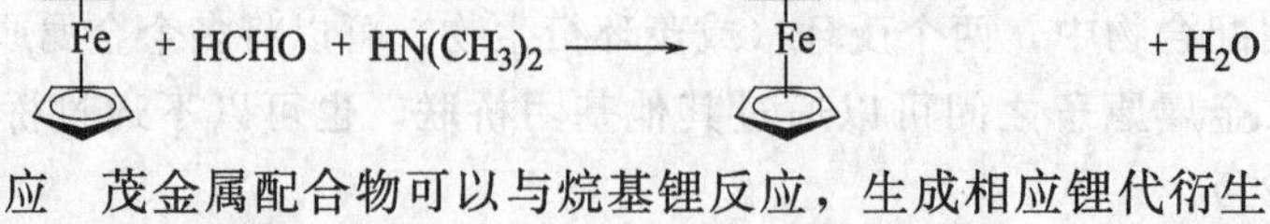

$$\text{Fe} + HCHO + HN(CH_3)_2 \longrightarrow \text{Fe—CH}_2N(CH_3)_2 + H_2O$$

③ 金属化反应 茂金属配合物可以与烷基锂反应，生成相应锂代衍生物。

$$\text{Fe} \xrightarrow{n\text{-BuLi}} \text{Fe—Li} \xrightarrow{n\text{-BuLi}} \text{Li—Fe—Li}$$

二茂铁的一锂代和二锂代衍生物是很有用的中间体，可以进一步反应而生成许多二茂铁直接反应时不易得到的产物。例如：

$$\text{Fe—Li} \xrightarrow[H_2O]{CO_2} \text{Fe—COOH}$$

④ 茂环上的 C—H 键插入反应　单茂环型锇配合物中的茂环还可以与烷基锂等试剂发生 C—H 键插入反应。

⑤ 茂环上的聚合反应　如果二茂铁茂环上的取代基含不饱和键，在自由基引发剂的作用下，可以发生自由基聚合、齐聚等反应。

⑥ 水解反应　Cp_2MX_2 型卤化物可以水解或部分水解为氧卤化物，但水解速率比简单金属卤化物要慢。

$$Cp_2TiCl_2 + H_2O \longrightarrow [Cp_2TiOH]^+ HCl + Cl^-$$

$$2Cp_2ZrCl_2 + 2OH^- \longrightarrow [Cp_2ZrCl]_2O + H_2O + 2Cl^-$$

⑦ 烯烃的插入反应　Cp'_2LnR 型镧系金属的不对称茂金属配合物（$Cp' = \eta^5\text{-}C_5Me_5$，R = H，$CH(SiMe_3)_2$，Ln = La，Nd，Sm，Y，Lu）可以与烯烃发生插入反应。

⑧ 置换反应　镧系金属的不对称茂金属配合物还可以和具有一定"酸性"的碳氢化合物发生配体的置换反应，生成新的不对称茂金属配合物。

以上几个反应中，①～⑤发生在茂金属配合物的茂环上，⑥～⑧发生在茂金属配合物的金属原子上。

5.4.3　茂金属配合物的合成

茂金属配合物种类繁多，其合成方法也多种多样。特别是随着茂金属配合物在催化、电化学、医药等领域的应用研究日益深入，越来越多新型结构的茂金属配合物被不断合成出来。下面介绍几种比较常见的茂金属配合物合成方法。

（1）直接配合法

环戊二烯具有一定的酸性（α 氢原子的 $pK_a = 15$），能与活泼金属或强碱发生脱质子化反应，生成稳定的环戊二烯负离子。比如环戊二烯与 Na 或 NaOH 在四氢呋喃中反应生成环戊二烯基钠（NaCp）。利用 NaCp 与过渡金属盐反应是合成茂金属配合物最常用的一种方法，许多二茂金属配合物均可以此法制得。

$$2NaCp+FeCl_2 \longrightarrow Cp_2Fe+2NaCl$$

$$2NaCp+CrCl_2 \longrightarrow Cp_2Cr+2NaCl$$

以 NaCp 作为中间体合成茂金属配合物时，反应需在无水无氧、惰性溶剂中进行，条件苛刻而难以控制。当加入胺作为缚酸剂时，也可以直接用环戊二烯和金属氯化物反应，合成二茂金属配合物。

$$2C_5H_6+2Et_2NH+FeCl_2 \xrightarrow{THF} Cp_2Fe+2Et_2NH_2Cl$$

一些茂环上有其他取代基团的茂金属配合物也可以用金属钠及相应的卤化物来制备。

除单环配体——茂环外，含两个环的取代环戊二烯基（茚及衍生物）也可以利用上述类似的方法得到其相应的茂金属配合物。

（2）二茂金属衍生物的合成

在 5.4.2 中我们介绍了茂环具有一定的芳香性，因此在茂环上可以发生一些类似于苯的反应，比如亲电取代反应等。利用这一性质可以合成许多茂金属配合物衍生物。例如，二茂铁在路易斯酸（如 AlCl$_3$）的催化作用下，可以与乙酰氯反应生成一酰基衍生物，还可以进一步酰化得到二酰基衍生物。如果是烷基化，则是在同一个茂环上进行多烷基化。

在三氯氧磷催化下，甲酰胺可以对二茂铁进行甲酰化反应得到醛。

由于氧化性酸会导致二茂铁分解，因此不能直接用硫酸或硝酸与二茂铁反应使其磺化或硝化，但可以在乙酐中用氯磺酸对二茂铁进行磺化，用 RONO$_2$ 或 N$_2$O$_4$ 为硝化剂对二茂铁进行硝化。

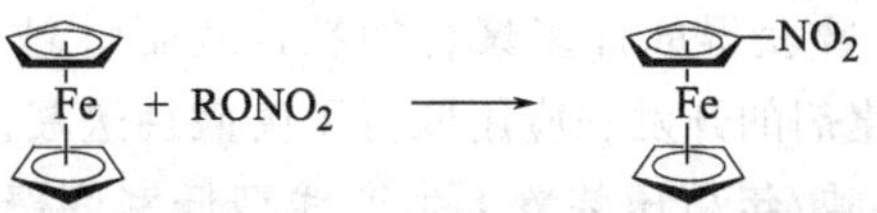

　　二茂铁衍生物还有一个很重要的合成方法就是先用正丁基锂对茂环进行锂化，再按有机锂化合物的化学性质合成。利用该法可以合成如羧基、羟基、氨基及卤素取代的二茂铁衍生物，参阅 5.4.2。

　　（3）一些特殊结构茂金属配合物的合成

　　由于平面手性二茂铁有望在不对称合成领域中得到广泛应用，其合成受到了人们的广泛重视。平面手性二茂铁的合成一般是利用二茂铁为原料，然后进行茂环修饰以获得目标化合物。其中最常用、最重要的方法是通过易得的手性池（chiral pool）作为手性助剂，合成平面手性二茂铁。其基本思路是：在茂环上引入手性基团，利用手性基团的邻位导向作用，使烷基锂试剂高选择性地、立体专一地进行锂化反应，生成平面手性二茂铁目标产物。Ugi 等利用该法获得了光学纯度很高的 (R，S_p)-BPPFA (ee. 值为 96%)。

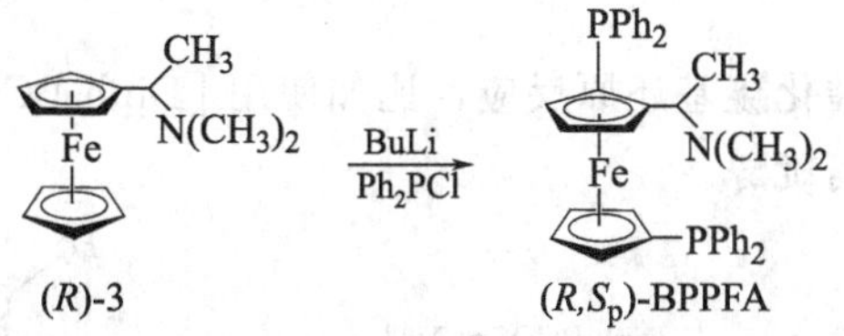

(R)-3　　　　　　　　　　　　　(R,S_p)-BPPFA

　　茂及衍生物可以取代其他金属有机化合物中的配体生成金属茂配合物。如 (δ-C_5Me_5) $ZrCl_3$ 可以与苯并茚衍生物反应生成相应的锆茂。

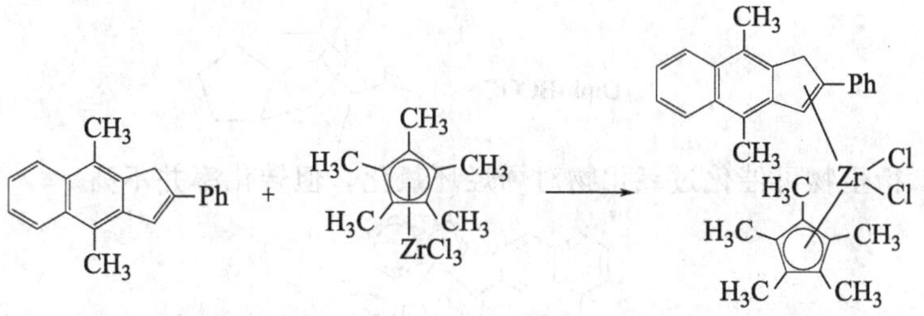

　　一些具有桥联结构的茂金属配合物也可以利用丁基锂试剂及卤化物来合成。

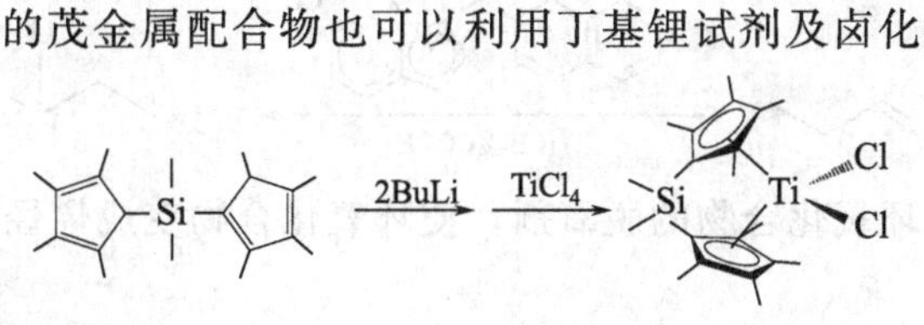

5.4.4　茂金属配合物的应用

　　茂金属配合物因特殊的化学结构与独特的理化性质而受到了人们的高度重视，对茂金属配合物的应用研究也越来越深入。目前，茂金属配合物已在催化、生物医药、电化学及光电功能材料等领域得到了广泛应用。

　　（1）在催化中的应用

　　在催化方面，茂金属配合物在催化烯烃聚合、羰基还原、烯烃环氧化及脱氧等许多反应中得到了广泛的应用。

　　茂金属催化剂从 20 世纪 50 年代开始试用于烯烃聚合，但采用的助催化剂是烷基铝，催化效率低，一直没有引起重视。1980 年，W. Kaminsky 等发现由二氯二茂锆（Cp_2ZrCl_2）和甲基铝氧烷（MAO）组成的均相催化剂体系用于乙烯聚合时，显示出极高活性，并观察到采用非均相固体催化剂未曾获得的许多聚合特性，从而引起了世界范围的极大关注。20世纪 80 年代中期茂金属催化剂的开发和应用取得了突破性进展。1991 年，Exxon 公司首次采用茂金属催化剂在 1.5 万吨/年高压装置上生产线型低密度聚乙烯（LLDPE），标志着茂金属催化剂正式进入工业化阶段。茂金属催化剂的开发和应用是聚烯烃生产中一次重大的革新，它使聚烯烃分子结构、性能、品质均发生了显著的变化。现在已工业化的茂金属聚合物主要有茂金属聚乙烯（mPE）、茂金属聚丙烯（mPP）和茂金属聚苯乙烯（mPS），应用前景十分良好。

$$n\text{CH}_2=\text{CH}_2 \xrightarrow{\text{Cp}_2\text{ZrCl}_2/\text{MAO}} -\!\!\left[\text{CH}_2\!-\!\text{CH}_2\right]\!\!-_n$$

虽然茂金属催化剂活性高，但助催化剂 MAO 很昂贵，且用量大，使得聚合物生产成本较高，因此应大力开展寻找 MAO 替代物的研究，以降低生产成本。目前，人们已开发出了一些新的非 MAO 助催化剂，如以 AlMe$_3$/(MeSn)$_2$O 与 CpZrCl$_3$、Et(Ind)$_2$ZrCl$_2$ 或 i-Pr(Cp)(Flu)$_2$ZrCl$_2$ 等组成的催化剂用于乙烯、丙烯或其他 α-烯烃聚合时，显示出很高的催化活性，而且使用方便。

茂金属配合物还可以催化羰基还原反应，比如使用 [Diph-BCOCp]$_2$TiCl$_2$ 可催化 n-BuLi 对酮类的还原，产物为外消旋醇。

Diph-BCOCp:

二茂二氯钛衍生物可催化过氧化物对烯烃环氧化，但转化率并不高。

三价茂钛是很好的环氧化合物的脱氧剂，使环氧化合物变成烯烃，这在糖化学研究中很有用。

此外，在甲苯氯化反应中，用二茂铁作为催化剂，可以增加对氯甲苯的产率。在气相制备碳纤维的过程中，以二茂铁作为催化剂，可以获得高质量的碳纤维产品。将二茂铁和钾吸附在活性炭上作为合成氨催化剂，可使合成氨反应在缓和的条件下进行，随着二茂铁的含量增加，催化的活性也随之增加。

（2）在生物医药方面的应用

二茂铁衍生物具有疏水性（或亲油性）和低毒性，能顺利透过细胞膜，与细胞内各种酶、DNA、RNA 等物质作用，表现出很强的生物活性，因而有可能作为治疗某些疾病的药物。例如在青霉素和头孢霉素上引入二茂铁酰基后，其杀菌活性大大提高。苯甲酰基二茂铁是有效的杀微生物剂，如（3,4-二甲基）苯甲酰基二茂铁可用于杀灭黄瓜霉菌。此外，卤化酰基二茂铁也具有很强的杀菌活性，含二茂铁甲酰基的硫脲衍生物也具有一定的杀菌活性和植物生长调节活性。

过去采用无机铁制剂治疗机体中缺铁的病人，效果不大，并引出一系列副作用，而二茂铁通过亚甲基同叔烷基、仲烷基和己基相连的同系物具有抗贫血性，是一种疗效高且毒性较小的药物。二茂铁醇化合物同硫化氢相互作用，生成环硫醚二茂铁，也可用于治疗贫血。

青蒿素类药物作为一种新药已在一些国家应用于临床治疗疟疾。S. Paitayatat 等对青蒿素的 C-16 位置进行了修饰，合成了两个含二茂铁取代基的青蒿素衍生物 [图 5-24(b) 和 (c)]，这两个化合物均显示了优于青蒿素的抗疟活性。

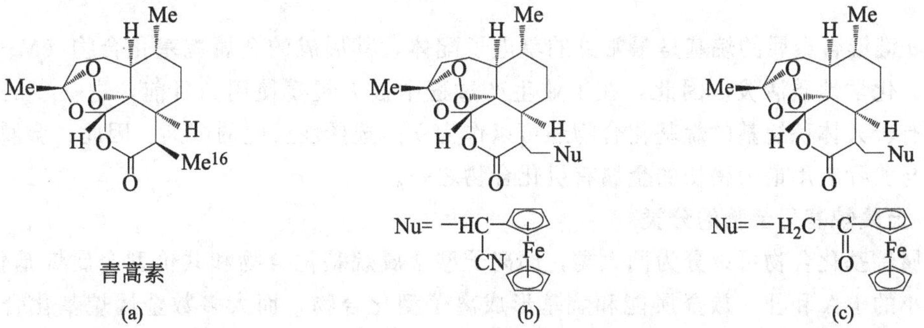

图 5-24 青蒿素及衍生物结构

许多茂金属配合物还具有优良的抗癌活性。1979 年，Koepf 等首次发现了二氯二茂钛（图 5-20）的抗肿瘤活性，由于钛类的毒性远比铂类低，很快就受到人们的重视，开创了金属茂类抗癌剂研究的新领域。1984 年，Koepf-Maier 等报道了二茂铁锡离子 $[Cp_2Fe]^+ X^-$ 的抗癌活性，X^- 包括 $[FeCl_4]^-$、$[FeBr_4]^-$、$[SbCl_6]^-$、$[CCl_3COO]^-$ 等，这是第一类被发现具有抗癌活性的二茂铁类衍生物。在抗乳腺癌药物三苯氧胺（tamoxifen）上引入二茂铁基团，可以提高药物的抗雌性激素能力及对 MCF-7 乳癌细胞的生长抑制作用。

（3）在其他方面的应用

在电化学及光电功能材料方面，极化的二茂铁衍生物具有独特的电化学及光学性质，连接吸电子基共轭体系的二茂铁衍生物表现出很大的二阶非线性光学响应。利用二茂铁基团的可逆氧化还原特性，有可能通过可逆的电化学反应来控制其衍生物的光化学特性，实现氧化还原开关效应。这类氧化还原开关材料在电致变色、光电记忆和光通信领域具有较大的应用价值。二茂铁酰基衍生物可制成聚合物膜修饰电极，对 H^+ 浓度有很快的电位响应，而且呈直线关系，可作为电位传感器。近年来，二茂铁甲酸被广泛用于修饰多种氧化还原酶，特别是葡萄糖氧化酶（GOD），二茂铁甲酸与 GOD 生成 Fc-GOD（Fc 为二茂铁），已用于制作安培葡萄糖生物传感器。

1976 年，Malthe 等合成了第一个过渡金属有机液晶，即含二茂铁基的席夫碱类金属有机配合物，从而极大地推动了过渡金属有机液晶的发展。Galyametdinov 等用含二茂铁基的席夫碱做配体与铜（Ⅱ）离子形成一种金属有机配合物，得到一种杂核金属有机液晶。二茂铁的热稳定性、氧化还原性和结构可变性，使其可接入液晶材料。已有学者用羟硅烷化制备了聚二茂铁的液晶材料，这种二茂铁硅烷衍生物为向列型液晶材料，显示出其良好性能。

由于二茂铁可被氧化为二茂铁正离子，而且它们的颜色不同（二茂铁是橙黄色，而其正离子为蓝绿色），因此可用于比色分析法测定 Fe^{3+}、Mo^{3+}、Re^{7+} 等离子，其灵敏度高于通常方法。二茂铁还可用于 Ag、V、Hg、Pb、Au 等元素的安培法滴定分析，如用二茂铁作为 Pd^{4+} 安培法滴定时，可排除碱金属和碱土金属的干扰。二茂铁酰基冠醚类化合物对某些金属阳离子，如碱金属阳离子有很高的亲和性，能有效分析检测这些离子。

在添加剂、敏化剂方面，二茂铁具有两个环戊二烯 π 键结合的层状结构，π 键结合对称分子所具有的芳环性质，使其具有很高的辛烷值及抗爆性，在节油、消烟、结炭、抗爆等方面有着重要的作用。

5.5 金属烷基化合物

以 σ 键键合金属的烷基是最常见的单电子配体，其形成的金属烷基化合物（M—R）结构简单，化学性质活泼，因此，在工业生产过程中被大规模使用。目前，进一步的研究表明，带有较大体积烷基的烷基化合物还可以作为立体选择性反应的试剂。因此，金属烷基化合物是与实际应用最为密切的金属有机化合物之一。

5.5.1 金属烷基化合物的分类

金属烷基化合物可以分为两大类，即离子型金属烷基化合物和共价型金属烷基化合物。电负性小的 ⅠA 和 ⅡA 族金属能和烷基形成离子型化合物，而大多数金属烷基化合物则以共价型为主，形成 M—C σ 键。

（1）离子型金属烷基化合物

离子型金属烷基化合物可以看作烃 R—H 的盐，这类化合物的稳定性取决于碳负离子 R^- 的相对稳定性。从物质化学结构的角度分析，R^- 的相对稳定性和 $M^{\delta+}$—$R^{\delta-}$ 键的极性有关，键的极性越强，R^- 越稳定。$M^{\delta+}$—$R^{\delta-}$ 键的极性又取决于 M 和 R 的电负性之差，M 越活泼，电负性越小，R 基团中 α 碳原子的电负性越大，键的离子型分数也就越大。

（2）共价型金属烷基化合物

在共价型金属烷基化合物中，M—R 键多为正常的二中心二电子 σ 键。如具有线型分子结构的 Zn、Cd、Hg 的甲基化合物，这些化合物在固、液、气态均不聚合。在某些缺电子体系中，如 Li、Be、Mg、Al 的甲基化合物，则和硼烷类似，形成烷基桥的多中心键，这些化合物会发生不同程度的聚合。例如，在乙醚或胺中，烷基锂以四聚体形式存在，四个锂组成一个正四面体骨架，四面体每个面上各有一个面桥甲基，形成多中心键。甲基铝为二聚体，甲基铍或甲基镁则为多聚体。在甲基铍、镁、铝中，均存在着三中心二电子的甲基桥键。

5.5.2 金属烷基化合物的合成

金属烷基化合物比较常见的合成方法介绍如下。

（1）金属与卤代烃直接反应

金属与卤代烃可以直接反应生成相应的金属烷基化合物。

$$n\text{-}C_4H_9Cl + 2Li \longrightarrow n\text{-}C_4H_9Li + LiCl$$

$$\bigcirc\!\!\!-Br + 2Li \longrightarrow \bigcirc\!\!\!-Li + LiBr$$

通常，卤代物一般用氯化物或者溴化物而不用碘化物，这是因为碘代烷能进一步和烷基锂反应，发生如下 Wurtz 型偶联反应的缘故。

$$RLi + RI \longrightarrow R—R + LiI$$

（2）金属置换反应

较活泼的金属与另一活泼性较差的金属烷基化合物可以发生金属-金属之间的取代反应。利用该反应可以制备碱金属等活泼金属的烷基化合物。

$$Mg（过量） + HgR_2 \longrightarrow MgR_2 + Hg$$

$$2Al + 3Hg(CH_3)_2 \longrightarrow Al_2(CH_3)_6 + 3Hg$$

此外，活泼的碱金属还可以直接与带有活泼氢的烃类发生金属-氢取代反应，生成相应的金属烷基化合物。

$$2Ph_3CH + 2K \longrightarrow 2Ph_3CK + H_2$$

（3）与亚铜盐反应

用过量的烷基锂试剂与卤化亚铜在乙醚中进行烃基化反应，可以生成二烃基铜锂，这是一种重要的有机合成试剂。

$$2CH_3Li + CuI \xrightarrow[0℃]{Et_2O} (CH_3)_2CuLi + LiI$$

（4）与格氏试剂反应

金属卤化物与格氏试剂反应可以合成相应的金属烷基化合物。

$$CrCl_3 + 3C_6H_5MgX + 3THF \longrightarrow Cr(C_6H_5)_3 \cdot 3THF + 3MgXCl$$

格氏试剂还可以与其他卤代金属烷基化合物反应，生成相应的金属烷基化合物。

（5）复分解反应

以金属烷基化合物作为烷基化试剂，与金属卤化物反应制备相应的金属烷基化合物。这种方法比较简单，并且产物易于分离，是目前最常用的方法之一。

$$3Li_4(C_2H_5)_4 + 4GaCl_3 \longrightarrow 4Ga(C_2H_5)_3 + 12LiCl$$

$$4AlR_3 + 3SnCl_4 + 4NaCl \longrightarrow 3SnR_4 + 4NaAlCl_4$$

卤代烃中的卤素可以与烷基锂试剂中的锂发生交换反应，生成相应的有机锂化合物。

$$H_3C—\!\!\!\left\langle\!\!\bigcirc\!\!\right\rangle\!\!—Br + n\text{-}C_4H_9Li \longrightarrow H_3C—\!\!\!\left\langle\!\!\bigcirc\!\!\right\rangle\!\!—Li + n\text{-}C_4H_9Br$$

（6）加成反应

含有氢—过渡金属键的有机金属配合物可以与烯烃、炔烃等不饱和分子进行加成反应，生成相应的金属烷基化合物。

$$Co(CO)_4H + C_2F_4 \longrightarrow Co(CO)_4CF_2CF_2H$$

$$(CO)_5MnH + CF_3C\!\equiv\!CCF_3 \longrightarrow (CO)_5Mn(CF_3)C\!=\!CHCF_3$$

$$R_3SnH + R'CH\!=\!CH_2 \longrightarrow R'CH_2CH_2SnR_3$$

（7）电化学反应

这类方法主要是牺牲阳极法，如以 Ga 为电极，在 CH_3MgCl 的 THF 溶液中进行电化学反应，制备了 $Ga(CH_3)_2$。

$$2CH_3MgCl \longrightarrow Mg(CH_3)_2 + MgCl_2$$

$$Mg(CH_3)_2 + Ga + THF \longrightarrow Ga(CH_3)_2 \cdot THF + Mg$$

5.5.3　金属烷基化合物的反应

金属烷基化合物比较活泼，可以发生许多化学反应。

（1）M—C 键的裂解反应

金属烷基化合物中的 M—C 键可以被氢、氯化氢和卤素所裂解，其反应一般为氧化加成、还原消除。例如氯化氢可以与 $[(PEt_3)_2Pt(C_6H_5)_2]$ 进行氧化加成反应，得到 $[(PEt_3)_2Pt(C_6H_5)_2(H)(Cl)]$。所得到的 $[(PEt_3)_2Pt(C_6H_5)_2(H)(Cl)]$ 随后还可以还原消除一个苯，生成 $[(PEt_3)_2Pt(C_6H_5)(Cl)]$。

$$
(C_2H_5)_2P\!-\!\overset{\displaystyle C_6H_5}{\underset{\displaystyle C_6H_5}{Pt}}\!-\!P(C_2H_5)_2 \xrightarrow{+HCl} (C_2H_5)_2P\!-\!\overset{\displaystyle H\quad Cl}{\underset{\displaystyle C_6H_5\,C_6H_5}{Pt}}\!-\!P(C_2H_5)_2 \xrightarrow{-C_6H_6} (C_2H_5)_2P\!-\!\overset{\displaystyle Cl}{\underset{\displaystyle C_6H_5}{Pt}}\!-\!P(C_2H_5)_2
$$

金属烷基化合物在受热时也可以发生 M—C 键的裂解反应。对于甲基、芳香基金属化合物会生成非常活泼的自由基，这些自由基相互反应生成烷烃或烯烃。对含有较长烷基链的金属烷基化合物，则可以发生 β-氢消除反应而生成烯烃。

（2）加成反应

金属烷基化合物可以与烯烃发生加成反应，如：

$$Ti\!-\!R + CH_2\!=\!CH_2 \longrightarrow Ti\!-\!CH_2CH_2R$$

（3）取代反应

活泼的烷基可以取代金属烷基化合物中另一个键合相对较弱的烷基，生成新的金属烷基化合物。

$$NaC_2H_5 + C_6H_6 \longrightarrow NaC_6H_5 + C_2H_6$$

这类反应与酸和弱酸盐的取代反应类似，利用这类反应，还可以比较烃类的酸性。正如强酸与弱酸盐反应生成弱酸，我们据此可以认为苯的酸性要比直链烷烃强。

除了烷烃可以发生取代反应外，两个金属烷基化合物中的金属也可以发生互换取代反应。

$$2C_2H_5Li + (CH_3)_2Hg \Longrightarrow 2CH_3Li + (C_2H_5)_2Hg$$

$$4C_6H_5Li + (CH_2\!=\!CH)_4Sn \longrightarrow 4CH_2\!=\!CHLi + (C_6H_5)_4Sn$$

（4）插入反应

含不饱和键的 CO、SO_2 及异氰化合物等可以与金属烷基化合物进行反应，反应过程与烯烃类似，产物可以看作是这些分子插入到 M—C 键中。这类反应是许多工业合成以及理论研究的基础，被广泛应用。其中，CO 的插入反应生成酰基衍生物，这是烯烃氢甲酰化反应的一个重要中间过程（图 5-7）。

（5）烯烃的消除反应

金属烷基化合物中，烷基 β-碳原子上的氢可与金属形成金属氢化物，同时烷基以烯烃的方式"脱出"，这个反应一般是可逆的。发生这种反应的关键是金属具有一个空的配位点，并夺取烷基 β-碳原子上的氢。因此，烷基没有 β-氢的金属烷基化合物比较稳定，不会发生消除反应。另外，有一些配体如叔膦（PR_3）、叔胂（AsR_3）与金属结合比较强，不易从金属上"脱去"，因而，金属没有空的配位点用来夺取 β-氢，这些金属烷基化合物也比较稳定。

5.5.4　金属烷基化合物的应用

金属烷基化合物是有机合成的重要试剂，应用非常广泛。这里主要介绍烷基锂这一类重要的金属烷基化合物在有机合成中的应用。

烷基锂试剂因其在一些有机合成中具有独特的性能，使得其在有机合成中具有广泛的应用价值和重要的意义。烷基锂试剂可与含活泼氢的化合物，如水、醇、羧酸、胺及含活泼氢的烃等反应。例如：

$$RLi + H_2O \longrightarrow RH + LiOH$$

$$RLi + R'OH \longrightarrow RH + R'OLi$$

这类反应可以用来合成相应的烃类化合物，同时这一反应还可以应用于其他化合物或试剂的合成。例如，在有机合成中极为有用的 Wittig 试剂，就是通过烷基锂试剂的这一性质来制取的，即用过量的卤代物处理三苯基膦得到季磷盐，再用烷基锂试剂（如苯基锂）处理，从 α-碳原子上夺取一个质子生成 Wittig 试剂。

$$Ph_3P + RCH_2X \longrightarrow Ph_3P^{\oplus}—CH_2RX^{\ominus} \xrightarrow{PhLi} Ph_3P=CHR$$

烷基锂试剂与醛、酮的羰基发生亲核加成反应，经水解可合成各种醇类化合物。它可以代替格氏试剂与醛酮反应合成醇，特别是与位阻较大的酮加成更显示了它的优越性，并且它的还原倾向更小。例如，乙基锂和乙基溴化镁分别与金刚烷酮作用，前者主要得到 2-乙基-2-金刚烷醇，即加成产物为叔醇；而后者主要得到 2-金刚烷醇，即还原产物为仲醇。

烷基锂试剂还能与 CO_2 反应生成羧酸盐，该反应可以用于制备羧酸。此外，烷基锂试剂还可以与有机卤化物发生 Wurtz 反应，该反应对于合成新的 C—C 键非常重要。

烷基锂试剂在有机合成上的一些重要用途可以归纳如图 5-25 所示。

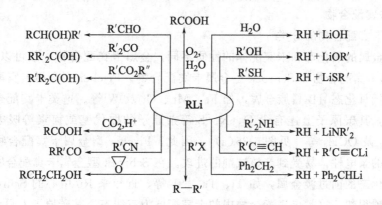

图 5-25　烷基锂试剂在有机合成上的应用

除烷基锂之外，烷基铝、格氏试剂等金属烷基化合物在有机合成中也有很重要的用途。例如，三乙基铝与乙烯之间可通过链增长反应得到长链烷基铝，然后再氧化、水解制备 $C_6 \sim C_{30}$ 的直链偶碳伯醇。

$$Al—C_2H_5 + nC_2H_4 \longrightarrow Al—(CH_2CH_2)_nC_2H_5$$

$$Al—(CH_2CH_2)_nC_2H_5 \xrightarrow{[O]} Al—O—(C_2H_4)_nC_2H_5 \xrightarrow{H_2O} CH_3CH_2(CH_2CH_2)_nOH$$

Ziegler 研究了各种过渡金属化合物对三乙基铝与烯烃的作用，发现 $TiCl_4$ 能催化这种链增长反应，达到很高的聚合度。Natta 研究了这一复合催化剂在高聚物制备上的应用。最后将其投入工业生产中，这就是著名的 Ziegler-Natta 催化剂体系。

格氏试剂也是一类在有机合成上占有重要地位的金属有机化合物。与烷基锂试剂一样，格氏试剂也能与许多含有活泼氢的化合物（如酸、水、醇、氨等）作用而被分解生成烷烃。此外，格氏试剂还能与二氧化碳、醛、酮、酯等多种化合物反应生成很多重要的有机化合物，因此，在有机合成上具有广泛的用途。关于格氏试剂在有机合成上的应用在有机化学教科书中有详细的叙述，在这里不再重复。

除了在有机合成和催化领域有重要的应用价值之外，金属烷基化合物在实际中还有许多方面的应用。如四乙基铅可做汽油抗震剂，烷基锡是聚乙烯和橡胶的稳定剂，利用金属烷基化合物或芳基化合物的热解，通过气相沉积可得到高附着性的金属膜等。

5.6 金属卡宾和卡拜配合物

卡宾（carbene），又称碳烯、碳宾，是含二价碳的电中性化合物，由一个碳和其他两个基团以共价键结合形成，碳上还有两个自由电子。最简单的卡宾是亚甲基卡宾，是比碳正离子、自由基更不稳定的活性中间体。其他卡宾可以看作是取代亚甲基卡宾，取代基可以是烷基、芳基、酰基、卤素等。当卡宾以双键与过渡金属键合而形成的配合物即称为金属卡宾配合物，可用通式 $L_nM=CR_2$ 来表示。卡宾以三键与过渡金属键合而形成的配合物则称为金属卡拜配合物，可用通式 $L_nM≡CR$ 来表示。

自从 E. O. Fischer 于 1964 年开创过渡金属卡宾配合物化学以来，卡宾配合物因其新奇、独特的反应性能以及在有机合成与催化化学中的应用而受到人们的极大关注。在此基础上，科学家们进一步合成了金属卡拜配合物。今天，金属卡宾和卡拜配合物在有机化学中已得到了广泛应用，是金属有机化学的前沿领域之一。

5.6.1 金属卡宾配合物

（1）金属卡宾配合物的分类

根据中心金属的氧化态和卡宾配体的性质不同，金属卡宾配合物一般可以分为两大类：Fischer 型金属卡宾配合物和 Schrock 型金属卡宾配合物。Fischer 型金属卡宾配合物中的中心金属一般为低氧化态ⅥB-Ⅷ族金属，如 Fe、Mn、Cr 及 W 等。这类卡宾配合物中的卡宾配体为单线态，其碳原子上连有含 O、N、S 等杂原子的取代基或卤素等吸电子基团，如 CO、$N(CH_3)_2$ 及 OCH_3 等［见图 5-26(a)］。因此，Fischer 型金属卡宾配合物中的卡宾碳原子具有较强的亲电性，易受到亲核试剂的进攻。在 Schrock 型金属卡宾配合物中，中心金属通常为高氧化态的前过渡金属，如 Ti、Ta、Nb 等，近年来 Ru 中心的 Schrock 型金属卡宾配合物也发展很快。这类卡宾配合物中的卡宾配体为三线态，其碳原子上只有氢或烷基等送电子性质的配体［见图 5-26(b)］。Schrock 型金属卡宾配合物中的卡宾碳原子为电负性，是一个亲核中心。

（2）金属卡宾配合物的性质

金属卡宾配合物中卡宾配体上的反应，是这类配合物的主要化学性质。由于 Fischer 型

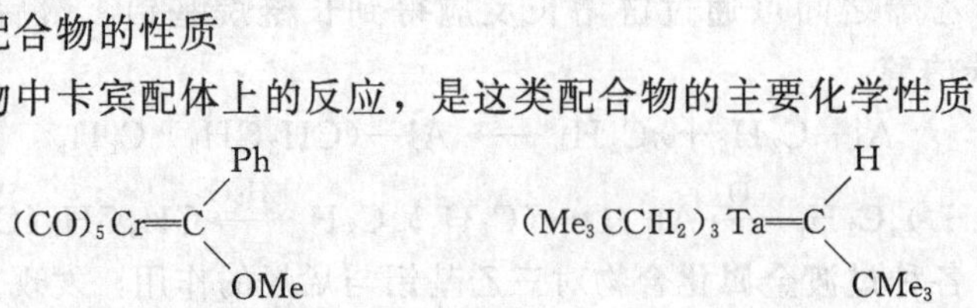

图 5-26 Fischer 型金属卡宾配合物（a）和 Schrock 型金属卡宾配合物（b）

金属卡宾配合物和 Schrock 型金属卡宾配合物的结构不同，因此它们的化学性质也有很大差别。Fischer 型卡宾碳具有亲电性，易受亲核进攻；相反，Schrock 型卡宾碳具有亲核性，易受亲电进攻。

① 卡宾碳上的亲核取代反应　Fischer 型金属卡宾配合物的卡宾碳原子具有亲电性，在质子的催化下，一些含 O、N、S 等杂原子的亲核试剂可以对卡宾碳进行亲核进攻，取代该原子上的烷氧基，得到含这些杂原子取代的新型金属卡宾配合物。

$$(CO)_5Cr=C\underset{OMe}{\overset{R}{\big<}} + R'NH_2 \xrightarrow{H^+} (CO)_5Cr=C\underset{NHR'}{\overset{R}{\big<}} + MeOH$$

$$(CO)_5Cr=C\underset{OMe}{\overset{Ph}{\big<}} + R'SH \xrightarrow{H^+} (CO)_5Cr=C\underset{SR'}{\overset{Ph}{\big<}} + MeOH$$

烷基阴离子也可以进攻 Fischer 型金属卡宾配合物上的卡宾碳，产物与烷基阴离子的结构有关。如用苯基锂与钨卡宾配合物反应，可以生成 Schrock 型金属卡宾配合物。

$$(CO)_5W=C\underset{OMe}{\overset{Ph}{\big<}} + PhLi \xrightarrow{-78℃} (CO)_5\bar{W}=C\underset{OMe}{\overset{Ph}{<_{Ph}}} \xrightarrow[-78℃]{HCl} (CO)_5W=C\underset{Ph}{\overset{Ph}{\big<}}$$

用甲基锂反应时，生成的卡宾配合物很不稳定，容易重排得到过渡金属烯烃配合物。

$$(CO)_5W=C\underset{OMe}{\overset{Ph}{\big<}} + MeLi \xrightarrow{-78℃} (CO)_5W=C\underset{\underset{H}{\overset{|}{CH_2}}}{\overset{Ph}{\big<}} \xrightarrow{25℃} (CO)_5W\text{----}\big\|_{Ph}$$

② 卡宾碳与亲电试剂的反应　Schrock 型金属卡宾配合物中的卡宾碳与亲电试剂 AlMe₃ 反应，生成双金属配合物。

$$Cp_2(CH_3)Ta=CH_2 + AlMe_3 \longrightarrow Cp_2(CH_3)Ta\overset{+}{-}CH_2\overset{-}{-}AlMe_3$$

与卤代烃反应生成的中间体不稳定，分解出的烯烃与钽配合物配位，形成含烯烃配体的钽配合物。

$$Cp_2(CH_3)Ta=CH_2 + CD_3I \longrightarrow [I(CH_3)Cp_2Ta-CH_2-CD_3] \longrightarrow ICp_2Ta\underset{CH_2}{\overset{CD_2}{\big\|}} + CH_3D$$

③ 卡宾碳上 α-H 的反应　Fischer 型金属卡宾配合物中，卡宾 α-碳上的氢原子具有较强的酸性，易接受亲电试剂的进攻而生成 β-取代的卡宾配合物。当与醛或酮发生亲核加成时，首先生成 β-羟基卡宾配合物，再脱水得到 α,β-不饱和卡宾配合物。

$$(CO)_5W=C\underset{OMe}{\overset{CH_3}{\big<}} \xrightarrow[2)BrCH_2CO_2Me]{1)BuLi} (CO)_5W=C\underset{OMe}{\overset{CH_2-CH_2CO_2Me}{\big<}}$$

$$(CO)_5Cr=C\underset{OMe}{\overset{CH_2R}{\big<}} \xrightarrow[2)\underset{R''}{\overset{R'}{>}}C=O]{1)BuLi} (CO)_5Cr=C\underset{OMe}{\overset{HC-R''}{\big<}}^{HO\ R'} \longrightarrow (CO)_5Cr=C\underset{OMe}{\overset{R'}{<}}^{R\ \ \ R''}$$

④ 卡宾碳上杂原子的反应　Fischer 型金属卡宾配合物中的杂原子有一对孤电子对，它易受亲电试剂进攻，生成物再发生消除反应，得到过渡金属卡拜配合物。

$$(CO)_5M=C\underset{OR'}{\overset{R}{\big<}} + BX_3 \xrightarrow{-30℃} (CO)_5M=C\underset{\underset{R'}{\overset{|}{O-BX_3}}}{\overset{R}{\big<}} \xrightarrow[-X^-]{-X_2BOR'}$$

$$(CO)_5M\overset{+}{=}\overset{|}{C}-R \xrightarrow[-CO]{X^-} trans\text{-}X(CO)_4M\equiv C-R$$

$$(M=Cr,Mo,W;X=Cl,Br;R=Me,Et,Ph;R'=Me,Et)$$

⑤ 卡宾配体的迁移反应　一个金属卡宾配合物中的卡宾配体可以迁移至另一个配合物的中心金属上，形成新的卡宾配合物。

$$(CO)_5W=C\overset{Ph}{\underset{Ph}{\big\langle}} +Mn(Cp)(CO)_2(THF)\longrightarrow (CO)_2(Cp)Mn=C\overset{Ph}{\underset{Ph}{\big\langle}} +W(CO)_5(THF)$$

⑥ 烯基化反应　金属卡宾配合物与不饱和有机化合物（烯基醚、烯基胺、重氮烷和膦叶立德等）反应，生成烯烃衍生物的反应称为烯基化反应，这是有机合成中制备烯烃衍生物的重要方法。

$$(CO)_5Cr=C\overset{OMe}{\underset{R}{\big\langle}} + \overset{H}{\underset{H}{>}}\!=\!\overset{H}{\underset{OR'}{<}} \longrightarrow (CO)_5Cr=C\overset{H}{\underset{OR'}{\big\langle}} + \overset{H}{\underset{H}{>}}\!=\!\overset{OMe}{\underset{R}{<}}$$

Fischer 型金属卡宾配合物与膦叶立德在室温下进行烯基化反应，可得到高产率的烯烃。

$$(CO)_5W=C\overset{OMe}{\underset{Ph}{\big\langle}} +CH_2\!=\!PPh_3 \longrightarrow CH_2\!=\!C\overset{OMe}{\underset{Ph}{\big\langle}} +(CO)_5W\!=\!PPh_3$$

(3) 金属卡宾配合物的合成

金属卡宾配合物的合成方法非常多，这里主要介绍一些比较常用的合成金属卡宾配合物的方法。

① 由金属羰基配合物制备　金属羰基配合物与亲核试剂作用生成金属酰基阴离子，产物阴离子再进一步与亲电试剂作用，加成转化为中性烷氧基或芳氧基卡宾配合物。这是制备Fischer 型金属卡宾配合物常用的方法，E. O. Fischer 及其合作者就是利用此路线制备了第一个金属卡宾配合物。

$$L_mM(CO)_n \xrightarrow{Nu^-} L_m(CO)_{n-1}M=C\overset{O^-}{\underset{Nu}{\big\langle}} \xrightarrow{E^+} L_m(CO)_{n-1}M=C\overset{OE}{\underset{Nu}{\big\langle}}$$

常用的亲核试剂是有机锂化合物，它的碳阴离子亲核性很强且容易得到。常用的亲电试剂是 $R_3O^+BF_4^-$（$R=Me$，Et），$ROSO_3F$（$R=Me$，Et）以及质子等。

$$W(CO)_6 + RLi \longrightarrow (CO)_5W=C\overset{OLi}{\underset{R}{\big\langle}} \xrightarrow[\text{或}MeSO_3F]{Me_3O^+BF_4^-} (CO)_5W=C\overset{OMe}{\underset{R}{\big\langle}}$$

$$\Big\downarrow H^+$$

$$(CO)_5W=C\overset{OH}{\underset{R}{\big\langle}} \xrightarrow{CH_2N_2}$$

由 $Mo(CO)_6$、$Cr(CO)_6$、$Mn_2(CO)_{10}$、$Re_2(CO)_{10}$、$Fe(CO)_5$、$Ni(CO)_4$ 等金属羰基配合物为原料，用上述方法均可以制得相应的金属卡宾配合物。

使用含杂原子的有机锂化合物作为亲核试剂，可以得到含有两个杂原子的 Fischer 型金属卡宾配合物。

$$Ni(CO)_4+LiNR_2 \longrightarrow (CO)_3Ni=C\overset{OLi}{\underset{NR_2}{\big\langle}} \xrightarrow{Me_3O^+BF_4^-} (CO)_3Ni=C\overset{OMe}{\underset{NR_2}{\big\langle}}$$

　　金属羰基配合物与端基炔烃、醇反应，也可以制备金属卡宾配合物。该法的优点是无需使用有机锂等强亲电试剂。

$$W(CO)_6 + HC\equiv CR \xrightarrow{R'OH} (CO)_5W=C\begin{smallmatrix}OR'\\CH_2R\end{smallmatrix}$$

　　金属羰基阴离子在三甲基氯硅烷（TMSCl）存在下与酰氯或酰胺直接反应，也可制得 Fischer 型金属卡宾配合物。第 VIB 族金属的五羰基二价阴离子与酰胺或酰氯反应而得到 Fischer 型金属卡宾配合物。

$$Na_2[Cr(CO)_5] + O=C\begin{smallmatrix}R\\NR'_2\end{smallmatrix} \xrightarrow{TMSCl} (CO)_5Cr=C\begin{smallmatrix}R\\NR'_2\end{smallmatrix}$$

　　② 由金属异腈化合物制备　异腈在结构上与羰基类似，乙腈碳原子也易受到亲核试剂进攻，得到含有两个杂原子的 Fischer 型金属卡宾配合物。

$$Ph-N\equiv C-Pt(PEt_3)Cl_2 + EtOH \longrightarrow \begin{smallmatrix}EtO\\PhNH\end{smallmatrix}C=Pt(PEt_3)Cl_2$$

　　③ 由金属酰基配合物制备　配位在过渡金属上的酰基的氧原子易受亲电试剂进攻，结果使酰基转变成卡宾配合物，从而得到金属卡宾配合物。

$$\underset{PPh_3}{\overset{CO\ \ O}{Cp-Fe-C-R}} \xrightarrow{Et_3O^+BF_4^-} \left[\underset{PPh_3}{\overset{CO\ \ OEt}{Cp-Fe=C}}R\right]^+ BF_4^-$$

　　④ α-消除反应　第一个 Schrock 型金属卡宾配合物就是因为五新戊基合钽分子中，配体太拥挤而发生了 α-氢消除反应得到的。

$$(Me_3CCH_2)_3TaCl_2 \xrightarrow{2Me_3CCH_2Li} \left[\underset{CMe_3}{\overset{Me_3CCH_2\ H}{(Me_3CCH_2)_3Ta-CH}}\right] \longrightarrow (Me_3CCH_2)_3Ta=C\begin{smallmatrix}H\\CMe_3\end{smallmatrix} + Me_3CCH_3$$

　　与过渡金属直接相连碳上的氢在适当的试剂作用下可发生消除，如羰基铁配合物中的 α-H 被三苯甲基阳离子夺去生成 Fischer 型卡宾阳离子。

$$\underset{OMe}{\overset{R}{Cp(CO)_2Fe-C-H}} \xrightarrow{Ph_3C^+BF_4^-} \left[\underset{OMe}{\overset{R}{Cp(CO)_2Fe=C}}\right]^+ BF_4^- + Ph_3CH$$

　　若该化合物中的 α-碳上的甲氧基被三甲基硅阳离子夺去，则生成 Schrock 型卡宾阳离子。

$$\underset{OMe}{\overset{R}{Cp(CO)_2Fe-C-H}} \xrightarrow{Me_3SiSO_3CF_3} \left[\underset{H}{\overset{R}{Cp(CO)_2Fe=C}}\right]^+ SO_3CF_3^- + Me_3SiOMe$$

　　⑤ 卡宾前体法　含有卡宾结构单元的化合物，如重氮化合物、咪唑盐、氮杂环烯烃、二氯甲烷衍生物等与过渡金属有机化合物反应，也可以生成金属卡宾配合物。

配位不饱和的金属有机化合物与重氮化合物反应放出氮气，生成金属卡宾配合物，这是合成 Schrock 型金属卡宾配合物常用的方法。

$$Cp(CO)_2Mn(THF) + N{\equiv}N{-}CPh_2 \longrightarrow Cp(CO)_2Mn{=}CPh_2 + N_2 + THF$$

在上述反应中，如果把溶剂 THF 也看作一个配体，就是配体置换反应。

咪唑盐在碱性条件下原位生成的氮杂环卡宾立即与羰基铁反应，置换掉一分子 CO 配体，生成铁卡宾配合物。

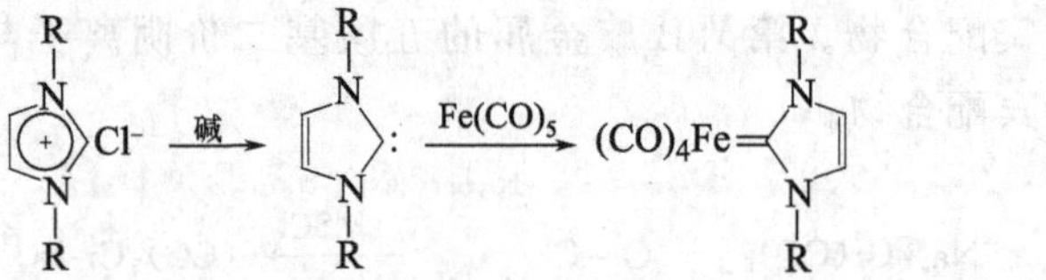

富电子的四氨基乙烯与过渡金属羰基配合物反应，双键断裂生成过渡金属卡宾配合物。

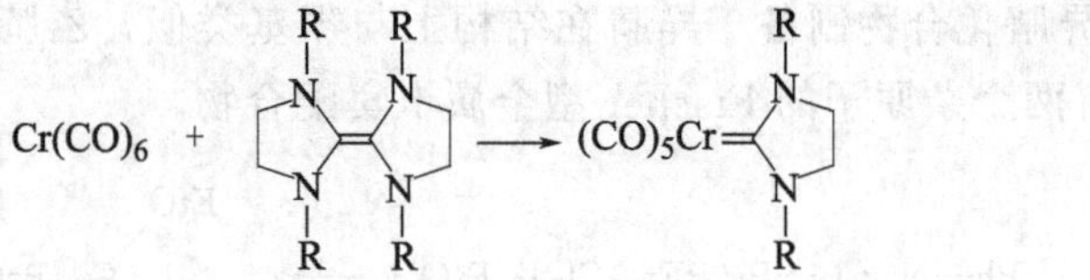

双取代二氯化合物能与金属羰基配合物反应，脱掉两个氯原子而生成金属卡宾配合物。

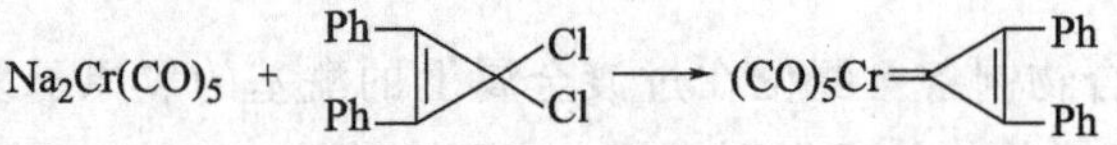

5.6.2　金属卡拜配合物

卡拜是有三个自由电子的电中性单价碳活性中间体及其衍生物，卡拜碳以三键的形式与金属离子键合形成金属卡拜配合物。与金属卡宾配合物相比，金属卡拜配合物稳定性较差，现在仅合成了 Cr、Mo、W、Ta、Os 等少数几类金属卡拜配合物。

（1）金属卡拜配合物的性质

金属卡拜配合物中的卡拜可发生亲电加成反应，得到过渡金属卡宾配合物。例如：

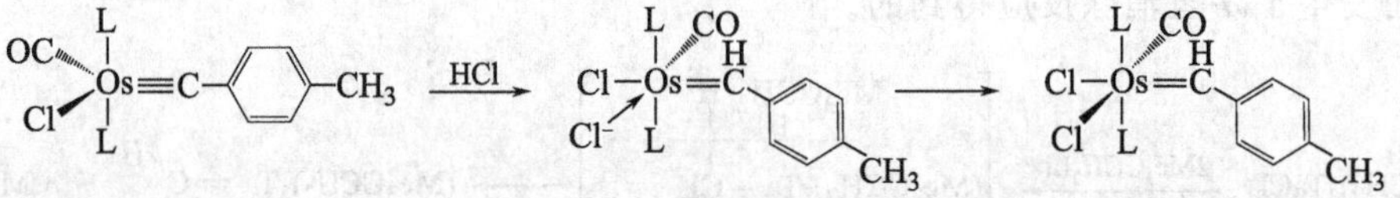

在金属卡拜配合物中，卡拜反位的卤素可被更活泼的卤素取代；羰基配体可被亲核性更强的叔膦配体取代。

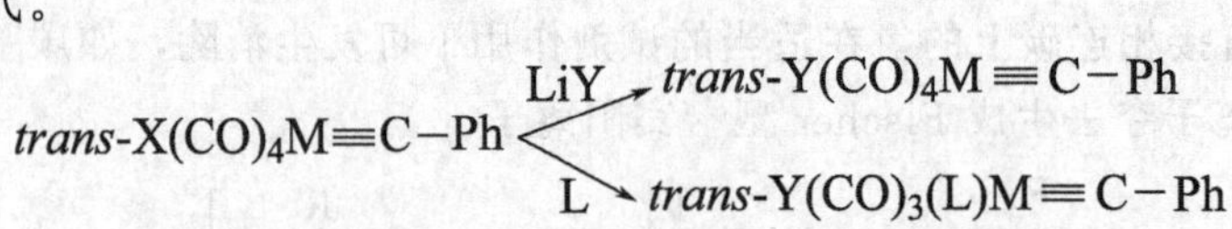

$$\text{M=Cr, W; X=Cl, Br; Y=Br, I; L=PPh}_3, \text{P(OPh)}_3$$

（2）金属卡拜配合物的合成

Fischer 型金属卡宾配合物与卡宾碳相连的杂原子上有一孤电子对，它易受亲电试剂进攻而消除，生成过渡金属卡拜配合物。当过渡金属为低价态并带有 CO 配体时，被称为 Fischer 型金属卡拜配合物。例如：

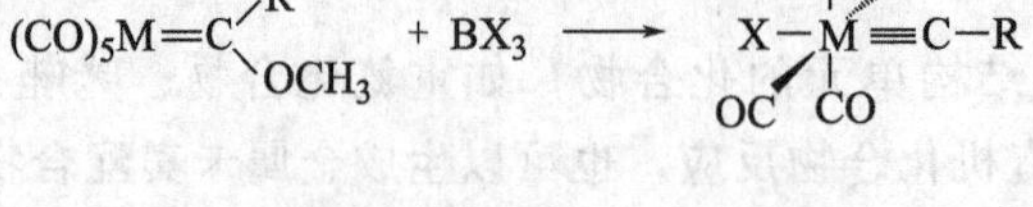

$$\text{M=Cr, Mo, W}$$
$$\text{X=Cl, Br, I}$$
$$\text{R=Me, Et, Ph}$$

Schrock 型金属卡宾配合物脱去卡宾碳上的质子也可以得到金属卡拜配合物，这类高氧化态的金属配合物被称为 Schrock 型金属卡拜配合物。例如：

习 题

1. 写出下列反应中产物的结构式。

(1) $Cr(CO_6) + C_6H_6 \longrightarrow$

(2) $+ HC-NH_2 \xrightarrow{POCl_3}$

(3) $n\text{-}C_4H_9Br + Li \longrightarrow$ 产物 1 $\xrightarrow[2)H_3O^+]{1)PhCOCH_3}$ 产物 2

(4) $(CO)_5W$ $\xrightarrow[2)Br(CH_2)_4Br]{1)BuLi}$

2. 简答题。

(1) 请举例说明金属有机化合物与金属配合物之间的异同。

(2) 请简述金属有机化合物的 18 电子规则，并应用 18 电子规则说明下列化合物的稳定性差异：

  (a) $Fe(\eta^5\text{-}C_5H_5)_2$；(b) $Ti(\eta^5\text{-}C_5H_5)_2$；(c) $Co(\eta^5\text{-}C_5H_5)_2$。

(3) 用 $Mn_2(CO)_{10}$ 和你选择的其他试剂设计一条合成 $MnH(CO)_5$ 的路线。

参 考 文 献

[1] 何仁，陶晓春，张兆国. 金属有机化学. 上海：华东理工大学出版社，2007.
[2] 朱龙观. 高等配位化学. 上海：华东理工大学出版社，2009.
[3] 关鲁雄. 高等无机化学. 北京：化学工业出版社，2004.
[4] 辛剑，王慧龙. 高等无机化学. 北京：高等教育出版社，2010.
[5] 杨帆，林纪筠，单永奎. 配位化学. 上海：华东师范大学出版社，2007.
[6] 山本明夫. 有机金属化学基础与应用. 陈惠麟，陆熙炎译. 北京：科学出版社，1997.
[7] 钱延龙，陈新滋. 金属有机化学与催化. 北京：化学工业出版社，1997.
[8] 拉戈斯基 JJ. 现代无机化学. 孟祥盛，许炳安译. 北京：高等教育出版社，1982.
[9] 张文广. 有效原子序数（Effective atomic number, EAN）规则及其理论基础与应用研究. 化学世界，2010，51：255-256.
[10] Davidson E R, Kunze K L, Machado F B C, Chakravorty S J. The transition metal-carbonyl bond. Acc. Chem. Res.，1993，26（12）：628-635.
[11] Wahama T, Hatta G, Sakaguchi S, et al. J Chem Soc Chem Commun, 2000：163.
[12] 张有才，梁凯，陈秋云，郑和根，忻新泉. Mo(W)/Cu(Ag，Au)/S 原子簇聚合物的研究进展，无机化学学报，2005，6：783-791.
[13] Kealy T J, Pauson P L. Nature, 1951, 168：1039.
[14] Rabinovich D, Metallocenes (Long, Nicholas J.). J. Chem. Educ.，1999，76，11：1488.
[15] Janiak C. Metallocene Complexes as Catalysts for Olefin Polymerization. Coordination Chemistry Reviews, 2006, 250, 1-2：66-94.
[16] Sinn H, Kaminsky W. Adv. Organomet. Chem, 1980，18：99.
[17] Cardin D J, Cetinkaya B, Lappert M F. Transition metal-carbene complexes. Chem. Rev, 1972, 72 (5)：545-574.
[18] Frémont P de, Marion N, Nolan S P. Carbenes: Synthesis, Properties, and Organometallic Chemistry. Coord. Chem. Rev. 2009, 253：862-892.

第6章 配合物的应用

6.1 配合物在功能材料领域中的应用

功能材料是一大类具有特殊电、磁、光、声、热、力、化学以及生物功能的新型材料，是信息技术、生物技术和能源技术等高技术领域和国防建设的重要基础材料，同时也对改造某些传统产业，如农业、化工、建材等起着重要作用。功能材料按使用性能分，可分为微电子材料、光电子材料、传感器材料、信息材料、生物医用材料、生态环境材料、能源材料和机敏（智能）材料等。功能材料是新材料领域的核心，对高新技术的发展起着重要的推动和支撑作用，在全球新材料研究领域中，功能材料约占85%。随着信息社会的到来，特种功能材料对高新技术的发展起着重要的推动和支撑作用，是21世纪信息、生物、能源、环保、空间等高技术领域的关键材料，成为世界各国新材料领域研究发展的重点，也是世界各国高技术发展中战略竞争的热点。

配合物中的中心金属原子 d、f 轨道参与成键，具有种类繁多的结构类型和成键方式，导致配合物种类繁多、结构可控，兼具无机化合物和有机化合物的特性，因此以配合物作为组装子所组装的功能材料，将具有更为丰富的光、电、热、磁特性，具有广阔的应用前景。1987年诺贝尔化学奖获得者 Lehn 于 1978 年提出超分子概念以来，随着研究弱相互作用的超分子化学的发展，促使配位化学家使用键合作用介于弱相互作用和共价键间的配合物作为组装子，通过分子识别、选择性变换和传输等方式而组装成特有构造和功能的体系。从而在功能材料中迅速崛起，具有不可替代的地位。

按照配合物在功能材料领域中的应用分类，可以将配合物分为如下几种类型：导电功能配合物、发光功能配合物、磁性功能配合物和超分子功能配合物。

6.1.1 导电性功能配合物

近年来，随着有机导体及有机-金属导电材料研究工作的发展，人们合成和发现了一些具有较好导电性能的配合物。从 20 世纪 60 年代第一个"无机分子导体"到 80 年代该领域第一个"无机分子超导体"的出现，这个新兴领域的研究突飞猛进。到目前为止，这类导电配合物的种类繁多，性能各异，已广泛应用于修饰电极、光电二极管、L-B 膜、导电涂料等。1973 年，研究人员发现了一种具有金属性质的电导率非常高的有机电荷转移配合物四硫代富瓦烯-四氰基对苯醌二甲烷（TTF-TCNQ）。1980 年，丹麦的 Bechgaard 等发现 $(TMTSF)_2PF_6$ 具有超导特性。此后，导电配合物的研究开始迅速发展。

（1）导电功能低维配位聚合物

具有导电功能的低维配位聚合物是基于分子间近距离相互作用而形成的一维或准二维结构的分子导体，如卟啉、酞菁等。其导电性的特点是具有很强的各向异性，并且低温时会出现 Peierls 畸变（和电荷密度波相关的周期性晶格遭受破坏并导致一维导体转变为绝缘体的现象）。低维配位聚合物包括以下三种类型：

① M—M 型导电配合物　通过相邻中心金属离子的 d_{z^2} 轨道的相互重叠构筑的类似金属

的一维导电通道。如 KCP 盐，相邻 Pt—Pt 间通过 d 轨道的重叠形成金属—金属键一维导电分子。

② π—π 型导电配合物　配体为具有 18π 电子的共轭平面大环时，配合物通过配体分子间 π 轨道的重叠形成的一维导电通道。如：TCNE、TCNQ 等共轭分子，通过分子间的 π—π 堆积作用聚合成一维导电通道。

③ M—π 型导电配合物　当金属的 d_{xz} 和 d_{yz} 轨道和大环配体的 π 轨道发生重叠时，而表现出导电性的大环金属配位聚合物。在这里我们重点讲述功能配合物发光材料中的一维全金属骨架分子导线，它属于 M—M 型导电配合物。

20 世纪 70 年代，美国 Alan J Heeger，Alan G MacDiarmid 和日本白川英树发现，聚乙炔掺杂后电导率为 103S/cm，该导电高分子有机化合物与金属掺杂后具有与金属接近的电导率，导电有机高分子的发展为配合物导电材料的发展提供了非常重要的契机。1842 年，Knop 偶然合成出第一个含有连续金属—金属成键的全金属骨架一维分子导体材料 $K_2[Pt(CN)_4]X_{0.3} \cdot nH_2O$，直到 1968 年，Krogmann 测定了该化合物的晶体结构，这类材料现在被称为 Krogmann 盐。1972 年，Zeller 发现了 Krogmann 盐的导电性能，从此引起了材料科学界、化学界和物理学界研究人员对全金属骨架的分子材料的持久研究兴趣（图 6-1）。

F. A. 科顿在 20 世纪 60 年代发现 $[Re_2Cl_8]^{2-}$ 中的金属—金属多重键，由此有机金属一维含金属—金属键分子导线的研究也变得丰富起来。1996 年，Dunbar 等人利用金属—金属成键技术成功合成 $[Rh_6(CH_3CN)_{24}]^{9+}$ 分子导线（如图 6-2 所示），该一维混合价态的分子导线由双核 Rh 单元通过分子间的金属—金属键作用连接形成金属链状配合物。1998 年，R. Eisenberg 课题组报道了一个含有 Au(Ⅰ)⋯Au(Ⅰ) 键合作用的一维线状超分子聚合物，由其制备的膜材料可作为易挥发性有机气体传感器，同时该类一维分子导线还具有较好的发光性能。

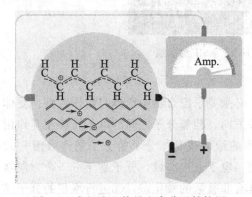

图 6-1　有机聚乙炔导电高分子结构图

图 6-2　Dunbar 合成的分子导线

2005 年 Mitsumi 等人利用邻苯二酚与 $[Rh_4(CO)_{12}]$ 组装出 M—π 型导电配合物，在室温时，该一维 M—M 链状全金属骨架导电分子的电导率为 $17\sim34$S/cm。有意思的是，该中性一维 MMF（metal to metal framework，MMF）配合物通过改变内在条件（光照、加热和压力等）从而诱导金属和配体之间的电荷转移，改变导电分子的导电能力（图 6-3）。2006 年，Yamashita 等人利用乙二胺作为螯合配体，卤素离子作为桥联配体，以 M⋯X⋯M（M＝Pd 和 Pt）模式配位的一维混合价态 MXM 型导电配合物，电子转移是在四价铂和二价

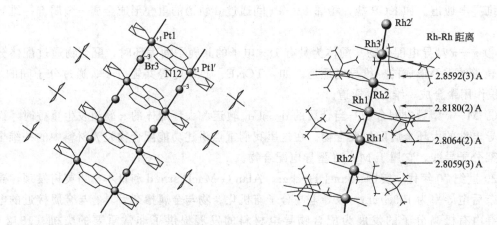

图 6-3　Tong Ren 等人合成的分子导线和 Yamashita 等人合成的 MXM 型分子导线

铂之间进行的（图 6-3）。

　　2006 年，Chi-Ming Che 等人合成了[Pt(CNtBu)$_2$(CN)$_2$]一维 MMF 纳米线（图 6-4），该化合物具有较强的发光性能，在 550nm 左右发绿色荧光。特别是混合价态一维链状导电配合物有着很好的导电性能，在光、电、磁等方面有着潜在的应用价值。

图 6-4　[Pt(CNtBu)$_2$(CN)$_2$]一维 MMF 纳米线

（2）电荷转移配合物

　　在电荷转移配合物中，要达到较高的电导率，必须要求配合物中给体与给体重叠，受体与受体重叠，并且这两种重叠是分开的。沿着重叠方向，相邻分子之间的电子转移相互作用强，因此沿这一重叠方向可以导电。具有高电导率的给体或受体分子的分子结构（图 6-5）及其堆积的特点如下：①分子的几何结构为平面型，电子高度离域，分子易于沿一个方向堆积而形成能带结构；②电子给体和电子受体同时具有非整数的氧化态；③进行堆积的分子具有非偶数电子并且在垂直分子的平面上具有未充满轨道；④分子应该有规则、均匀地堆积排列以防止导带的分裂；⑤给体和受体之间具有适当的氧化还原电位差（一般为 0.1～0.4V），电位差太大或太小都是不合适的。

　　常见的电荷转移配合物有金属二硫醇配合物、共轭多腈和 dmit 配合物等。金属二硫醇配合物几何结构为平面型，因而易于形成一维堆积。另外具有较延展的 π 电子体系，低电荷的稳定氧化态和可逆的氧化还原行为，有可能形成金属与金属间 d-d 的相互作用。

　　Cowan 等在 1973 年合成了 TTF-TCNQ，是共轭多腈配合物的最早代表，它的电导率

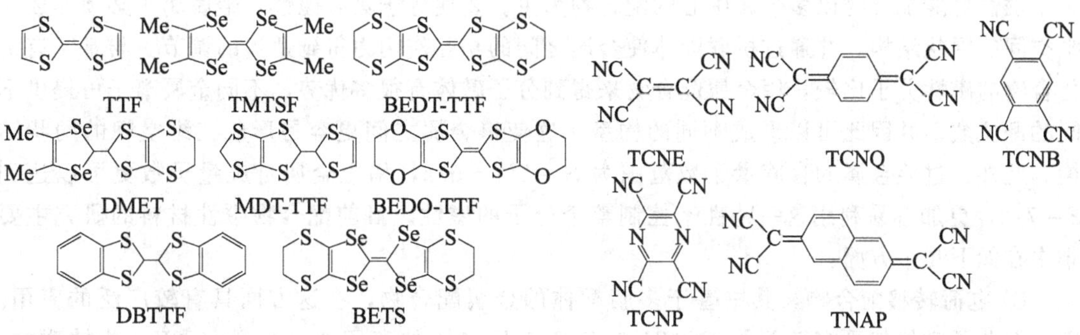

图 6-5 具有高电导率电子给体（左）和电子受体（右）

非常高，在很大的温度范围内与金属一样。电导率在低温（低于 66K）时也能达到 $10^4\,S/cm$，而低于 66K 时，电导率迅速下降，因为在 66K 时发生了从金属到半导体的相变。TTF-TCNQ 具有如此高的电导率是由其结构决定的，TTF 是可以形成高电导率的阳离子自由基，而 TCNQ 是可形成高电导率的阴离子自由基，并且两者都具有 π—π 重叠性，在它们形成的晶体中存在大量的未成对电子，这些电子在阴离子、阳离子的各自重叠方向上高度离域，因此具有较高的电导率。

6.1.2 磁性功能配合物

从几千年前我们的祖先发现磁石可以吸引铁的现象以来，磁性材料就吸引了人们的注意。传统的磁性材料包括 $Nd_2Ee_{14}B$ 等合金磁体和 $Fe_{12}O_{19}$ 等金属氧化物磁体，由于这类磁体的内部组成是以离子或原子为基础，可称为原子基磁体，其特点是在高温下合成以金属键或离子键结合的无机磁体。相对于传统的原子磁体，分子磁体是一个崭新的领域。分子磁性材料因其结构种类的多样性，可用低温合成及加工的方法制备，可得到磁与机械、光、电等方面结合的综合性能，具有磁损耗小等特点，在超高频装置、高密度存储材料、吸波材料、微电子工业和宇航等需要轻质磁性材料的领域有良好的应用前景。

（1）物质磁性的类型

当物质由含有未成对电子的分子组成时，由于分子磁矩的存在而导致物质的磁性。可以将每个原子或分子自旋引起的磁矩看成一个小磁铁（常称为磁子）。通常由于这些磁子的无序取向而使物质不呈现宏观的磁性。若将 1mol 的这种化合物置于外磁场 H 下，则样品中磁子作有序取向而产生宏观磁矩 M。这种所谓的摩尔磁化强度 M 和外场 H 的关系为：

$$\partial M = \chi \partial H \tag{6-1}$$

其中 χ 称为摩尔磁化率。对于磁性间没有相互作用的理想体系，其净宏观磁矩由下式表示：

$$M = \chi H \tag{6-2}$$

从经典力学来看，能量为 E 的体系在外场的微扰下，其摩尔磁化强度可以表示为：

$$M = -\frac{\partial E}{\partial H} \tag{6-3}$$

根据磁性物质中自旋的不同取向，可以将磁性物质分为顺磁体（paramagnet），铁磁体（ferromagnet），反铁体（antiferromagnet），亚铁磁体（ferrimagnet），倾斜铁磁体（canted ferromagnet）等。

（2）磁性功能配合物材料

磁性功能配合物以多金属中心的配合物为主。要使分子具有磁性，金属离子必须形成三维空间的网状结构，并通过桥联配体使金属之间的相互作用力得到适当的调节。与基于有机化合物的磁性分子比较，用金属配合物来得到分子磁体有很多优势，不同金属离子可提供不同的配位数，并因此可以形成不同的构型，这使得金属之间更容易形成三维空间的网状结构。此外，过渡金属的自旋量子数范围为 $S=1/2\sim5/2$，稀土金属自旋量子数更可以达到 $S=7/2$，更加容易利用这一特性来控制整个分子的磁性。目前配合物磁性材料的研究主要集中在如下几个方面：

① 电荷转移配合物，其中基于多腈配体的金属配合物，在这方面具有较广泛的应用。第一个分子磁体就是多腈配体 TCNE 与 $FeCp_2^*$ 所形成的离子盐，T_c 为 4.8K，为铁磁体。早在 1979 年 Miller 就合成了偏铁磁体 $[FeCp_2^*]^+[TCNQ]^-$ 离子盐，它的磁性强烈地受到外磁场的影响，当外加磁场强到一定程度时，其自旋就会定向排列而呈铁磁性。

② 金属骨架一维结构功能配合物磁体，这种线型的磁体分子称为单链磁体 SCMs(single-chain magnets)，通过将金属中心桥联起来的配体来达成磁相互作用。例如由 Mn(Ⅲ) 与 salen 型配体和 Co(Ⅱ) 与吡啶所组成的线型分子链是非常典型的一种 SCM(图6-6)，在线型结构中 Mn—ON—Ni—NO—Mn—O_2 作为重复的单元，整个链的长度可达 140nm，每条单链在晶体空间中是彼此隔开的，并且具有独立的磁性。

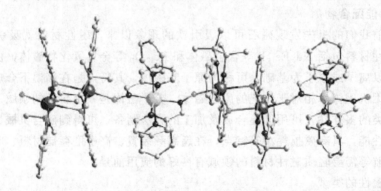

图 6-6 线型磁性分子示意图

③ 自旋交叉配合物也是分子磁体研究的一个重要领域。过渡金属配合物的自旋交叉(spin crossover) 双稳态现象是指具有 $3d^4\sim3d^7$ 电子结构的中心过渡金属离子配合物在适当强度的配位场中，由于温度或光照等外界微扰而引起轨道电子的重新排布，从而产生高低自旋的转变现象。已报道的自旋交叉配合物绝大部分是热激发自旋交叉配合物，例如 $Fe(NCS)_2(bipy)_2$ 在低于 212K 时处于低自旋态，在温度高于 212K 时处于高自旋态。目前发现的热激发自旋交叉体系的临界温度 T_c 绝大多数在 200K 左右。要使该体系成为真正可以应用的材料，体系的 T_c 必须在常温附近，且化合物还必须具有一定的强度和稳定性。

④ 配合物单分子磁体。单分子磁体具有量子隧道磁化效应和量子干涉效应等独特性质，使它们有可能在量子计算机等多方面得到广泛的应用。从能量的角度考虑，如果一个分子在翻转磁矩方向上有一定的势能壁垒，那么这种分子就是一种单分子磁体。若进行磁性测量，单分子磁体在某一温度、外磁场作用下，磁化强度对外场的曲线会出现磁滞回线。低温下显示明显的量子隧道磁化效应(quantum tunneling of magnetization)，交流磁化率虚部的最大值随频率变化而变化，表现出超顺磁性。

目前所发现的 SMM 主要有如下几类。①Mn_{12} 和 Mn_4 离子簇，如 $[Mn_{12}O_{12}(O_2CMe)_{16}(H_2O)_4]$ 和

$[Mn_4O_3Cl(O_2CMe)_3(dbm)_3]$（$dbm^-$＝二苯甲酰甲烷阴离子）（图 6-7）。②$Fe_8$ 离子簇 $[Fe_8O_2(OH)_{12}(tacn)_6]^{8+}$（tacn＝1,4,7-三氮杂环壬烷），$Fe_{19}$ 是目前 Fe 簇单分子磁体中基态自旋最大的单分子磁体（图 6-8）。③V_4 离子簇，如$[V_4O_2(O_2CEt)_7(bpy)_2]ClO_4$，这些单分子磁体呈现磁弛豫效应的温度都很低（小于 10K），使其应用受到很大限制，要提高这一温度，必须增大分子磁矩反转的势垒，这就要求分子基态具有更高的自旋和更大的负零场分裂，此外，还要保证在工作温度下只有高自旋基态有热布居。

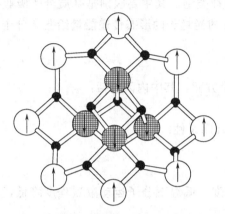

图 6-7　Mn_{12} 结构简图

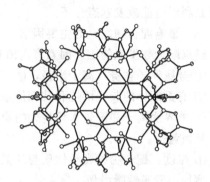

图 6-8　Fe_{19} 结构图

6.1.3　发光功能配合物

无机发光物质大多集中在稀土、外层电子排布为 d^{10} 和 d^8 等过渡金属化合物及其配合物上，其发光机理大致有两种，其中一类是金属离子本身可以发光的配合物，如稀土、低价 d^{10} 和 d^8 金属离子及其化合物，它们与电子接受体配体作用形成了发光强度大、寿命长的荧光物质，这些配合物具有大环结构和共轭体系，同时 d^{10} 和 d^8 高价大体积金属离子（Pb^{4+}、Pt^{2+}、Au^+）等可以形成 M—M 键，电子通过 d-d 跃迁产生 MC 电荷转移跃迁而表现出较好的光学性能。

（1）功能配合物发光的基本原理

分子吸收了某一特定波长的光而达到激发态，由于激发态是一个不稳定的中间态，受激物必将通过各种途径耗散多余的能量以达到某一个稳定状态，一般都经过下述的光化学和光物理过程：辐射跃迁、无辐射跃迁、能量传递、电子转移和化学反应等。

分子吸收某特征波长的光使处于 HOMO 轨道的电子激发到 LUMO 轨道或能级更高的分子轨道，从而获得了激发态（S_1，S_2，T_1，T_2）。如果处于激发态的分子的自旋多重度 $2S+1=1$，则体系处在单重激发态，依据它们能量的高低，分别用 S_1、S_2 等来表示，绝大多数有机分子的基态是单重态，单重态基态一般用 S_0 表示。如果处于激发态的分子的自旋多重度 $2S+1=3$，则体系处在三重态，分别用 T_1、T_2 等来表示不同能量的三重激发态。光物理过程中涉及最多的是 S_0、S_1 和 T_1 这三个态。当分子吸收光后，电子从基态跃迁到激发态的某一个振动能级，紧接着振动弛豫到 S_1 的最低振动能级上，从 S_1 跃迁到 S_0 时所释放的辐射就是荧光。当分子吸收光后，电子从基态跃迁到激发态的某一个振动能级上，由于 S_1 态和 T_1 态的交叠，分子通过"系间窜越"的过程"过渡"到 T_1 态，由激发三重态的最低振动态辐射跃迁至基态的过程称为磷光过程。由于磷光过程是自旋多重度改变的跃迁，受到了自旋因子的制约，所以其跃迁速率比起荧光过程要小得多，相应的寿命也较长。

（2）发光功能配合物的分类

根据发光性质和作用机理的不同，发光材料可分为荧光和磷光材料。荧光是具有自旋多重度相同的状态间发生电子转移传递并通过辐射跃迁产生的光的基质分子，这个过程发生速度很快（$10^{-5} \sim 10^{-8}$ s），能量高，寿命短。磷光是自旋多重度不同的状态之间禁阻跃迁并通过辐射跃迁回到基态的分子能量辐射的结果。这个过程是自旋禁阻的，和荧光相比其速率常数要小得多，时间要长，通常在 10^{-6} s 以上。根据发光材料激发态性质和发光机制不同，发光材料分为光致发光（PL）和电致发光（EL）两种类型。其主要区别是基质分子吸收能量的提供途径不同，前者是通过波长为 $200 \sim 800$ nm 的光量子的形态传递能量给基态分子，而后者是利用电能激发基态分子。

（3）影响配合物发光的主要因素

影响配合物发光的主要因素有内因和外因两个方面，其中内因包括：

① 金属离子本身（离子半径，电荷密度等）。

② 有机配体的荧光活性和共轭体系的大小以及刚柔性。

③ 外界阴离子和配位水等构成的影响。

外因包括：

① 温度：配合物的光学性质与所处环境的温度，低温下分子运动激烈程度降低，跃迁概率增加，发光性能增强。

② 溶剂：溶剂的黏度和极性对配合物发光性能的影响。

③ pH 值。

（4）过渡金属发光功能配合物

① 含 Re、Ru 和 Pt 等过渡金属发光配合物　本部分将对几种代表性的过渡金属如 Re(Ⅰ)、Ru(Ⅱ)、Pt(Ⅱ)与多联吡啶、邻菲啰啉及其衍生物形成的金属配合物的发光性质及应用进行简单介绍。Ru(Ⅱ)与 Re(Ⅰ)都具有 6 个 d 电子，Ru(Ⅱ)与联吡啶或其衍生物配体形成的配合物[如 $Ru(bpy)_3^{2+}$]是一类典型的发光配合物，有较高的量子效率，同时具有连续可逆的电化学氧化还原特性。这些性质决定了该类发光配合物具有优良的光化学和光物理性能，在光电转换、光敏化等领域有广泛的应用。1991 年，Michel Grötzel 等人提出高比表面积的纳米多孔 TiO_2 膜作为半导体电极，以顺式二（异硫氰酸根）二（$4,4'$-二羧酸根-$2,2'$-联吡啶）合 Ru(Ⅱ)（N_3 染料）配合物作为敏化剂，并选用适当的氧化还原电解质研制出一种纳米晶体光化学太阳能电池，由于 Ru(Ⅱ)配合物理想的谱学特性使得太阳能电池可以捕获 46% 的太阳光，其光电转换效率超过 7%，这是由于 N_3 染料中具有两个强配位体联吡啶，其 LUMO（π^*）能级较低，并且由于弱配位体 SCN 的 HOMO（轨道）能级较高，所以配合物的吸收波段扩展到了近红外区，从而提高了其光电转换效率。在 Pt(Ⅱ)的发光配合物中，苯基吡啶苯乙炔 Pt(Ⅱ)配合物的发光效率较高，支志明等制备了 Pt(Ⅱ)与苯乙炔类衍生物形成的发光配合物，该配合物在 CH_2Cl_2 溶液中的最大紫外吸收位于 $430 \sim 470$ nm 的范围。

② 含膦配体与 Cu(Ⅰ)和 Ag(Ⅰ)离子形成的光致发光性能配合物　许多含膦配体与 Cu^+，Ag^+ 等低价过渡金属离子形成的配合物有良好的光致发光性质，金属到配体电荷转移（MLCT）为主要跃迁转移途径，其中能够产生 M—M 金属键的配合物容易通过 MC 电子传输途径而发光。2000 年，Chi-min Che 和 Zhong Mao 等人合成了[$Cu_2(dcpm)_2$]$(ClO_4)_2$ 和 [$Cu_2(dcpm)_2(CH_3CN)_2$]$(ClO_4)_2$ 两种配合物并详细研究了它们的光学性质（图 6-9）。

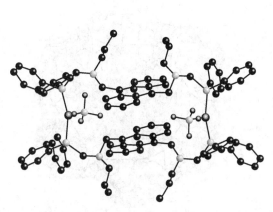

图 6-9　Zhong Mao 等人合成的双核铜（Ⅰ）结构图

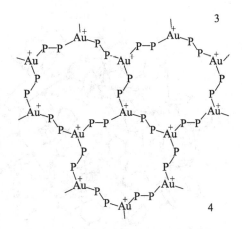

图 6-10　Brandys 合成的二维金网络

Marie-Claude Brandys等人成功合成了如图 6-10 所示的（AuPP）$_6$ 结构单元，由此可以形成六核金的大环二维网状配合物，其中 Au(pp)$^{3+}$ 的结构单元中，金为三配位，此配合物中没有 Au—Au 金属键。

　　③ 含有金属-金属成键的发光功能配合物　自从 F. A. 科顿在 20 世纪 60 年代发现 [Re$_2$Cl$_8$]$^{2-}$ 中的金属-金属多重键以来，由于其结构上的多样性和良好的物理化学性质，双金属及多金属中心成键的化合物与材料就越来越受到化学家、物理学家和材料科学家的重视。2002 年，R. Eisenberg 利用含 S、P 有机配体与 AuCl(SMe$_2$) 组装合成 Au$_2${S$_2$P(OMe)$_2$}$_2$双核金构筑单元，通过 Au—Au 键作用连接的一维无限连状具有发光性质的分子导线（图 6-11）。2003 年，R. Eisenberg 利用含硫脲嘧啶和 dppm 有机配体与不同的Au(Ⅰ)盐组装出一维螺旋管状分子导线，通过金属-金属成键连接成的螺旋状分子，有趣的是该一维分子导线具有摩擦发光的性质。

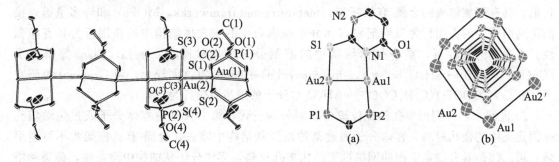

图 6-11　R. Eisenberg 利用含 S、P 配体与 Au（Ⅰ）组装的螺旋状一维发光分子导线

　　2005 年，于澍燕合成出了全金属骨架超分子大环化合物。在金-金相互作用的推动下，非手性的分子砖块可以自组装形成由十六个金原子连续键合的手性大环，并发出很强的绿色磷光（图 6-12）。值得注意的是，手性自组装过程是由配位先形成非手性的单体，然后单体通过金-金相互作用形成不对称的二聚体，最后结晶形成手性四聚体大环，其晶体以 70% 以上的优势选择同一种手性。通过三个非手性的双齿螯合配体与六个 Au(Ⅰ) 在溶液中自组装，可得到一个拥有超分子手性（Δ-或 Λ-构型）的配位于同心三角平面 Au$_6$ 簇核的手性结构单体；然后在溶液中由三个 Δ-Au$_6$ 与三个 Λ-Au$_6$ 自组装得到一个外消旋的 Au$_{36}$ 六聚体大环，其相对分子质量达到 2 万。这个杂手性自组装的 Au$_{36}$ 纳米大环的半径达 2.19nm，周长达

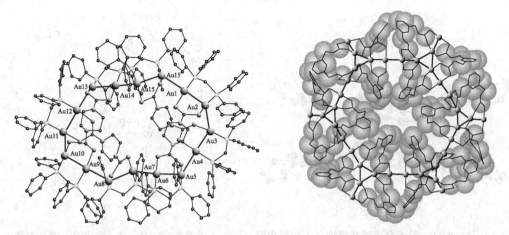

图 6-12   自组装全金属骨架超分子金十六手性发光大环和发光金三十六大环结构图

6.88nm。这种新颖的构筑全金属骨架超分子手性材料的合成方法可能为设计和制备新颖纳米结构材料与器件提供一条新的路线。

（5）电致发光功能配合物

电致发光（EL）现象是指通过加在两电极的电压产生电场，被电场激发的电子碰击发光中心，而引致电子能级的跃进、变化、复合导致发光的一种物理现象。电致发光功能配合物可以应用于有机发光二极管（OLED），它的基本原理是当元件受到直流电所衍生的顺向偏压时，外加之电压能量将驱动电子与空穴分别由阴极与阳极注入元件，当两者在传导中相遇、结合，即形成所谓的电子-空穴复合。而当化学分子受到外来能量激发后，从单重态回到基态所释放的光为荧光，进而实现了将电能转化成光能的电致发光过程。

6.1.4 功能配合物多孔材料

科学家们运用晶体工程来设计和组装晶体结构，其根本目的在于实现晶体的功能和应用价值。具有开放结构的金属-有机框架（metal-organic framworks，MOFs）和许多氢键连接的网络结构中的作用行为与溶剂和客体分子在沸石中的空穴体结构中的作用行为具有相似性。在适宜的条件下，某些晶体结构中的溶剂分子可以被除去。例如，Ciani 等研究了$[Cu(bpe)(SO_4)] \cdot 5H_2O[bpe=1,2\text{-}bis(4\text{-}pyridyl)\text{-}ethane]$的脱水行为，而 Grepioni 等研究了$[Co(C_5H_4COOH)(C_5H_4COO)] \cdot 3H_2O$ 水分子的逐步脱失行为。

20 世纪末，人们把多孔的配位聚合物划分为三代，第一代是由客体分子通过包结填充来固定支撑的微孔材料，客体分子通过某种途径从结构中除去，金属-有机框架将不可逆坍塌；第二代是具有稳定牢固的网络框架结构多孔材料，客体分子从结构中除去时，该类网络框架结构仍然保持原有结构不变；第三代是柔性和动态的框架结构，伴随着客体分子的除去和回复存在着可逆的结构变化。

多孔配位聚合物的典型代表如图 6-13 所示。Yaghi 等利用 $Zn(\mu\text{-}O)(COO)_6$ 基元作为网络的结点，通过改变连接棒配体的长度得到孔洞大小不同但都是呈现永久孔道特点的多孔材料。

在第三代多孔材料的结构中，配位聚合物通过配位作用和弱作用力结合成具有柔性的多孔特性。动态的多孔特性在客体包结储存、气体吸附、有机催化和分子磁体等方面有潜在应用，该类功能配合物材料被认为是具有应用前景的新型材料。Ferey 等人利用对苯二甲酸与$Cr(NO_3)_2$反应得到首例具有三维结构$Cr(II)$的二羧酸配位聚合物，该配合物中存在一维平

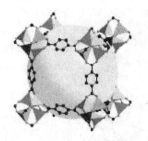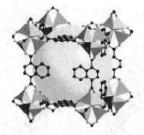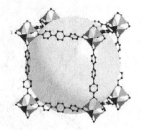

图 6-13　第二代多孔配位聚合物

行四边形通道，通道在客体分子如水的作用下会发生变化，当水进入通道与有机配体形成氢键时，通道变小、晶体结构发生重构。第三代多孔配位聚合物的研究发展迅速，具有光、电、磁、热和催化等理化响应的动态结构多孔配位聚合物已经报道出来。

6.1.5　功能配合物在其他方面的应用

（1）分子器件与分子机器

分子机器（或分子发动机）是将能量转变为可控运动的一类分子器件。它们是多组分体系，其中某些部分不动，而另一些部分提供"燃料"后可以连续运动。分子发动机在自然界中很常见，人体中的分子发动机（马达蛋白）在肌肉收缩、细胞内外物质的传递过程中发挥着关键作用。采用超分子组装技术来开发超分子器件，是超分子材料研究的一个重要方面。大多数化学反应是通过混合反应物产生的热量来提供活化能而发生的。但对于分子机器来说，以热能驱动显然是不容易操作的，使分子机器运转的能源最好是光和电。因此，选择合适的光化学或电化学驱动的反应就成了设计分子机器的一个关键步骤。化学分子的运动通常是绕着单键的转动，通过化学、光、电信号可以控制这类运动的方向，据此有可能设计出分子齿轮、分子梭、分子旋转栅门、分子刹车或分子开关等多种分子机器。近十年来国际上开始了这方面的研究，已有不少新的研究成果。

分子器件将可能取代现今的以无机材料为主的微电子器件，它的优点是尺寸极小、材料来源丰富、容易制备、成本低。它必须具备以下几个条件：①应含有光、电或者离子活性功能基；②必须有特定需要组装成器件，大量的组件有序排列能形成信息处理的超分子体系；③输出信号必须容易检测。分子器件主要研究包括分子导线、分子开关、分子整流器、分子储存器、分子电路和分子发动机等。

分子开关是具有双稳态的量子化体系，当外界光电热磁酸碱度等条件发生变化时，分子的形状、化学键的断裂或者生成、振动以及旋转等性质会随之变化。通过这些几何和化学的变化，能实现信息传输的开关功能。分子开关的触发条件有能量和电子转移、质子转移、构相变化、光致变色和超分子自组装等。由联吡啶构成的穴醚与 Eu(Ⅲ) 形成的穴合物有光转换功能，能增强 Eu(Ⅲ) 对紫外光的吸收，并转换成荧光进行发射（图 6-14）。Eu(Ⅲ) 和 Tb(Ⅲ) 的穴合物的能量转换功能为在水溶液中发展具有长发射和长寿命的分子器件开辟了道路。

（2）有机金属"自组装酶"

"自组装酶"的概念，包括利用各种分子间相互作用，将分子组分自组装形成"分子烧瓶"、"分子容器"类微反应空间，并且在这些自组装体系有限的微空间内，可进行高选择性、高效率的特征分子反应。如：1991 年诺贝尔化学奖获得者 Cram 利用半囚醚腔，用吡喃酮光解合成出极度不稳定的环丁二烯等活泼物质。

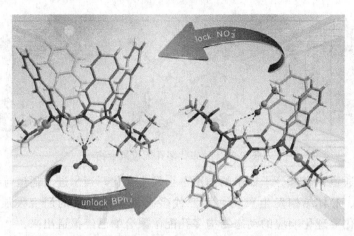

图 6-14　阴离子诱导的胶囊状分子开关

① 基于功能有机新配体设计组装的有机-金属"自组装酶"　20 世纪 80 年代，由于主客体化学的发展，一些共价合成的笼状结构有机分子主体被用作分子容器和分子反应器。这些人工合成的分子筛型笼状分子主体由于具有孤立的内空间，可以通过空间和电荷互补作用，包容客体分子，甚至可以永久囚禁客体分子，通过限制客体分子运动的自由度从而提高分子间碰撞反应的机会和控制分子间反应的取向，也可以稳定中间体和储存活泼物质。

各种尺寸、形状和功能的容器超分子体系通过氢键、静电作用、芳香作用、金属配位、范德华引力等弱相互作用自组装形成，并被应用于分子反应器。美国 Julius Rebek Jr. 首先发现在其氢键自组装的有机"网球"内可以加速一些有机反应，因为包容在"软球"内的两个分子催化双分子反应的机会得到提高，在 Diels-Alder 反应中观察到速率提高近 200 倍。Rebek 自组装的有机纳米容器储存活泼的过氧化物，可在室温下储存数周，然而通常 3h 左右就会分解。Fujita 利用配位键自组装出八面体超分子金属有机笼作为分子反应器，得到特殊的 Diels-Alder 加成反应产物。2010 年，Chad. Mirkin 利用柔性含 S、P 配位原子的对称性配体与[Rh(cod)Cl]$_2$组装出三层可折叠的超分子催化剂，对环庚内酯进行催化聚合成高分子酯。由此看来，在自组装"超分子有机金属自组装酶"内，可能发展出全新的合成化学来。

虽然自组装的金属有机纳米容器体系已有不少问世，但是目前主要停留在自组装和结构研究的层次，还存在着尺寸不够大，对酸碱、氧化还原或热的稳定性不够高等一些缺陷，因而极少被成功用于反应与组装等研究。

② 基于功能有机新配体设计组装的有机-金属手性胶囊状"自组装酶"　正如超分子化学之父诺贝尔化学奖获得者 Lehn 所指出的，超分子手性的研究对于理解地球上或生物体系中手性的起源具有重大意义。特别是由非手性的分子组分通过自组装构筑具有超分子手性的功能材料的研究已经成为当前科学和工程技术的热点之一。Raymond 利用酰胺邻苯二酚与金属离子组装手性四面体笼状超分子反应器，在此超分子反应器中通过酸碱性的调节实现催化酸解碳酸酯化合物的目的。于澍燕利用多联萘并咪唑功能有机配体与 Pd(Ⅱ)、Pt(Ⅱ)等金属矢量在水中自组装得到催化活性的超分子胶囊状"自组装酶"，通过改变金属矢量与萘并咪唑配体的比例和反应温度、溶剂等可以得到不同纳米尺寸的有机金属杯芳烃。由于连接萘并咪唑的亚甲基可扭曲旋转，该有机金属杯芳烃存在构型互变。超分子胶囊状的"自组装酶"在水溶液中咪唑 2-位碳原子上质子与 NO_3^-，PF_6^- 等通过 C---H---X 作用键合识别阴离

子。特别是在阴离子主客体作用的诱导下，可以实现构型互变，从而对阴离子进行包结识别。

综上所述，无机和有机分子功能相结合的"功能配合物"的研究是一个与材料和信息科学密切相关，具有重要应用前景的领域。相信随着人们的进一步研究，功能配合物必将发挥越来越大的作用，为功能材料领域增添更多的色彩。

6.2　配合物在生物医药领域中的应用

6.2.1　配合物在生物方面的应用

金属配合物在生物化学中的应用非常广泛，而且极为重要。许多酶的作用与其结构中含有配位的金属离子有关。许多重要的生命过程，如氮的固定、光合作用、氧的输送及储存、能量转换等常与金属离子和有机体生成复杂的配合物所起的作用有关。例如，在动物体内，与呼吸作用密切相关的血红素是铁的一种配合物；作为植物光合作用催化剂的叶绿素是镁的一种配合物；对人体有着重要作用的维生素 B_{12} 是钴的一种配合物。下面将介绍几类生物体中重要的金属酶和金属蛋白，并对金属配合物与重要的生物大分子核酸之间的相互作用进行概述。

（1）几类重要的金属酶和金属蛋白

生物体中无机金属离子的普遍存在形式之一就是它们与蛋白质及其组分氨基酸所形成的配合物。以酶来说，约有 1/3 的酶必须有金属离子的参与才显活性，它们在各种重要的生化过程中完成着专一的催化功能，统称为金属酶（metalloenzyme）。还有一类酶虽然它本身不含金属，但必须有金属离子存在时才具有活力，这类酶称为金属激活酶（metal-activated enzyme）。目前研究比较多的金属酶有含铁酶、含铜酶、含锌酶及含钼酶等。除此之外，还存在另一类金属与蛋白质形成的配合物，它们的主要作用并不表现于催化某个生化过程，而是完成体内特定的生物功能，例如血红蛋白能在血液中传递氧分子；铁蛋白在肝脏中起着储存铁的作用等。这类生物活性物质通常统称为金属蛋白（metalloprotein）。金属酶和金属蛋白在性质上并无根本差别，在功能上的差异也是相对的。比如蓝胞浆素是一种能够储存和运输铜的金属蛋白，但它也能催化血浆中亚铁离子的氧化。因此，有时对金属酶和金属蛋白也不做严格区分。

① 含铁蛋白和含铁酶　铁是人体内含量最丰富的过渡金属元素，是人体必需微量元素之一。铁在人体内分布很广，其中大部分铁是以血红蛋白和肌红蛋白的形式存在于血液和肌肉组织中，其余与各种蛋白质和酶结合，分布在肝、骨髓和脾脏内。铁在哺育动物体内约有70%是以卟啉配合物的形式存在。

血红蛋白和肌红蛋白都是以 Fe(Ⅱ)血红素配合物为辅基的蛋白质，依靠血红素辅基，它们与氧气可逆结合。所谓血红素（heme）是一种类铁卟啉配合物（图 6-15），它是血红蛋白、肌红蛋白和细胞色素 c 中的辅基组成部分。血红蛋白与肌红蛋白均可作为氧载体，二者在结构、功能、载氧特性上既有很大的相似性，也有很多的不同。

a. 肌红蛋白　肌红蛋白（myoglobin, Mb）是由含 152 个残基的单一多肽链（珠蛋白）和血红素组成，其相对分子质量为 17500。肌红蛋白的螺旋结构如图 6-16 所示。肌红蛋白的三级结构是由 8 条 α 螺旋组成的，螺旋之间通过一些片断连接。肌红蛋白的内部几乎都是由疏水性氨基酸组成的，如缬氨酸、亮氨酸、异亮氨酸、苯丙氨酸及蛋氨酸等。而表面既含有

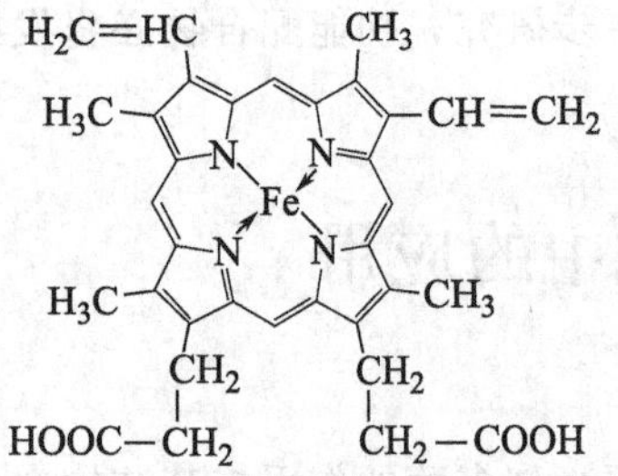

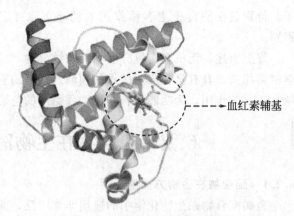

图 6-15　血红素的结构

图 6-16　肌红蛋白螺旋构象图

亲水性的氨基酸残基，也含有疏水性的氨基酸残基。血红素辅基处于由 4 条 α 螺旋组成的疏水性空穴中，血红素中的铁原子是氧结合部位。这种构象非常有利于运输和储存氧，同时也能使血红素保持稳定。但是过量运动、劳累、空气污染、吸烟、农药等会使体内产生过量的自由基，将可能导致人体正常细胞和组织的损伤。肌红蛋白是富氧链蛋白，更容易遭到自由基的攻击。人体在遭到自由基攻击后会引发多种疾病，如心脏病、老年痴呆、帕金森症和肿瘤等，这些疾病与肌红蛋白被氧化存在密切的关系。无氧的肌红蛋白称为脱氧肌红蛋白，而载氧的分子称为氧合肌红蛋白，可逆结合氧的过程称为氧合作用。肌红蛋白存在于肌肉中，特别是心肌中含量非常丰富，其生物功能是为肌肉组织储存氧，以供细胞呼吸的需要。

　　b. 血红蛋白　血红蛋白（hemoglobin, Hb）是高等生物体内负责运载氧的一种蛋白质，它是由珠蛋白、原卟啉和 Fe^{2+} 组成的结合蛋白质。血红蛋白存在于血液的红细胞中，是使血液呈红色的蛋白。血红蛋白由两两相同的 4 个蛋白质亚基组成，通常表示为 $\alpha_2\beta_2$。4 个亚基之间通过静电、氢键和疏水作用等方式连接在一起（图 6-17）。血红蛋白的每个亚基由一条肽链和一个血红素分子构成，肽链在生理条件下会盘绕折叠成球形，把血红素分子包在里面。在没有氧存在时，血红蛋白的四个亚基之间相互作用力很强；氧分子越多与血红蛋白结合力

图 6-17　血红蛋白的结构

越强。血红蛋白中 Fe^{2+} 能可逆地结合氧分子，它能从氧分压较高的肺泡中摄取氧，并随着血液循环把氧气释放到氧分压较低的组织中去，从而起到输氧作用。一氧化碳与血红蛋白的亲和力比氧高 200～300 倍，所以一氧化碳极易与血红蛋白结合，致使血红蛋白丧失载氧的能力和作用，造成一氧化碳中毒。德国波恩大学的科学家最近发现了一种罕见的血红蛋白——波恩血红蛋白。这种新发现的血红蛋白只能运载很少量的氧，因此血氧含量测量结果与遗传性心脏疾病患者的结果类似。用这种血红蛋白检测血氧含量容易对患者病情造成误诊，但同时这种血红蛋白的发现也为进一步准确判断低氧血症是否存在提供了新思路。

② 含铜蛋白和含铜酶　铜是人体必需的微量元素，在体内的含量仅次于铁和锌，广泛地分布于人体组织器官中，其中在肝脏、肾脏、心脏、头发和大脑中的铜含量最高。铜在生物体中以铜蛋白和铜酶的形式存在并发挥生物作用。铜蛋白和铜酶涉及生物体内的电子传递、氧化还原、氧分子的运输及活化等过程。根据铜蛋白和铜酶的吸收光谱性质的不同，将其分为Ⅰ型、Ⅱ型和Ⅲ型铜蛋白。含有Ⅰ型铜的铜蛋白在可见光的 600nm 附近有强吸收峰而显蓝色。Ⅰ型铜处于畸变四面体的配位环境中，为顺磁性。Ⅱ型铜对吸收光谱没有明显作用，其处于接近四方锥的配位环境，也为顺磁性。Ⅲ型铜含有两个反磁性耦合的双核铜中心，在 350 nm 处有强吸收峰。有的铜蛋白中只含有一种铜，如质体蓝素、天蓝素等；而有的铜蛋白中则同时含有多种铜，如漆酶和抗坏血酸氧化酶等。含有多种铜的蛋白被称为多铜蛋白。这里主要对超氧化物歧化酶进行介绍。

超氧化物歧化酶（superoxide dismutase，SOD）是 1938 年首次从牛红细胞中分离出来的一种蓝色的含铜蛋白，1969 年发现其具有催化超氧阴离子（O_2^-）发生歧化反应的功能。O_2^- 是一种有害的自由基，过量的 O_2^- 积累会引起细胞膜、DNA、多糖、蛋白质、脂质体等的破坏，导致各种炎症、溃疡、糖尿病、心血管病等。但 O_2^- 在 SOD 的催化作用下可以转化为 H_2O_2，然后由过氧化氢酶分解为 H_2O 和 O_2，从而消除 O_2^- 对细胞的毒害。

$$2O_2^- + 2H^+ \xrightarrow{SOD} H_2O_2 + O_2 \tag{6-4}$$

SOD 广泛存在于各类生物体内，至今为止人们已从细菌、真菌、藻类、鱼类、昆虫、植物和哺乳动物等各种生物体内分离得到了多种 SOD。根据所含金属辅基的不同，SOD 主要可以分为三类（表 6-1）：含 Cu 和 Zn 的 Cu/Zn-SOD，主要存在于真核细胞的细胞质中；含 Mn 的 Mn-SOD，存在于真核细胞的线粒体和原核细胞中；含 Fe 的 Fe-SOD，只存在于原核细胞中。除了以上三种主要的 SOD 之外，人们还发现了一些新型的 SOD，如含 Ni 的 Ni-SOD，含 Fe 和 Zn 的 Fe/Zn-SOD，含 Co 和 Zn 的 Co/Zn-SOD 等。

表 6-1　三类主要的 SOD 及其性质

SOD 类型	分子结构	颜色	吸收峰/nm	分子构象	主要分布
Cu/Zn-SOD	二聚或四聚体	蓝绿色	260,680	β-折叠	真核细胞细胞质
Mn-SOD	二聚或四聚体	粉红色	280,475	α-螺旋	原核和真核细胞线粒体
Fe-SOD	二聚或四聚体	黄色	280	α-螺旋	原核细胞

从牛红细胞中提取的 SOD 的相对分子质量为 31400，由两个相同的亚基组成，每个亚基含有 151 个氨基酸残基、1 个铜离子和 1 个锌离子，两个亚基之间主要通过非共价键的疏水作用缔合在一起。图 6-18 为牛红细胞的 Cu/Zn-SOD 及其活性中心结构。由图可见，Cu/Zn-SOD 的活性中心是一个杂双核铜锌配合物，铜离子和锌离子通过 His-61 的咪唑基桥联。与铜离子配位的配体有 4 个组氨酸（His-44、His-46、His-116 和提供咪唑桥基的His-61）和 1 个水分子，其构型为畸变四方锥形。锌离子的配位环境则为 3 个组氨酸（His-65、His-78 和提供咪唑桥基的 His-61）和 1 个天冬氨酸的羧基（Asp-81），其构型为畸变四面体。酶中的铜离子和锌离子均可用渗析法方便地除去而获得非活性的酶蛋白。通过采用金属离子置换法对 Cu/Zn-SOD 进行研究，发现铜离子和锌离子在酶中所起的作用不同。当除去或以其他金属离子取代 SOD 活性中心结构中的锌离子时，SOD 仍然保持较高的

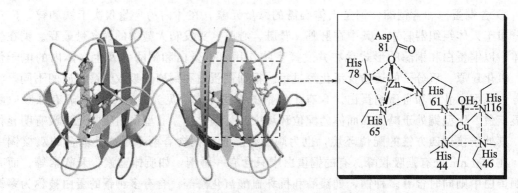

图 6-18　牛红细胞的超氧化物歧化酶及其活性中心的结构

活性，但是当铜离子被除去或以其他金属离子取代时，则酶的活性几乎丧失，这表明铜离子是 Cu/Zn-SOD 具有活性不可或缺的因素。那么在 Cu/Zn-SOD 中的锌离子究竟起什么作用呢？目前人们对这一问题还没有一个很明确的答案。锌离子的作用有以下几种可能：一是与超氧阴离子歧化反应过程中的咪唑桥的断裂、重新形成有关；二是锌离子参与了电场梯度的建立，使超氧阴离子能够顺利地进入到发生歧化反应的铜部位；另外一种可能是起到稳定蛋白结构的作用。

　　SOD 是生物体内的一种重要的氧自由基清除剂，能够平衡机体的氧自由基，从而避免当机体内超氧阴离子自由基浓度过高时引起的不良反应，在防辐射、抗衰老、消炎、抑制肿瘤和癌症、自身免疫治疗等方面显示出独特的功能，因此受到了研究者们的广泛关注，研究领域已涉及化学、生物学、医学、食品科学和畜牧医学等多个学科。

　　由于天然 SOD 自身存在的一些缺点，如提取麻烦，价格昂贵；酶分子量大，不易穿过细胞膜；在体内代谢时间短，临床使用时易引起机体排异反应而使其应用受到限制等，因此设计与合成一类既能弥补天然 SOD 的不足、又具有 SOD 催化活性的小分子化合物（SOD模拟物）的研究已成为目前的一个热门研究领域。人们期望能够人工合成出具有 Cu/Zn-SOD活性的化合物，用于保健、疾病的预防和治疗，同时模型研究将为阐明酶的结构与功能之间的关系、揭示催化作用机理提供基础和依据。

　　20 世纪 80 年代初，Lippard 等率先开展了有关 SOD 酶模拟化合物的研究工作，试图合成 Cu/Zn 异核模拟配合物，但未能成功，仅得到一系列咪唑多核铜配合物。1987 年，南京大学罗勤慧等在国内首次报道双核咪唑桥联铜配合物具有较高的 SOD 活性。目前报道的咪唑基桥联的 Cu/Zn 异双核模拟配合物的例子还比较少，图 6-19 所示为一些具代表性的有较高活性的 Cu/Zn-SOD 模拟配合物。

　　③ 含锌蛋白和含锌酶　锌是生物体所必需的微量元素，它在人体内的含量仅次于铁，由于其在体内广泛的生理生化功能而被称为"生命元素"。锌是人体内许多酶、蛋白质和核酸的组分，它在人体内的作用是通过多种含锌酶来实现的。目前已知有 200 多种含锌的金属酶，有 300 多种酶的活性与锌有关。

　　碳酸酐酶（carbonic anhydrase）是于 1940 年发现的第一个锌酶，也是最重要的锌酶。它广泛分布在动物的上皮细胞、胃黏膜、胰腺、红细胞和中枢神经等组织中，在植物、微生物体内也存在。碳酸酐酶是红细胞的主要蛋白质成分之一，在红细胞中的含量仅次于血红蛋白。碳酸酐酶最重要的生理功能是催化体内代谢产生的 CO_2 水合及 HCO_3^- 的脱水解离。碳酸酐酶是迄今为止催化效率最高的酶，其催化 CO_2 水合反应的速率常数比非酶催化反应高 4 个数量级。

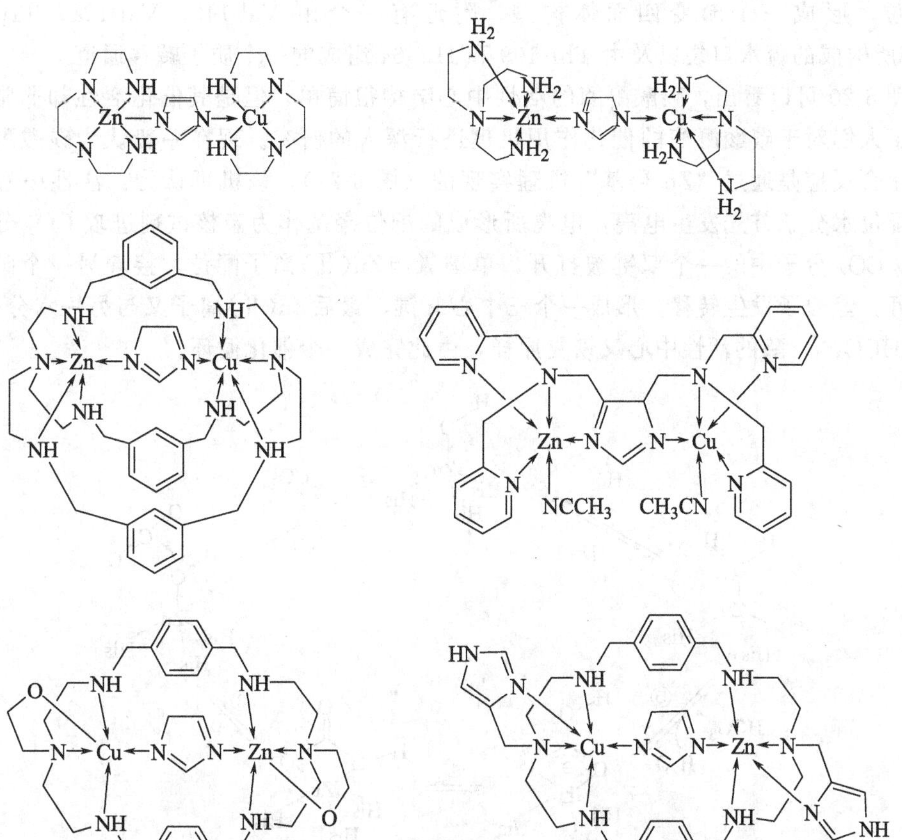

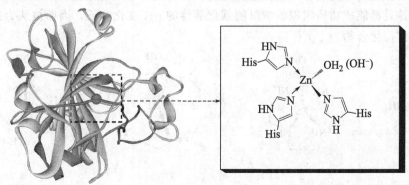

图 6-19　咪唑桥联异核 Cu/Zn-SOD 模拟配合物结构示意图

$$CO_2 + H_2O \Longrightarrow HCO_3^- + H^+ \tag{6-5}$$

　　存在于人体内的碳酸酐酶有 A、B、C 三种形式，碳酸酐酶 A 存在于肌肉组织中，碳酸酐酶 B 和碳酸酐酶 C 存在于血液的红细胞中。这三种碳酸酐酶的结构有所不同，但催化同一反应，具有相同的生理功能，故互称为"同功酶"。它们都是由一条肽链与一个 $Zn(II)$ 离子组成，$Zn(II)$ 离子是维持酶活性所必需的辅基，它与多条肽链以配位键牢固结合。图6-20为人红细胞碳酸酐酶 II 及其活性中心的结构。活性中心含有一个 $Zn(II)$ 离子，它分别与三个组氨酸残基（His-94、His-96 和 His-119）的咪唑氮原子及一个水分子或氢氧根离子的氧

图 6-20　人红细胞碳酸酐酶 II 及其活性中心的结构

原子配位，形成一个畸变四面体构型。附近有一个由 Val-143、Val-121、Trp-209 和 Leu-198所构成的疏水口袋以及由 Thr-199 和 His-64 组成的一个质子转移通道。

从图 6-20 可以看出，碳酸酐酶的活性中心结构很简单，但是其催化活性却非常高，由此激发了人们对于碳酸酐酶的催化作用机理进行深入的研究。现在一般认为碳酸酐酶催化 CO_2 的水合反应是通过"Zn-羟基"机理实现的（图 6-21）。该机理认为：活性中心 Zn(Ⅱ) 离子的配位水分子首先发生电离，电离所形成的配位羟基作为亲核试剂进攻 CO_2 分子中的碳原子，CO_2 分子中的一个双键被打开，单键氧与 Zn(Ⅱ) 离子配位，接着另一个碳氧双键也被打开，氢原子发生转移，形成一个三中心 π 键，最后Zn(Ⅱ)离子又与另一水分子配位，并脱去 HCO_3^-，酶的活性中心又恢复原样，由此完成一个催化循环。

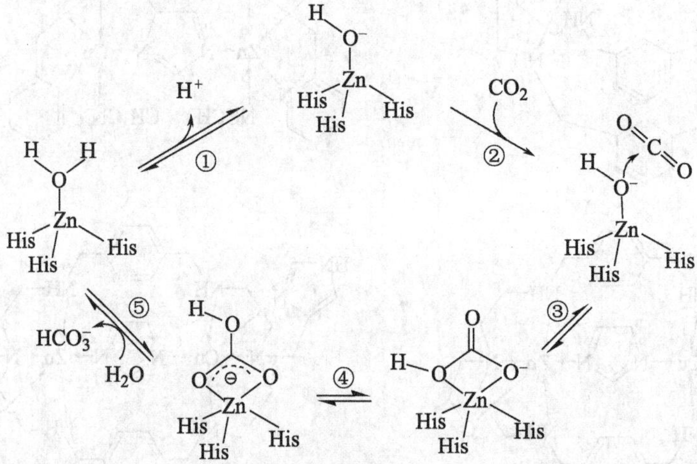

图 6-21　碳酸酐酶催化 CO_2 的水合反应机理示意图

基于对碳酸酐酶活性中心的认识，人们设计、合成了多种四或五配位的Zn(Ⅱ)配合物以模拟碳酸酐酶，并研究了它们对 CO_2 水合反应的催化作用。图 6-22 列举了四个典型的碳酸酐酶模拟配合物的结构。配合物 1～4 与碳酸酐酶活性中心结构相似，均为 H_2O 键合的 Zn(Ⅱ)配合物，各键合 H_2O 分子的 pK_a 分别为 7.3、8.0、8.3 和 8.7。配合物 1 的 pK_a 为 7.3，与碳酸酐酶的 pK_a 值非常接近，该配合物催化 CO_2 水合反应的速率常数为 654L/(mol·s)。配合物 2 为五配位的四方锥构型，具有极高的稳定常数（$lg\beta$ 为 23.5），其催化 CO_2 水合反应的速率常数达到3300L/(mol·s)（约为碳酸酐酶Ⅲ的1/3），是目前所报道的具有最高催化活性的碳酸酐酶模拟配合物。配合物 1 和 2 在结构与性质上均与碳酸酐酶非常相似，并且都能成功地模拟碳酸酐酶催化活性的 pH 变化特征，因而被认为是目前最好的碳酸酐酶模拟化合物。

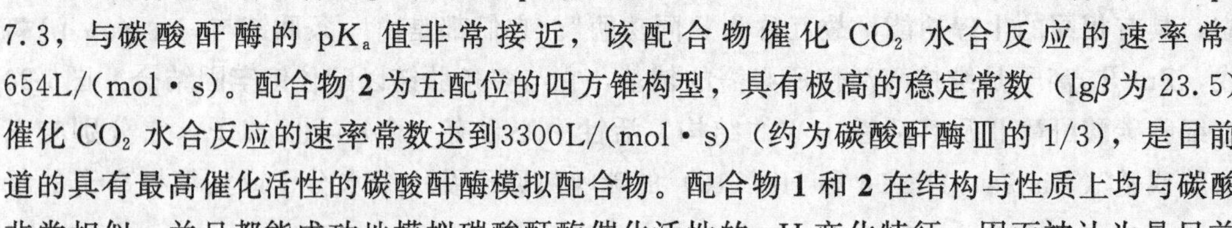

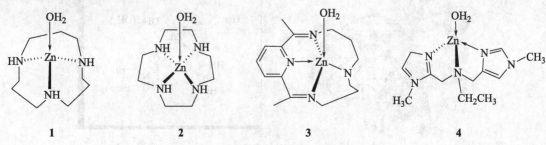

图 6-22　几个典型的碳酸酐酶模拟配合物

④ 含钼酶　生物体内的微量元素如 Fe、Cu、Zn 等主要是第一过渡系元素，Mo 是唯一的第二过渡系元素。钼在生物体内的含量虽然不高，但是涉及含钼酶的催化反应却不少。含钼酶主要分为两类，一类为固氮酶，另一类为钼氧转移酶，后者包括黄嘌呤氧化酶、亚硫酸盐氧化酶、硝酸盐还原酶和醛氧化酶等。钼酶的相对分子质量较大，纯化比较困难，存在状态也比较复杂，因此，与其他的金属酶或金属蛋白相比，目前人们对于含钼酶的认识还比较肤浅。这里只介绍目前研究较多的固氮酶。

生物固氮是指自然界中某些微生物利用自身体内的固氮酶（nitrogenase）在常温常压下将空气中的 N_2 转变为 NH_3 的生物化学过程［式(6-6)］。生物固氮构成了全球氮循环的基础，据估计，全球每年通过生物固氮获得氨气总量高达 1.5 亿吨，约占全球耗氨量的 50%。

$$N_2 + 8H^+ + 16MgATP + 8e \xrightarrow{\text{固氮酶}} 2NH_3 + H_2 + 16MgADP + 16Pi \qquad (6-6)$$

式中 Pi 为无机磷酸盐。

生物固氮是在固氮酶的催化作用下进行的。根据所含金属的种类，固氮酶主要可以分为三种类型，即钼固氮酶、钒固氮酶和铁固氮酶。每一类固氮酶均由两种金属蛋白组成，除铁蛋白外，还分别含有钼铁蛋白（MoFe）、钒铁蛋白（VFe）或铁铁蛋白（FeFe）。这里主要介绍最重要也是研究最多的钼固氮酶。

钼固氮酶是由铁蛋白（iron protein）和钼铁蛋白（molybdenum-iron protein）两部分组成。铁蛋白的相对分子质量约为 60000，它是由两个相同的亚基组成二聚体，两个亚基之间通过一个［4Fe-4S］原子簇桥联（图 6-23）。铁蛋白在固氮酶中负责将电子从电子供体传递给钼铁蛋白。钼铁蛋白的相对分子质量约为 220000，它是由两个 α 亚基和两个 β 亚基组成的 $\alpha_2\beta_2$ 四聚体。每个钼铁蛋白分子中含有 2 个

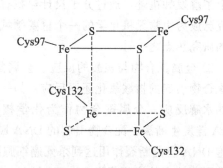

图 6-23　铁蛋白［4Fe—4S］原子簇结构示意图

Mo，24～33 个 Fe，24～27 个 S^{2-}。X 射线晶体结构分析表明，钼铁蛋白含有两个 P 簇（P-cluster）和两个铁钼辅基（FeMo-cofactor），每个 P 簇含 2 个［4Fe—4S］簇并位于 α 亚基和 β 亚基的界面，铁钼辅基埋藏在 α 亚基内，其与邻近 P 簇的距离约为 1.9nm。钼铁蛋白的生物功能是结合底物分子和催化底物还原。

关于固氮酶的催化机制国内外许多科学家进行了大量的探索研究，目前普遍接受的是 Thorneley 和 Lowe 根据固氮酶反应的动力学提出来的 Thorneley-Lowe 模型。这个模型涉及了铁蛋白和钼铁蛋白两个循环过程：a. 铁蛋白的氧化还原循环；b. 钼铁蛋白的循环。根据这个模型，固氮酶催化 N_2 还原的具体过程包括：2MgATP 与铁蛋白的结合，铁蛋白-2MgATP 与钼铁蛋白结合成复合物，ATP 的水解，复合物内发生电子传递，底物结合与还原，铁蛋白-2MgATP 复合物与钼铁蛋白的解离，2MgATP 替换出 2MgADP 又形成铁蛋白-2MgATP 复合物，如此完成一个循环。每循环一次传递一个电子，并消耗掉两分子 ATP，因此每还原一分子 N_2 生成两分子 NH_3 需要进行八次铁蛋白氧化还原循环过程（图 6-24）。

（2）金属配合物与核酸的相互作用

核酸是生物体内重要的生物大分子，是基本的遗传物质，在生长、遗传、变异等一系列重大生命现象中起决定性的作用。1969 年，金属配合物顺铂（*cis*-platin, *cis*-

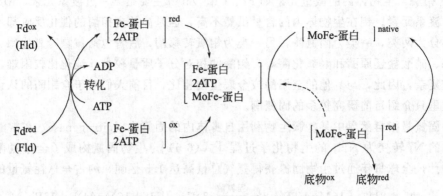

图 6-24　固氮酶氧化还原循环模型

$[Pt(NH_3)_2Cl_2]$）被发现具有抗癌活性，随后人们又研究发现顺铂在体内的作用靶点为脱氧核糖核酸（DNA），从而掀起了研究金属配合物与核酸相互作用的热潮。对金属配合物与核酸相互作用进行深入研究，有助于从分子水平上了解生命现象的本质，阐明药物分子与核酸之间的作用机理，进一步探讨分子结构与核酸作用模式及生物活性之间的关系，并从基因水平上了解发病机理，通过分子设计寻找有效的治疗药物。现在，金属配合物与核酸相互作用研究已成为生物无机化学的一个重要领域而受到了人们越来越多的关注，成为了生物无机化学的研究热点之一。

① 金属配合物与核酸的反应　金属配合物与核酸的反应可以分为以下两类：一类是金属配合物引起的核酸氧化还原反应；另一类是金属配合物中心金属与磷酸骨架配位，引起核酸的水解反应。金属配合物作为化学核酸酶通过以上两种方式与 DNA 发生反应，导致DNA 链发生断裂。配合物引起的 DNA 断裂能影响 DNA 的复制和转录，因此可以通过对癌细胞 DNA 链的断裂作用达到杀死癌细胞或阻止癌细胞复制，利用该机理可以设计高效、低毒和耐药性好的抗癌药物。

② 金属配合物与核酸的作用方式　金属配合物与核酸可以多种方式相互作用，按其作用强弱可以分为强共价作用和相对较弱的非共价作用。共价结合又称配位结合，主要是指软金属离子及其配合物如Pt(Ⅱ)、Pd(Ⅱ)、Ru(Ⅱ)与Rh(Ⅲ)等与碱基中的氮原子之间以配位方式形成共价键，结合力较强。例如，抗癌药物顺铂以及后来发展的一系列类似的铂配合物，通过中心铂原子与 DNA 链上鸟嘌呤的 N7 原子相配位结合形成各种交联加合物。非共价作用是金属配合物与核酸相互作用的重要模式，它主要是氢键、离子键、范德华力与疏水作用等，属于弱相互作用。在分子水平的生命现象中，非共价作用是一种决定性的因素，形成了核酸生物功能所需要的空间结构。

③ 金属配合物与核酸相互作用的应用　小分子金属配合物与核酸的相互作用已经在生物无机化学、理论化学及化学物理等学科与交叉学科中引起了巨大关注，成为十分活跃的前沿与交叉研究领域。金属配合物以其良好的电化学、光化学、光物理性能和丰富的谱学性质，在与核酸的作用方面已取得了瞩目的成就。这里将简要介绍金属配合物与核酸作用在DNA 结构探针、DNA 分子光开关及化学核酸酶等方面的应用，而在金属抗癌药物方面的应用将在 6.2.2 中介绍。

a.DNA 结构探针　DNA 不同构象所具有的不同结构特征使得用小分子配合物来识别DNA 二级结构成为可能。20 世纪 80 年代初，Barton 等在研究金属配合物与 DNA 作用时发

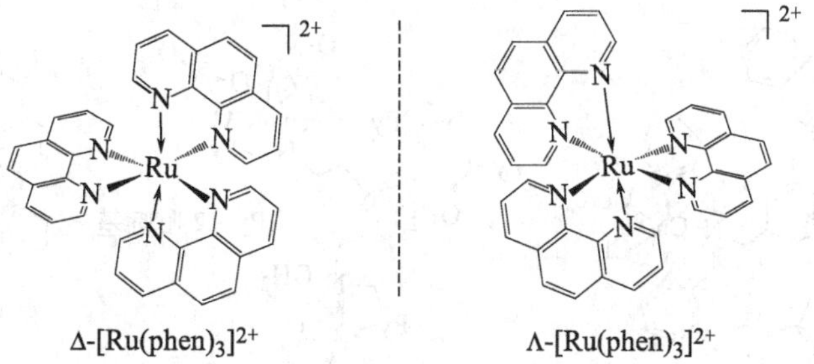

图 6-25　[Ru(phen)₃]²⁺ 的两种异构体结构示意图

现，八面体手性配合物[Ru(phen)₃]²⁺具有识别 DNA 二级结构的能力，由此开辟了用金属配合物作为 DNA 结构探针的新研究领域。[Ru(phen)₃]²⁺的结构如图 6-25 所示。当 Δ-[Ru(phen)₃]²⁺中的一个 phen 分子插入 DNA 碱基之间，另两个留在碱基外面的 phen 正好与 B-DNA 的右手螺旋在空间上相匹配，而 Λ-[Ru(phen)₃]²⁺中未插入的两个 phen 配体与 B-DNA 磷酸主链产生位阻效应，不能很好与之键合。

　　b. DNA 分子光开关　　八面体 Ru（Ⅱ）多吡啶配合物具有丰富的光化学和光物理信息，因此有可能用作 DNA 的分子光开关。如[Ru(phen)₂(dppz)]²⁺，其左右手构象的配合物都具有分子开关的性质。在寡核苷酸溶液中，Δ 构象的配合物使荧光增强的程度至少是 Λ 构象的二倍，即 Δ-[Ru(phen)₂(dppz)]²⁺更适合于做双螺旋 DNA 的分子开关，而 Λ-[Ru(phen)₂(dppz)]²⁺则相反。[Ru(bpy)₂(tpphz)]²⁺（tpphz 为四吡啶[3,2-a:2′,3′-c:3″,2″-h:2‴,3‴-j]吩嗪）与 DNA 结合后，当向其中加入过渡金属离子，如 Co²⁺，其荧光强度显著降低，而再向其中加入 EDTA 后，荧光又增强，从而显示出了明显的分子光开关的性质，并可以通过加入金属离子和配体的方法来调控光开关的开和关。相反[Ru(bpy)₂(taptp)]²⁺（taptp 为 4,5,9,18-四氮杂菲-[9,10-b]-苯并菲）则不具备这样的性质。

　　c. 化学核酸酶　　化学核酸酶是一类人工合成的、具有与天然核酸酶相同或相似生物活性的 DNA/RNA 定位断裂试剂，通常为小分子过渡金属配合物及其载体衍生物。化学核酸酶既有限制性内切酶的高度专一性，又能在人们预计的位点断裂 DNA/RNA，还具有分子小、制备简便、成本低等优点，可用于基因分离、染色体图谱分析、大片断基因的序列分析以及 DNA 定位诱变、肿瘤基因治疗与新的化学疗法的研究等领域。

　　自 1979 年 Sigma 等发现第一个具有化学核酸酶活性的配合物[Cu(phen)₂]²⁺以来，越来越多的科学家们开展了该领域的研究，并设计合成出了各种结构的金属配合物作为核酸酶模型化合物。这些金属配合物中，以氧化机理断裂核酸链的居多，但这类断裂试剂的选择性较差；水解型断裂试剂选择性较好，但活性却较低，还远远不能与天然核酸酶的活性相媲美。因此，发展高活性与高选择性的金属配合物作为核酸酶模型化合物将是今后研究的重点。由于与核酸有关的多种天然酶的活性部位含有两个或两个以上的金属离子，因此，双核或多核金属配合物作为化学核酸酶的研究引起了人们的关注。两个或多个金属离子之间可以产生协同作用，使得双核或多核金属配合物的催化活性通常比相应的单核配合物要高很多。此外，双核或多核金属中心还有利于加强对底物分子的识别和选择。图 6-26 为一些具有良好化学核酸酶活性的双核或多核金属配合物结构式。

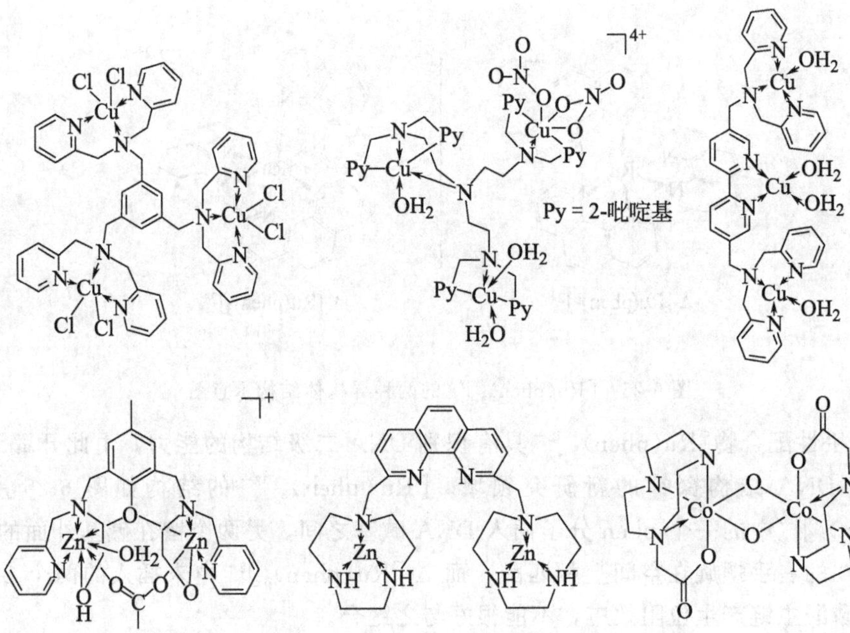

图 6-26 具有化学核酸酶活性的双核或多核金属配合物

6.2.2 配合物在医药方面的应用

(1) 金属配合物做抗癌药物

顺铂 (cisplatin, *cis*-$[Pt(NH_3)_2Cl_2$,**5**]),是第一个用于治疗癌症的金属配合物,现已成为临床应用最为广泛的抗癌药物之一,但顺铂较强的毒副作用和易产生耐药性等缺陷严重制约了其疗效和长期使用。在顺铂的基础上,人们不断探索研究疗效更好、毒性更低的新型铂类抗癌药物,目前已有多种与顺铂结构类似的铂配合物应用于临床治疗癌症,比如卡铂 (carboplatin, **6**),奥沙利铂 (oxaliplatin, **7**) 和奈达铂 (nedaplatin, **8**) 等。这些新型的铂类药物一般称为第二代铂类抗癌药物,虽然它们的毒性小于顺铂,但是它们基本上都存在与顺铂交叉耐药的缺点,在总的治疗水平上仍然没有超过顺铂。

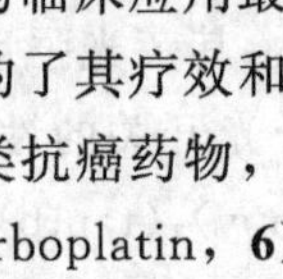

| **5** | **6** | **7** | **8** |

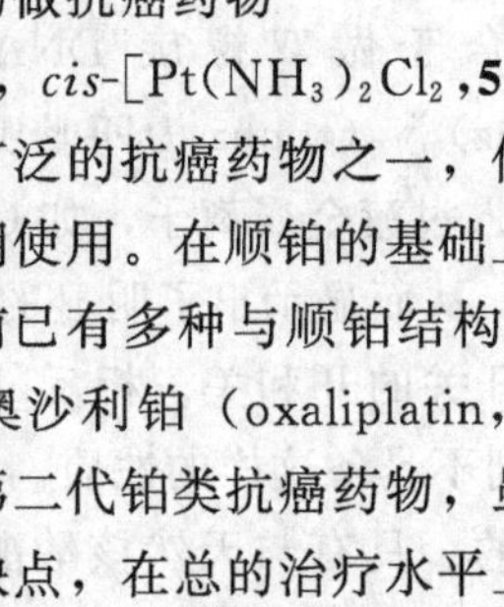

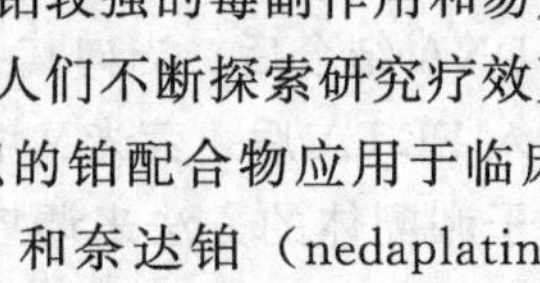

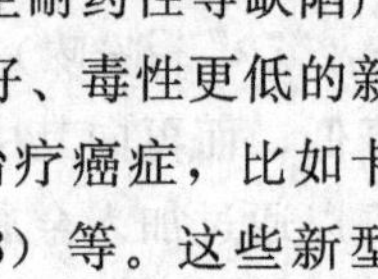

近十几年以来,为寻找抗瘤谱广,能克服顺铂耐药性的新型铂类抗癌药物,人们在对肿瘤细胞产生耐药性的机理深入了解的基础上,突破顺铂、卡铂的经典结构模式,设计合成了大量不同于原来构效关系的非经典铂类抗癌药物。其中研究较多的非经典铂类抗癌药物有多核铂配合物及铂(Ⅳ) 配合物等。三核铂配合物 BBR3464 (**9**) 已于 1998 年进入一期临床试验,研究表明,该配合物与顺铂无交叉耐药,抗瘤活性比顺铂和双核铂配合物更高,而剂量只需顺铂的 1/10。第一个进入临床验证的铂(Ⅳ) 配合物为 JM216(**10**)。该配合物对人子宫颈癌、小细胞肺癌和卵巢癌的活性强于顺铂,且与顺铂无交叉耐药性。目前在加拿大进行子

宫颈癌的 II 期临床，在欧洲和美国进行卵巢癌、小细胞肺癌和非小细胞肺癌的 III 期临床。

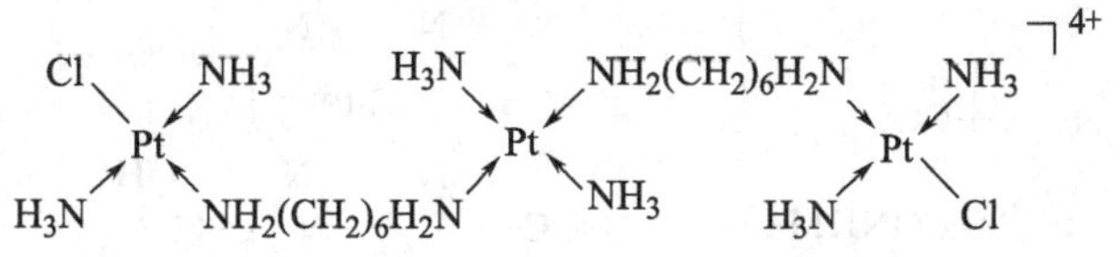

9 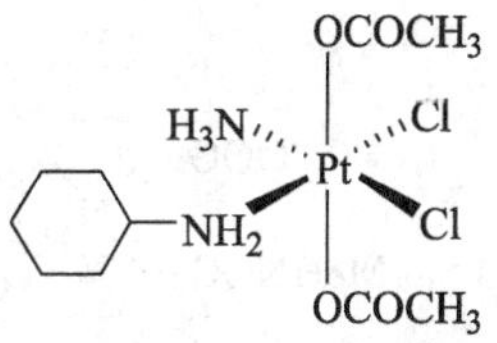　　　　　　　**10**

铂类配合物抗癌药物的成功应用于临床，也为非铂类抗癌药物的研究和发展提供了广阔前景，有效弥补了铂类抗癌药物在临床治疗上存在的一些不足。目前已有多种非铂类抗癌药物进入了临床试验，如 Ti(IV) 配合物 [Ti(bzac)$_2$(OEt)$_2$]（**11**）于 1986 年在德国进行 I 期临床试验治疗结肠癌，Ru(III) 配合物 (Hind)[*trans*-RuCl$_4$(ind)$_2$]（**12**）于 2003 年进入 I 期临床试验，该配合物对结肠癌及其肿瘤转移有很好的活性。此外，缩氨基硫脲 Cu(II) 配合物也被认为是最具发展潜力的非铂类抗肿瘤药物之一。随着人们对抗癌机理的研究越来越深入，将会有更多的金属配合物作为抗癌药物应用于临床。

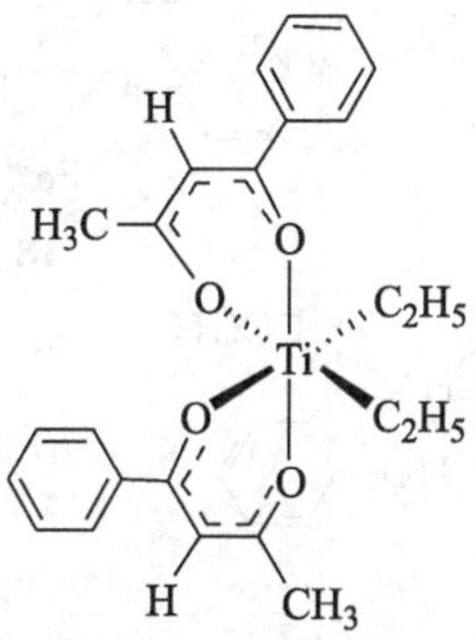

11 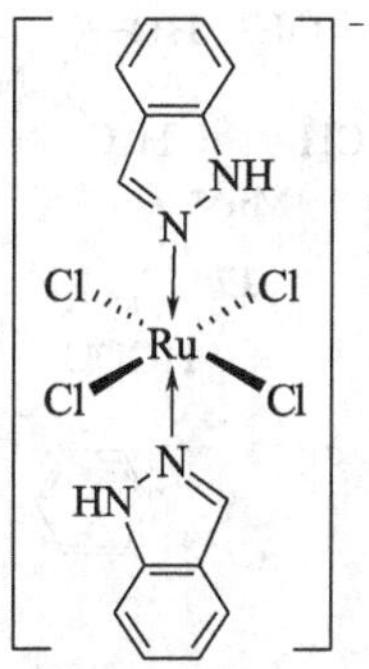　　　　　　　**12**

（2）金属配合物做诊断药物

磁共振成像（MRI）是当今用于临床诊断的一种非常有效的方法。它是利用生物体不同组织在磁共振过程中产生不同的共振信号来成像，信号的强弱取决于组织内水的含量和水分子中质子的弛豫时间。目前作为磁共振成像技术的造影剂大多为含有较多未成对电子的 Gd(III)、Mn(II) 和 Fe(III) 离子，这些离子通常具有较长的电子自旋弛豫时间，因此容易检测到疾病。

Gd 配合物作为核磁共振成像技术的造影试剂已经在临床上使用，目前主要有 4 种 Gd(III) 配合物 Gd-DTPA(**13**)、Gd-DOTA(**14**)、Gd-DTPA-BMA(**15**) 和 Gd-HP-DOTA(**16**) 用于临床诊断，其中前面两个配合物为离子型，后二者为中性。虽然 Gd(III) 离子毒性很强，但它与 DTPA 或 DOTA 形成稳定的螯合物后，毒性大大降低，因此可安全地用于人体。

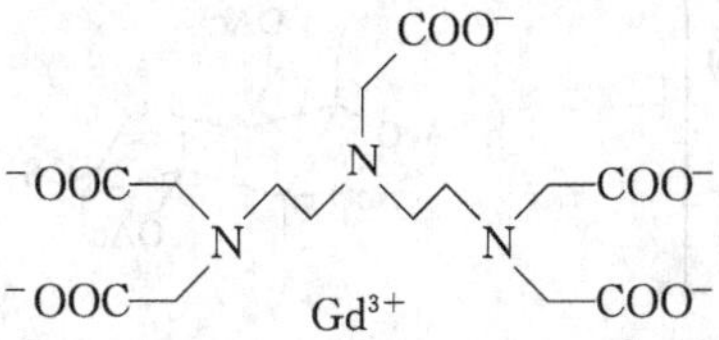

13 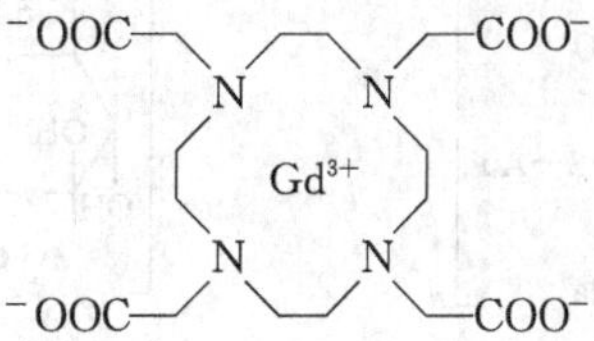　　　　　　　**14**

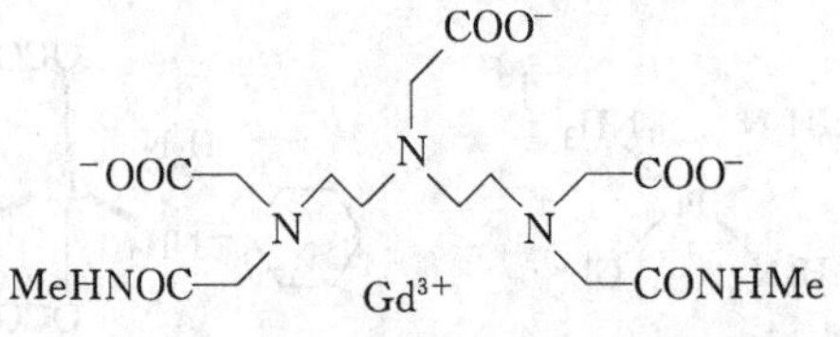

15 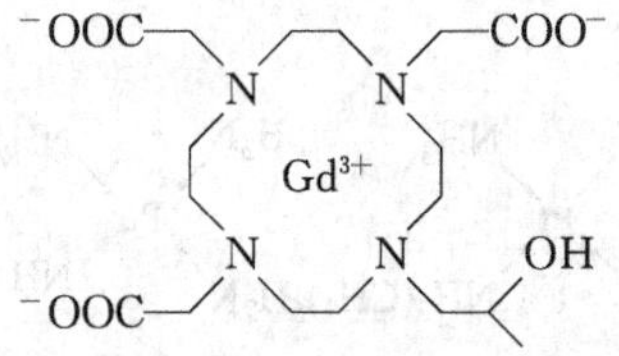　　　　　　　　　　　　　　　**16**

锰是人体必需的微量元素之一，具有较好的生物化学效应。顺磁性锰配合物目前已成为非 Gd 类造影剂新的发展方向。目前已有一种 Mn(Ⅱ) 配合物 Mn-DPDP (**17**) 作为肝脏特异性造影剂进入了临床使用。Fe(Ⅲ) 的配合物主要有两种被用作造影剂进行研究，即 Fe-HBED (**18**) 和 Fe-EHPG (**19**)。动物成像试验表明，Fe-EHPG 能显著增强肝脏部位的成像。

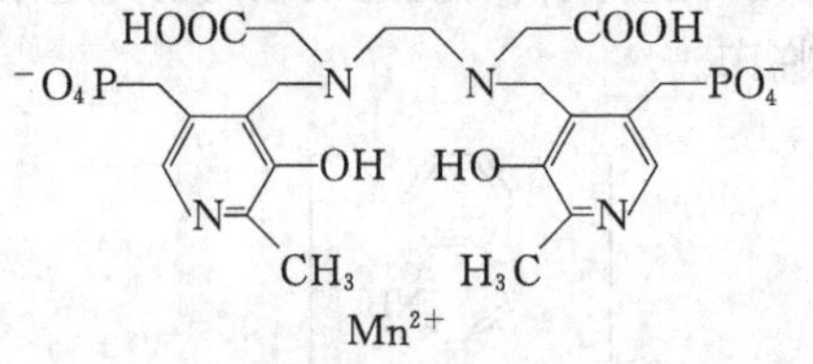

17 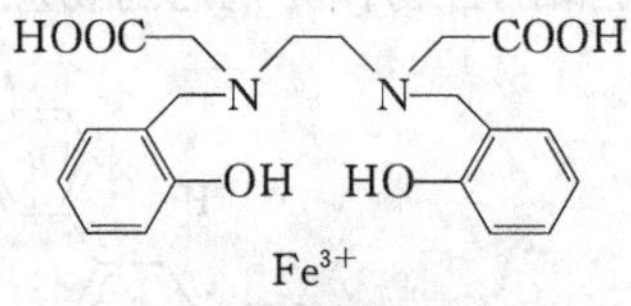　　　　　　　　　　　　　　　**18**

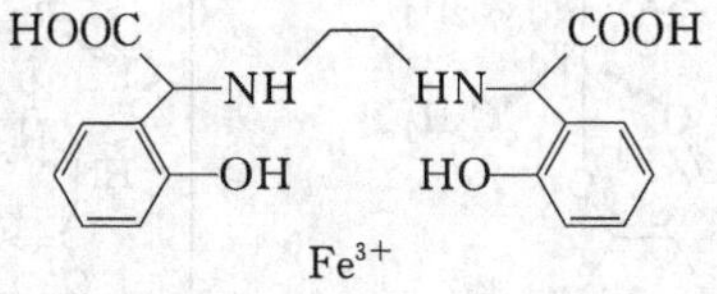

19

(3) 金属配合物做其他类药物

顺铂类抗癌药物的成功极大地推动和促进了金属药物的研究和发展。在过去的几十年里，大量具有各种药物活性的金属配合物被筛选出来，其中有些已经在临床上用于治疗疾病，有些则正处于研究或者试验阶段。

金化合物从 1960 年起就开始用于治疗风湿性关节炎的研究。目前用于类风湿性关节炎治疗的金配合物主要是 Au(Ⅰ) 的硫醇盐配合物，如配合物 aurothiomalate (**20**) 和 aurothioglucose (**21**) 作为针剂已经用于临床治疗风湿性关节炎。auranofin (**22**) 是临床唯一口服治疗关节炎的 Au(Ⅰ) 配合物。该配合物及其相关的有机膦 Au(Ⅰ) 配合物还有一定的抗癌活性，但是它们的毒性都比较大。因此，寻找高效、低毒的新型金类药物是人们今后重要的研究任务。

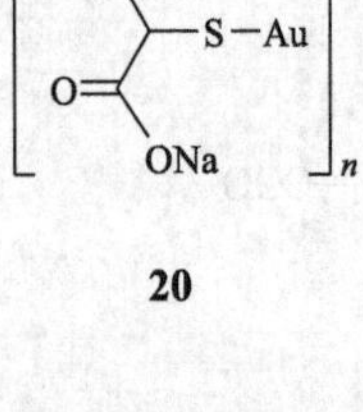

20 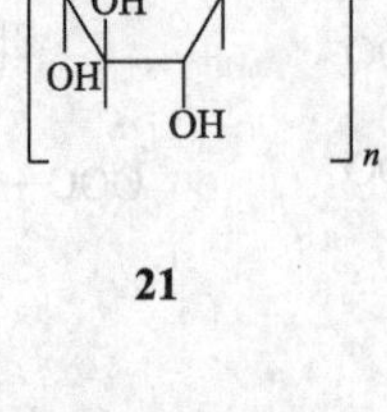　　　　　　　　　　　**21** 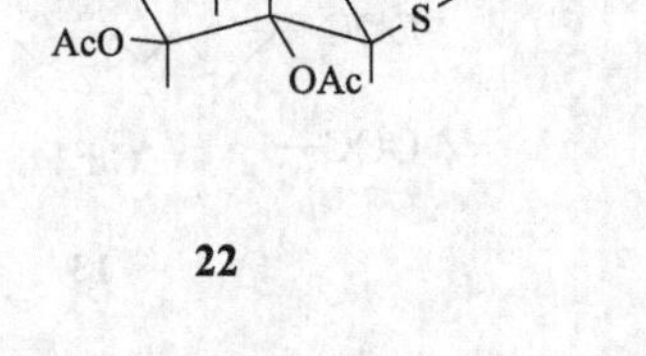　　　　　　　　　　　**22**

　　铋化合物用于治疗胃肠疾病已有 200 多年，这类药物主要包括铋的碳酸氢盐、硝酸盐、水杨酸盐和胶体次枸橼酸盐。次水杨酸铋（BBS）临床用于治疗腹泻和消化不良，胶体枸橼酸铋（CBS）被广泛用作胃溃疡和十二指肠溃疡。枸橼酸铋雷尼替丁（RBC，**23**）是一种新药，由 Glaxo 公司开发并于 1995 年首先在英国上市，1996 年获得美国 FDA 的批准，1999 年国产 RBC 在中国独家上市。目前 RBC 在世界 20 多个国家使用，被这些国家批准治疗消化性溃疡和幽门螺杆菌，具有抑制胃酸分泌、黏膜保护、根除 Hp、抑制胃蛋白酶活性以及与抗菌药的协同作用。

23　　　　　　　　　　　　　　　　　　　**24**

　　银及其化合物用于医学抗菌已有很长时间，比如在很多国家普遍使用 1‰ 的 $AgNO_3$ 溶液滴注刚出生婴儿的眼睛以预防新生儿结膜炎。Ag 的磺胺嘧啶配合物（flamazine，**24**）作为一种抗菌剂被广泛应用于严重烧伤时的抗菌消毒以防止细菌感染。磺胺嘧啶银的有效性在于它可以不断地与血浆和其他含 NaCl 的体液反应，而不断地在伤口缓慢释放出 Ag^+。银杀菌的主要原理在于高氧化态银的还原电势很高，使其周围空间产生可以灭菌的强氧化性原子氧，Ag^+ 则强烈地吸引细菌体中的蛋白酶上的巯基，迅速与其结合在一起，使蛋白酶丧失活性，导致细菌死亡。

　　此外，我们还可利用配合物的某些特殊性质而将其用于临床检验。比如，测定尿中铅的含量，常用双硫腙与 Pb^{2+} 生成红色螯合物，然后进行比色分析；而 Fe^{3+} 可用硫氰酸盐和其生成血红色配合物来检验。

　　从以上介绍可以看出，通过对金属配合物的合理设计，可以获得对特定疾病进行诊断和治疗的金属药物。随着人们对金属药物的作用机理及药物的构效关系研究日益深入，金属药物在疾病的诊断与治疗、促进人类健康与社会发展方面将做出更大的贡献。

6.3　配位化学在湿法冶金中的应用

　　从矿石冶炼出金属需要在高温条件下进行，能源消耗较大，污染也比较严重。利用金属离子易于形成配合物的性质，选择合适的配位剂，可以实现在温和条件下金属的提炼。由于金属无机盐溶于水时大部分电离为金属阳离子，具有很强的水化作用而不能被萃取。为了达到萃取的目的，必须要破坏这种水化作用。湿法冶金就是利用金属离子与某些螯合萃取剂 HA（如 HTTA、HDz 等）选择性生成螯合物 MeA_n[如 $Th(TTA)_4$、$Cu(Dz)_2$、$Al(OX)_3$ 等]，再通过萃取的办法实现分离的目的。下面分别从过渡金属、稀土金属及主族金属三个方面进行探讨。

6.3.1　配位化学在过渡金属湿法冶金中的应用

　　（1）铜的湿法冶炼

随着高品位铜矿越来越少，低品位铜矿便成为重要的提铜资源，而溶剂萃取在处理低品位难选氧化矿的堆浸液或低品位硫化铜矿的细菌浸出液中具有某些突出的优点，使生产成本大大低于传统的火法工艺。因此，新型高效萃取剂的合成及生产工艺的研发等在我国金属冶炼工业中将得到更为广泛的应用。

为了提高或降低萃取能力而使用金属配位剂，它们可分为助萃剂和抑萃剂两类。

助萃剂：例如，用 TBP 或 DAMP（甲基膦酸二异戊酯）萃取稀土硝酸盐时，硝酸根离子与 RE^{3+} 生成各级配合物，其中中性的 $RE(NO_3)_3$ 可被萃取，这样因硝酸根的存在而增加了对稀土的萃取率。

抑萃剂：如用 TBP 萃取稀土硝酸盐时，可在水相中加入乙二胺四乙酸或氨三乙酸作为抑萃剂。在实际应用中，常利用抑萃配位来增加两种金属离子间的分离系数。有时把抑萃剂称为掩蔽剂。

① 传统铜萃取剂　在 20 世纪 60 年代中用于萃取铜的有机萃取剂有吡啶、丁酸、乙酰丙酮、2,9-二甲基-1,10-二氮菲等，这些萃取剂从水相中萃取铜是基于形成螯合物或有机酸盐在水相及有机相中的溶解度不同的原理。

有机磷化合物可以从氯化物水溶液中萃取一价的铜。使用磷酸三丁酯、三（2-乙基己基）磷酸酯、三月桂基磷酸酯、三芳基磷酸酯可以从中性或酸性溶液中萃取 CuCl，萃取时生成的萃取物为 $CuCl \cdot 2S$（S 代表萃取剂的分子）。萃入到有机相中的铜可用氨水反萃取出来。

肟类有机化合物由于具有不能自由旋转的碳氮双键，故有顺式和反式异构体，如图 6-27 所示。

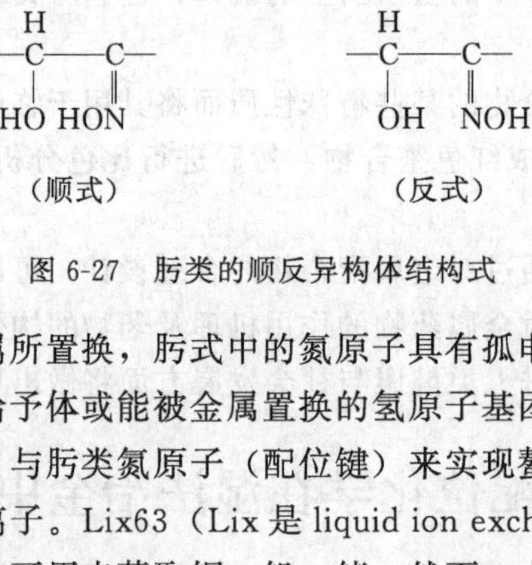

图 6-27　肟类的顺反异构体结构式

异肟中的氢原子能为金属所置换，肟式中的氮原子具有孤电子对，为了形成螯合环，肟分子还必须具有另一个电子给予体或能被金属置换的氢原子基团。在萃取过程中，肟类萃取剂通过羟基氧原子（共价键）与肟类氮原子（配位键）来实现螯合萃取金属元素。因此，只有反式异构体才能萃取金属离子。Lix63（Lix 是 liquid ion exchanger——液体离子交换剂的缩写）萃取剂，如下所示，它可用来萃取铜、钒、锗。然而，由于它与铜离子的配合物稳定性不够高，而且酸性较弱，遇强酸易水解，仅能在 pH>3 的溶液中萃取铜，不能达到从浸液中分离回收铜的目的，因而无法在工业上单独应用。其萃取铜时发生的反应可表示如下：

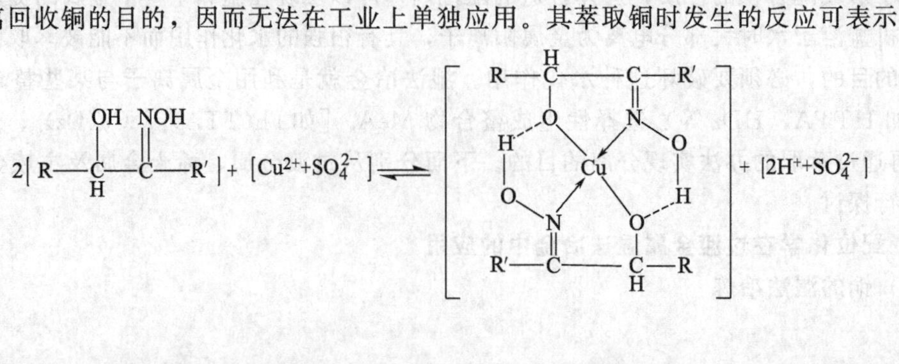

铜溶剂萃取技术以其投资省、成本低、污染轻、可处理传统火法冶炼不能经济回收的铜资源等优势受到世界各国的普遍重视。酚肟类 Schiff 碱萃取剂的配位原子为 N 和 O，当其与 Cu^{2+} 生成螯合物时构成一个平面四方的配位环境，配体上酚羟基（—OH）的 H^+ 与 Cu^{2+} 交换，生成中性萃取物，肟基的羟基和离解的酚羟基氧原子之间形成内氢键，进一步增加了螯合物的稳定性。因此，酚肟类 Schiff 碱萃取剂对 Cu^{2+} 有极高的选择性，肟萃取Cu(Ⅱ)离子反应式如下：

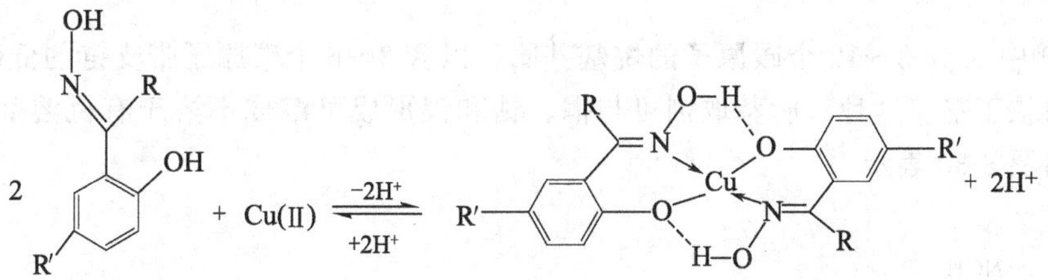

酚肟类 Schiff 碱萃取剂的成功之处在于它对于 pH 值改变的敏感性。用有机溶剂可将水相中生成的中性的肟-Cu(Ⅱ)配合物萃取分离出来，有机相再经硫酸溶液反萃取而将$CuSO_4$返回水相，经电解得到精炼铜，酚肟萃取剂再生恢复到"酸"结构，又可循环到有机相中用于萃取下一批酸浸取液中的Cu(Ⅱ)离子。

应该指出，α-烷基羟肟虽然对铜有较好的选择性，但也有一些缺点。例如，在稀释剂中溶解度不大，以致萃取饱和容量小，反萃时必须用较高浓度的硫酸，且只能在 pH 值较高的范围内使用，达到定量萃取铜的水相 pH 值要大于 4.5，然而在此 pH 值下很多金属离子已变成沉淀了，所以一般只能用于铜的氨浸出液。

② 氯化萃取剂　与硫酸盐相比，氯化物在水溶液中的溶解度更大，许多金属离子能与氯离子形成配合物，在盐酸和氯化物水溶液中氢离子的活度大。盐酸和氯化物在水溶液中的这些特性对化合物水溶液的许多物理化学性质，例如溶液 pH 值、氧化-还原电位、分配系数和配位平衡等会产生较大影响。氯化湿法冶金的优势体现在许多方面。例如，在盐酸和氯化物溶液中，铂族金属和金银均能形成稳定的氯配合物。这些氯配合物的稳定性、氧化还原电位、水合和羟合等性质可随酸度、温度、氯离子浓度的变化而改变。

③ 其他萃取剂　例如吡啶萃取 $Cu(SCN)_2$ 生成的萃合物组成为$Cu(SCN)_2(Py)_2$，其结构式如图 6-28 所示。

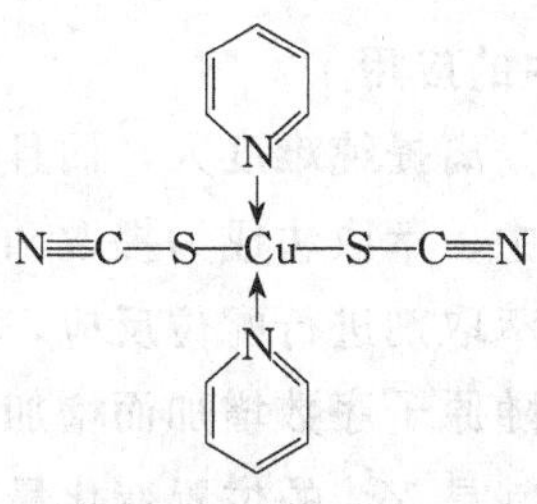

图 6-28　萃合物 $Cu(SCN)_2(Py)_2$ 的结构式

（2）钴和镍的湿法冶炼

镍和钴是重要的有色金属，因其性质相近而共生，提取和分离镍、钴较多用萃取法。如将精选的 NiS 矿在加压下同液氨反应，可将 Ni^{2+} 从矿石中溶解分离，然后在加压下以氢气还原得到粉状金属镍。使用硫代二苯甲烷和 *N*-酚基-*β*-巯基肉桂酰胺在吡啶碱中可以萃取镍(Ⅱ)和钴(Ⅱ)。当混合使用时对镍(Ⅱ)、钴(Ⅱ)具有协同萃取作用。

当前，D_2EHPA 已成为分离镍、钴的重要萃取剂，可使用 D_2EHPA 从碱性溶液中萃取分离钴和镍。其过程是首先用硫酸浸出含钴、镍的物料，然后用氨水调节浸出液的 pH 值，通入空气把溶液中的钴氧化成 3 价状态，最后用 D_2EPA＋TBP 的煤油溶液萃取钴，镍留在水相中，有机相中钴用 HNO_3 反萃取。双肟是对镍选择性很强的沉淀剂和萃取剂，双肟的结构式见图 6-29。

图 6-29 中 R 为 3～12 个碳原子的烷基基团，以含 3～6 个碳原子带支链的低碳烷基基团为最好，如叔丁基。这种双肟萃取剂可与铜、钴和镍形成可溶或不溶于有机溶剂的螯合物，其结构可用图 6-30 表示。

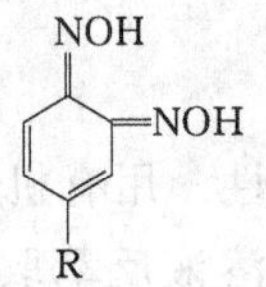

图 6-29　镍、钴双肟类萃取剂结构式 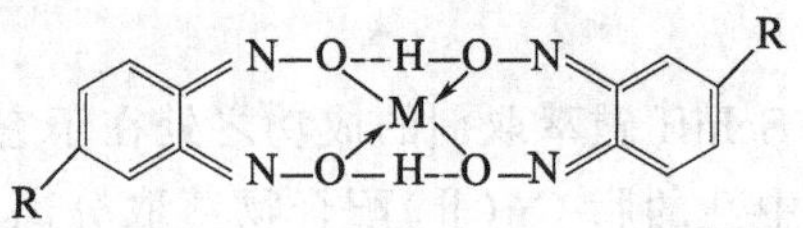　图 6-30　双肟萃取剂与铜、镍、钴螯合的结构式（M＝铜、钴和镍）

（3）其他金属

在银的湿法冶金特别是在铜、铅阳极泥的湿法提银过程中，进入分银工序时原料中的银大部分已转化为氯化银，因此凡是能溶解氯化银的试剂都可以作为银的浸出剂。目前工业生产使用的浸出剂通常有氨和亚硫酸钠，氨浸分银-水合肼还原法，因其简单、浸出率高而在工业上得到使用。但由于氨的挥发导致操作环境恶劣，而且氨不能循环浸银，其原因是当含有氯离子的氨水浸出氯化银时，银的浸出率将会大幅度下降。相对而言，亚硫酸钠法由于成本较低、浸出液受污染小、作业环境好、母液可循环使用，在工业上广泛使用。

金属钛可以应用阳离子螯合剂进行萃取，其形成的阳离子螯合物如图 6-31 所示。

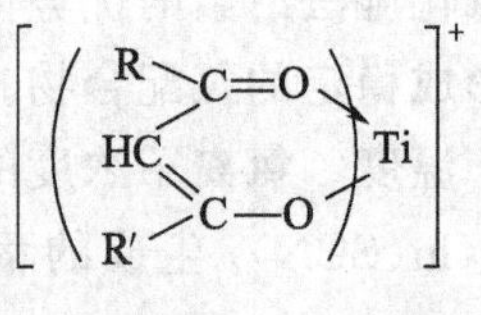

图 6-31　钛阳离子螯合物结构式

6.3.2　配位化学在稀土金属提取中的应用

稀土元素化学性质非常相似，分离提纯难度大，而且还必须考虑与稀土元素伴生杂质元素之间的分离。稀土湿法提取过程中，萃取法成为提取和分离稀土金属重要的工业方法。稀土萃取的实质就是利用稀土元素与萃取剂进行配位反应，从而达到分离和提取的目的。一般来说，三价轻稀土元素的稳定常数随原子序数增加而增加，重稀土元素的稳定常数则随配体的不同而出现不同的排列次序。尤其是 Y^{3+} 的位置变化最明显。在稀土工业中常用的配位剂有 EDTA、HEDTA、NTA（氨三乙酸）、HAC 等。以下简单介绍配位化学在稀土湿法冶金中的应用。

液液萃取是目前稀土分离工业中应用最为广泛的一种方法。它可用于每一种稀土元素的分离，一种好的萃取剂几乎可以实现全部稀土元素的分离，根据萃取过程中金属离子对萃取剂的结合及形成萃合物的性质和种类的不同，可将稀土元素的溶剂萃取体系分为主要的四类：

（1）中性配位萃取体系

中性配位萃取体系的特点是，萃取剂是中性分子，中性萃取剂有以下几种类型，它们对中心金属离子的萃取能力的顺序如下：

$$R_3NO > R_3PO > R_2SO > R_2CO$$

当 R 基团相同时，随着 X（X＝N，P，S，C）原子半径增加，电负性降低。萃合物通过氧原子上的孤电子对和金属原子生成配键而形成。研究和应用最多的是中性磷（膦）类萃取剂，此外还有亚砜类和冠醚，都属于中性萃取剂。常用的中性磷类萃取剂主要有以下几类。

① 磷酸三烷基酯　磷酸丁基酯（TBP），其分子式为（C_4H_9O）$_3$PO，其 P＝O 键具有很强的给电子能力，可与许多金属生成配合物，许多硝酸盐易于被 TBP 萃取，其中以铀、钍最为容易。因此，TBP 广泛用于从硝酸介质中进行铀、钍及稀土元素的萃取。

② 烃基膦酸二烷基酯　其中甲基膦酸二甲庚酯是一个比 TBP 萃取能力更强的萃取剂，它可以从硝酸介质中进行铀的萃取及稀土元素的分离。

③ 三烷基氧膦　以三正丁基氧膦（TBPO）、三正辛基氧膦（TOPO）为代表。其中 TOPO 在水中的溶解度很小，是很好的萃取剂。下面以三苯基氧膦（TPPO）与稀土的配位来说明此类化合物的反应模式：化合物通过在硝酸介质中与稀土配位形成稳定配合物（图6-32），每个 TOPO 提供一个氧原子与 La 配位，每个硝酸根提供两个原子与之配位。由于 TOPO 是中性配体使得配合物的油溶性增加，从而提高了萃取效率。

④ 二烃基膦酸烷基酯　含氧有机萃取剂的萃取也属于中性溶剂络合萃取体系。常用的含氧有机萃取剂是与水互不溶的醇、醚、醛、酮和酸，其中以醇，醚，酮用得较多。它们的价格比较低廉，容易大量萃取，选择性高，但是有挥发性高、易燃、水溶性大等缺点，因

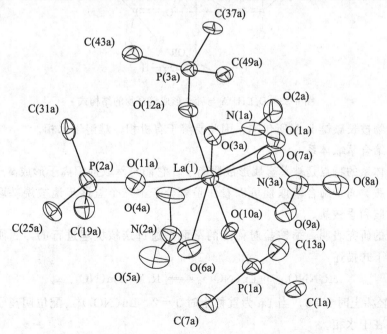

图 6-32　化合物 La(Cy$_3$PO)$_3$(NO$_3$)$_3$的分子结构

此，目前已被有机磷类和有机胺类萃取剂所取代。

（2）酸性配位萃取体系

酸性萃取体系的特点是：萃取剂是一个有机弱酸 HA。水相的被萃金属离子与有机酸的氢离子之间通过离子交换机理形成萃合物。

由于酸性配位萃取都是水相中 M^{n+} 取代有机萃取剂中的 H^+，故也被称为阳离子交换萃取。萃取过程具有高选择性，在分析和分离中应用极为广泛。酸性配位萃取剂可分为三类，即：

① 酸性磷氧萃取剂，如 P204、P507。

② 螯合萃取剂，如烃类、8-烃基喹啉衍生物及 β-双酮类。

③ 羧酸类萃取剂，如 RCOOH。

以上三类萃取剂生成的萃合物中都含有螯合环，因而也称为螯合萃取体系，在酸性配位萃取体系中，酸性磷氧萃取剂的应用最为广泛。酸性磷氧化合物的种类很多，其中 P204（D_2EHPA 或 HDEHP）二（2-乙基己基）磷酸是一个很好的代表。它是一种有机弱酸，在很多非极性溶剂（如煤油、苯等）中，通过氢键发生分子间的缔合作用，因而它们在这些溶剂中通常以二聚体的形式存在，其表观相对分子质量为596。在萃取过程中，水相中的金属离子取代 P204 二聚体中的氢离子，打破氢键的缔合后与金属阳离子螯合。在萃取过程中，水相的阳离子与 D_2EHPA 的二聚体中的 H^+ 交换，而配体的氧原子与 Re^{3+} 配位，形成八原子螯合环。稀土金属离子的配位数是6。形成的螯合物结构见图6-33。

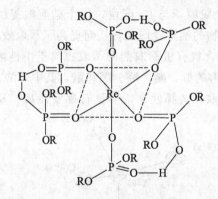

图6-33 D_2EHPA 与稀土形成螯合物的结构式

这个螯合物被长碳链 R 基所包围，因此易溶于有机相，难溶于水相。

（3）离子缔合萃取体系

离子缔合体系的特点是被萃金属形成阴离子，它们与萃取剂阳离子形成离子对共存于有机相。如有机胺类离子缔合萃取剂可以看作是氨分子中三个氢逐步地被烷基取代生成的伯胺、仲胺、叔胺和季铵盐。

对季铵盐的研究表明：季铵盐对稀土的萃取是通过亲核机理进行的，例如在硝酸体系中，反应可用下式描述：

$$x R_4 NNO_{3(o)} + Ln(NO_3)_3 \Longrightarrow [R_4N]_x Ln(NO_3)_{3+x} \tag{6-7}$$

当 Ln 为轻稀土时 $x=3$，当 Ln 为重稀土时 $x=2$。$Ln(NO_3)_{3+x}^{x-}$ 配位阴离子是在有机相形成的，而存在于水相。

（4）协同萃取体系

　　协同萃取现象的实质是在水相中的中心离子与萃取剂（配体）生成一种热力学上更稳定，在有机相溶解度更大的混合配体的配合物。当金属离子被萃入有机相时，萃合物电中性的要求或空间位阻等因素，使配体不能占据所有的配位空间，这时，萃取体系中大量存在的水分子往往进入萃合物，使萃合物有一定的亲水性。如果加入另一种适合的萃取剂，它对中心离子的配位能力大于水，它就可以将原萃合物中的水分子替换形成一种热力学上更稳定、油溶性更强的新萃合物，因而金属离子由水相转入有机相的标志——分配比就得到了提高。例如 1-苯基-3-甲基-4-三氟乙酰基吡唑啉酮-5（HPMTFP）与 1-苯基-3-甲基-4-苯甲酰基吡唑啉酮-5（HPMBP）和 HTTA 都是 β-双酮类的优良萃取剂。1-苯基-3-甲基-4-苯甲酰基吡唑啉酮-5 在联吡啶辅助下形成稀土萃合物的反应如下所示。

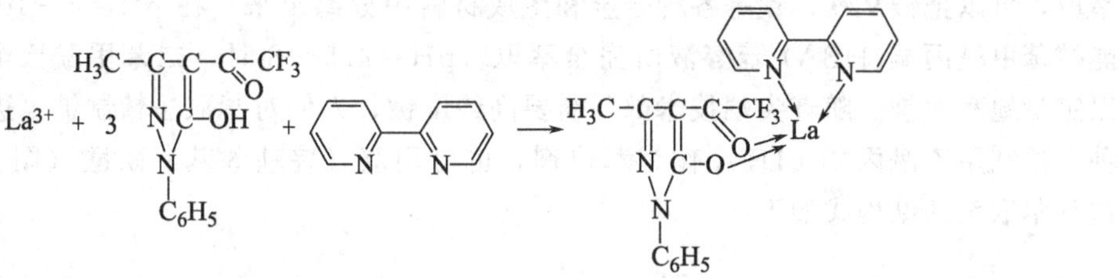

　　HPMTFP 萃取稀土时，萃合物中稀土与 HPMTFP 的比例为 1：3，萃合物的分子式为 $Nd(PMTFP)_3(H_2O)_2$，通过对其单晶 X 射线结构分析证明：萃合物钕与 8 个氧原子配位，其中 6 个氧原子来自 3 个双齿的 β-双酮，另外 2 个氧原子则由 2 个水分子所提供，这两个水分子可被中性配体所取代 [图 6-34（a）]。对萃合物 $Nd(PMTFP)_3 \cdot (TPPO)_2$ 的合成及结构研究也证明了这一点 [图 6-34（b）]。结构数据表明：在 $Nd(PMTFP)_3 \cdot (TPPO)_2$ 中，钕也是八配位的。所不同的是 $Nd(PMTFP)_3(H_2O)_2$ 中的两个水全部被配位能力更强的中性配体 TPPO 所取代，由于萃合物中不再含有水分子，萃合物的油溶性增加，钕的分配比得到了大幅度的提高。

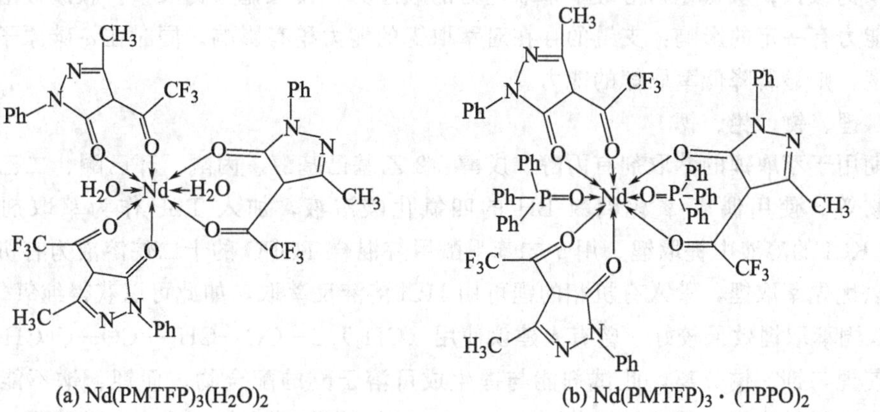

(a) $Nd(PMTFP)_3(H_2O)_2$　　　　　　(b) $Nd(PMTFP)_3 \cdot (TPPO)_2$

图 6-34　分子结构

6.3.3　配位化学在碱土金属冶炼中的应用

　　（1）铝和镁的湿法冶炼

　　在铝冶金中，生产铝氧及制取金属铝，均有较为成熟的工业方法。尽管如此，人们对溶剂萃取法提取铝还是进行了长期的研究。例如，已发现用乙酰丙酮在 pH＝4 的水相中可以萃取铝。以噻吩甲酰三氟丙酮-苯为有机相，工业上常见的萃取剂有 D_2EHPA 和叔胺。研究发现二（烷基苯基）磷酸是萃取铝的有效萃取剂，这种萃取剂可以从浸出黏土和其他矿物获得含有 Al^{3+} 和 Fe^{3+} 的溶液中选择性地萃取铝。

在分析化学领域中一些萃取镁的资料已有不少报道。目前用各种胺从盐酸溶液中萃取镁已引起人们注意，Aliquat336 与 Versatic911 的混合萃取剂能使 Mg^{2+} 同 Na^+、K^+、SO_4^{2-} 等离子分离。

（2）铍、钙、锶、镁、钡的湿法冶炼

关于铍的螯合物萃取研究已有不少研究。在 pH＝1.5～3 时，铍能够被纯乙酰丙酮（HAA）完全萃取。在 pH＝3.5～8 时，HAA-苯能定量地萃取铍，可以采用苯、氯仿、四氯化碳、乙醚、环己烷等作为 HAA 的稀释剂，它们具有相同的效果。借助于 HAA 的溶剂萃取，可以把铍从铁、锰等各种合金和生成材料中分离出来。在 pH＝4～10 的范围内，铍能被苯甲酰丙酮(HBA)-苯溶液所完全萃取。pH＝4.5～8 时，二苯甲酰己酮(HDM)-苯可以定量地萃取铍。随着尖端技术部门需要高纯度铍，人们对萃取法精制铍也进行了研究，这种方法利用乙酰丙酮-EDTA 作为萃取剂，也可用双（烷基苯基）磷酸（图 6-35）萃取铍。这种萃取剂的结构式如下：

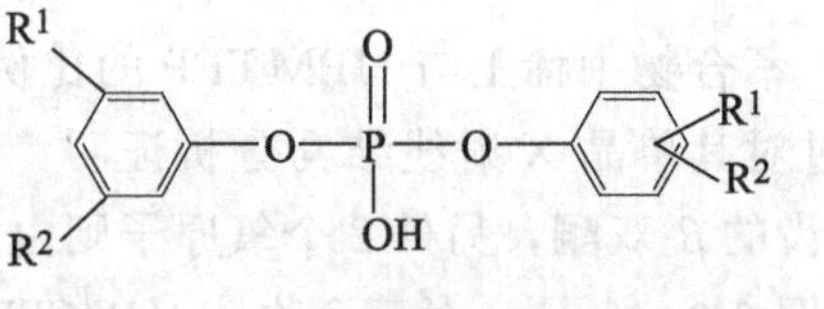

图 6-35 双（烷基苯基）磷酸结构式

通过这种方法可从不纯的硫酸铍溶液中萃取得到纯的金属铍，也可以从低品位或中等品位的矿石浸出液中萃取铍。

钙、锶、镁、钡的主要萃取剂为叔碳羧酸。它从硝酸盐中萃取碱金属能力的顺序为：镁＜锶＜钙＜钡；从氯化物溶液中萃取能力的顺序为：镁＜锶＜钙＜钡。叔碳羧酸的结构对锶萃取能力有一定的影响：支链的存在对萃取锶的能力稍有影响，同时在 α-碳原子上增加支链的长度，则显著降低萃取锶的能力。

（3）锂、铷、铯、锶

早期用于萃取锂的萃取剂有丙醇、戊醇、2-乙基己基醇、丙酮、环己酮、二乙醚和乙醇的混合物等。使用偶氮-氧化偶氮 BH 的四氯化碳溶液，加入 TBP 作为萃取剂，可以从 NaCl 或 KCl 的溶液中提取锂。用 β-二苯甲酰甲烷混合 TOPO 的十二烷溶液为有机相，从氨水中可以优先萃取锂，萃入有机相的锂可用 HCl 溶液反萃取，如此可以获得纯氧化锂。

β-双酮萃取锂效果较好，曾有人建议使用 $(CH_3)_3C—CO—CH_2—CO—C(CH_3)_3$ 作为萃取剂，使锂与钾、钠分离，此试剂能与锂生成可溶于醚的配合物，而钾、钠不能生成配合物，故用乙醚做溶剂，即可把锂萃取出来。β-双酮对锂的萃取能力为：乙酰丙酮(Acac)＜二特戊酰甲酮(DPM)＜苯酰丙酮(BzA)＜二苯酰甲酮(DBM)＜噻吩甲酰三氟丙酮(TTA)＜苯酰三氟丙酮(BFA)。萃合物 LiA·2TBP 的结构式如图 6-36 所示。

BAMBP[4-仲丁基-2(α-甲基苄基)酚]在高 pH 值（＞12）的溶液中也可萃取锂。使用 D_2EHPA 萃取碱金属的能力次序为：锂＞钠＞钾＞铷＞铯。当有机相中加入 BAMBP 后，可使上述次序发生倒转。BAMBP 萃取碱金属的次序是：铯＞铷＞钾＞钠＞锂。它是萃取分离碱金属的一个重要萃取剂。

　　萃取铯的最有效萃取剂是取代酚。最初是用它来处理核废料以提取放射性铯，以后便逐渐发展成为湿法冶金中提取铯的重要萃取剂。研究表明，用 2-苯基-2（4-苯羟基）丙烷能萃取碱金属离子。这种萃取剂的工业名称为复合酚，其结构式见图 6-37。

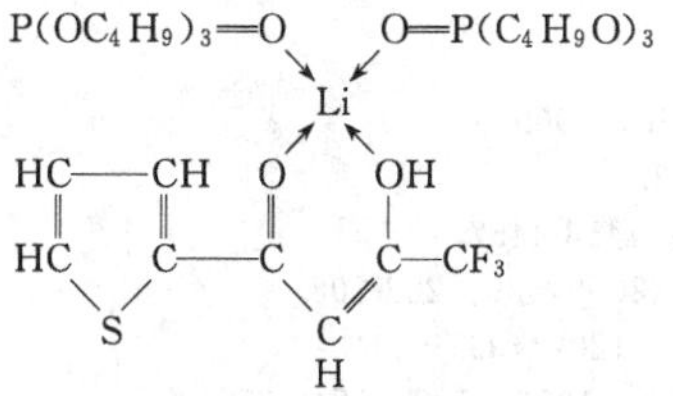

图 6-36　LiA·2TBP 的结构式 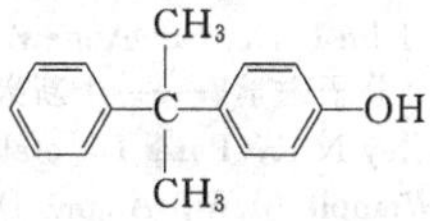　　　　　　图 6-37　2-苯基-2(4-苯羟基)丙烷结构式

萃取时生成的萃合物为：$MeR \cdot 2ROH \cdot nH_2O$（Me 代表碱金属阳离子，ROH 代表萃取剂分子）。萃取碱金属的能力有如下的次序：铯＞铷＞锂＞钾＞钠。此外，用三硝基苯胺-硝基苯为有机相可以从 NaOH 溶液中萃取 Cs^+。有人提出了用冠醚二苯并-18-冠-6 萃取碱金属。稀释剂可使用 $CHCl_3$、$PhNO_2$、CH_2Cl_2、丙烯和磷酸酯等。这种萃取剂对碱金属的萃取能力有如下次序：钾＞铷＞铯＞钠＞锂。由于冠醚环的孔穴半径不同，可以配位不同大小的金属，其选择性很强。萃取中生成的钴、铷萃合物，其结构式如图 6-38 所示。

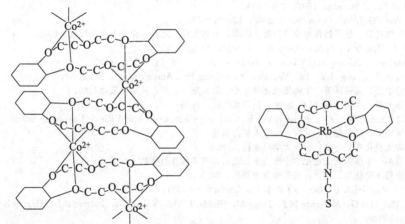

图 6-38　Co^{2+} 与二苯并-18-冠-6 形成的萃合物及 Rb 与二苯并-18-冠-6 形成的萃合物

习　题

1. 请简述配位化学与超分子化学之间的联系与差别？
2. 分子磁性材料的分类和单分子磁体材料目前的研究热点是什么。
3. 简述发光功能配合物的分类以及光致发光配合物中的电子转移模式。
4. 列举几种常见的导电功能配合物。
5. 配位键在超分子化学功能材料的设计、合成以及应用过程中所起到的作用是什么？
6. 金属酶的活性中心由哪两部分组成？请以两种典型的金属酶为例，说明其活性中心的结构与生物功能。
7. 简述固氮酶催化 N_2 还原为 NH_3 的机制。
8. 金属配合物作为抗癌药物的研究是当前生物无机化学研究的一个热点，请查阅相关资料对该领域的最新研究进展做一概述。
9. 碱金属的萃取方法主要有哪些？
10. 试比较各个萃取剂之间的利弊。
11. 液液萃取中，对中性和酸性萃取剂结构上有什么要求？

参 考 文 献

［1］ 游效曾．分子材料——光电功能化合物，上海：上海科学技术出版社，2001．
［2］ 游效曾，孟庆金，韩万书．配位化学进展．北京：高等教育出版社，2001．
［3］ 朱道本．功能材料化学进展．北京：化学工业出版社，2005．
［4］ 黄春辉等．光电功能超薄膜．北京：北京大学出版社，2001．
［5］ 罗勤慧．大环化学——主-客体化合物和超分子．北京：科学出版社，2009．
［6］ Chi-Ming Che, etal. Angew. Chem. Int. Ed. , 2006, 45: 5610-5613.
［7］ Jitendra K Bera, Kim R Dunbar. Angew. Chem. Int. Ed. 2002, 41: 4453-4457.
［8］ 高恩庆，廖代正．分子磁学——一个新兴的前沿研究领域．物理，2000，29：202-206．
［9］ Aubin S M J, Dilley N R, Pardi L, etal. J. Am. Chem. Soc, 1998, 120: 4991-5004.
［10］ Aubin S M J, Wemple M W, Adams D M, etal. J. Am. Chem. Soc, 1996, 118: 7746-7754.
［11］ Castra S L, Sun Z, Grant C M, etal. J. Am. Ch em. Soc. , 1998, 120: 2365-2375.
［12］ Tyson D S, Bignozzi C A, Castellano F N. J. Am. Chem. Soc. , 2002, 124: 4562.
［13］ 樊美公等．光化学基本原理与光子学材料科学．北京：科学出版社，2001．
［14］ Sammes P G, Yahioglu G. J. Chem. Soc. Rev. , 1994, 23: 327.
［15］ Shu-Yan Yu, Zhong-Xing Zhang, etal. J. Am. Chem. soc. , 2005, 127: 17994-17995.
［16］ Kitagawa S, Kondo M. Bull. Soc. Jpn. , 1998, 71: 1739.
［17］ Kitagawa S, Uemura K. Chem. Soc. Rev. , 2005, 34: 109.
［18］ B F Hoskins, R Robson. J. Am. Chem. Soc. , 1989, 111: 5962.
［19］ M Eddaoudi, etal. Acc. Chem. Res. , 2001, 34: 319.
［20］ Mohamed Eddaoudi, Jaheon Kim, Omar M Yaghi. Science, 2002, 295: 469-471.
［21］ V A Russell, et al. Science, 1997, 276: 575.
［22］ Serre C, Ferey G. J. Am. Chem. Soc. , 2002, 124: 13519.
［23］ （意）V. 巴尔扎尼．分子器件与分子机器．田禾，王利民译．北京：化学工业出版社，2005．
［24］ Barbara P F, Stoddart J F. Acc. Chem. Res. , 2001, 34 (6): 410-411.
［25］ Kazushi Kinbara, Takuzo Aida. Chemical Reviews, 2005, 105 (4): 1377-1400.
［26］ Ting-Zheng Xie, Cheng Guo, Shu-Yan Yu, Yuan-Jiang Pan. Anion Switch, 2011: 50.
［27］ 计亮年，毛宗万，黄锦汪等．生物无机化学导论．第 3 版．北京：科学出版社，2010．
［28］ 郭子建，孙为银．生物无机化学．北京：科学出版社，2006．
［29］ Lippard S J, Berg J M. 1994, Principles of Bioinorganic Chemistry: Mill Valley: University Science Books. 席振峰，姚光庆，项斯芬，任宏伟译．北京：北京大学出版社．
［30］ 王夔．生物无机化学．北京：清华大学出版社，1988．
［31］ 王夔，韩万书．中国生物无机化学十年进展．北京：高等教育出版社，1997．
［32］ 陈慧兰．高等无机化学．北京：高等教育出版社，2005．
［33］ Basile L A, Raphael A L, Barton J K. J. Am. Chem. Soc, 1987, 109: 7550.
［34］ Kelland L R, Abel G, McKeage M J, Jones M, Goddard P M, Valenti M, Murrer B A, Harrap K R. Cancer. Res, 1993, 53: 2581.
［35］ Met. Based. Drug, 1997, 4: 159-171.
［36］ Bryant L H, Brechbiel M W, Wu C C, et al. Journal of Magnetic Resonance Imaging, 1999, 9 (2): 348-352.
［37］ D E Reichert, J S Lewis, C J Anderson. Metal complexes as diagnostic tools. Coord. Chem. Rev, 1999, 184: 3-66.
［38］ 李淑梅．氯化湿法冶金研究进展．有色矿冶，2010，26 (3)：34-37．
［39］ 马荣骏．湿法冶金新发展．湿法冶金，2007，26 (1)：1-12．
［40］ 刘洪萍．锌湿法冶金工艺概述．金属世界，2009，5：53-57．

第7章 配合物晶体结构解析

7.1 研究晶体结构的重要意义

物质由原子、分子或离子组成，当这些微观粒子在三维空间按一定的规则排列，形成空间点阵结构时，就形成了晶体。因此，可以说具有空间点阵结构的固体就叫晶体。自然界中，绝大多数固体都是晶体，它们又有单晶体和多晶体之分。所谓单晶体，就是由同一空间点阵结构贯穿整个晶体而成的，而多晶体却没有这种能贯穿整个晶体的结构，它是由许多单晶体随机取向结合起来的。例如，飞落到地球上的陨石就是多晶体，其主要成分是由长石等矿物晶体组成的，而食盐的主要成分氯化钠却是一种常见的单晶体，它是由钠离子和氯离子按一定规则排列的立方体所组成。从大范围（即整个晶体）来看，这种排列始终是有规则的，因此，我们平常所看到的食盐颗粒都是小立方体。自然界中形成的晶体叫天然晶体，而人们利用各种方法生长出来的晶体则叫人工晶体。目前，人们不仅能生长出自然界中已有的晶体，还能制造出许多自然界中没有的晶体。

用 X 射线测定晶体结构的科学叫做 X 射线晶体学，它和几何晶体学、结晶化学一起对现代化学的发展起了很大作用。它们的重要性可概括为以下四点。①结晶化学是现代结构化学十分重要的基本的组成部分。物质的化学性质主要由其结构决定，所以包括结晶化学的结构化学是研究和解决许多化学问题的指南。②很多化合物和材料只存在于晶态中，并在晶态中被应用。晶体内的粒子很有规则地排列，所以晶态是测定化学物质结构最切实易行的状态，分子结构的主要参数，如键长、键角等数据主要来源于晶体结构。③它们是生物化学和分子生物学的主要支柱。如分子生物学的建立主要依靠了两个系列的结构研究：一是从多肽的 α-螺旋到 DNA 的双螺旋结构；二是从肌红蛋白、血红蛋白到溶菌酶和羧肽酶等的三维结构。它们都是通过 X 射线衍射方法测定晶体结构所得的结果。④晶体学和结晶化学是固体科学和材料科学的基石。固体科学要在晶体科学所阐明的理想晶体结构的基础上，着重研究偏离理想晶态的各种"缺陷"，这些"缺陷"是各种结构敏感性能（如导电、强度、反应性能等）的关键部位。材料之所以日新月异并成为材料科学，很大程度上得力于晶体在原子水平上的结构理论所提供的观点和知识。

7.2 晶体结构分析及其发展历史

物质的各种宏观性质源于本身的微观结构。探索物质结构与性质之间的关系，是凝聚态物理、结构化学、材料科学、分子生物学等许多学科的一个重要研究内容。晶体结构分析，是在原子的层次上测定固态物质微观结构的主要手段，它与上述众多学科有着密切的联系。就其本身而言，晶体结构分析是物理学中的一个小分支，主要研究如何利用晶态物质对 X 射线、电子以及中子的衍射效应来测定物质的微观结构。晶体结构分析服务于许多不同的学科，因而许多学科的发展都对晶体结构分析产生深刻的影响。另一方面，晶体结构分析有自已独立的体系，它本身的发展又对所服务的学科起着促进作用。

晶体结构分析是 1895 年伦琴发现 X 射线以后创立的最重要学科之一，它奠基于物理学的几项重要进展，其中包括 1912 年马克斯·冯·劳厄发现晶体对 X 射线的衍射，1927 年阿瑟·康普顿和查尔斯·威尔逊发现晶体对电子的衍射，以及 1931 年鲁斯卡建造的第一台电子显微镜。上述几项重大的物理学进展使人类掌握了在原子层次上研究物质内部结构的手段，它们分别获得 1914、1937 和 1986 年的诺贝尔物理学奖。1901 年伦琴获得的诺贝尔奖还是历史上第一个诺贝尔物理奖。通过研究物质内部结构与性质的关系，晶体结构分析有力地促进了各相关学科的发展。晶体结构分析的发展，是一个不断完善自身和不断扩大应用的过程。表 7-1 所示的诺贝尔奖年谱记录了晶体结构分析历史上的重大事件，同时也展示了它与其他学科相互作用所产生的丰硕成果。

表 7-1 与 X 射线和晶体结构分析有关的诺贝尔奖年谱

学科	年份	得 奖 者	内　　容
物理	1901	威廉·康拉德·伦琴	X 射线的发现
	1914	马克斯·冯·劳厄	晶体的 X 射线衍射
	1915	威廉·亨利·布拉格	用 X 射线对晶体结构的研究
		威廉·劳伦斯·布拉格	
	1917	查尔斯·格洛弗巴拉克	发现元素的特征 X 射线
	1924	曼内·西格巴恩	X 射线光谱学
	1927	阿瑟·康普顿	康普顿效应
		查尔斯·威尔逊	
化学	1936	彼得·约瑟夫·威廉·得拜	X 射线和气体中的电子衍射研究来了解分子结构
	1954	莱纳斯·鲍林	化学键的本质研究
	1962	马克斯·佩鲁茨	肌红蛋白结构确定
		约翰·肯德鲁	
生理医学	1962	弗兰西斯·克里克	脱氧核糖核酸结构确定
		詹姆斯·杜威·沃森	
		莫里斯·威尔金斯	
化学	1963	卡尔·齐格勒	聚合物研究
		居里奥·纳塔	
	1964	多梦西·克劳福特·霍奇金	通过 X 射线在晶体学上确定了一些重要生化物质结构
	1976	威廉·利普斯科姆	对硼烷结构的研究
	1982	亚伦·克拉格	通过晶体的电子显微术在测定生物物质的结构方面的贡献
	1985	赫伯特·豪普特曼	直接法解析结构
		杰罗姆·卡尔勒	
	1987	唐纳德·克拉姆	研究和使用对结构有高选择性的分子
		让·马里·莱恩	
		查尔斯·佩特森	
	1988	约翰·代森霍费尔	光合作用中心的三维结构的确定
		罗伯特·胡贝尔	
		哈特穆特·米歇尔	

劳厄发现 X 射线衍射，布拉格父子（威廉·亨利·布拉格和威廉·劳伦斯·布拉格）迅速建立了用 X 射线衍射方法测定晶体结构的实验手段和理论基础。这使人类得以定量地观测原子在晶体中的位置，为此他们两人同获 1915 年的诺贝尔物理学奖。晶体结构分析最初用于一些简单的无机化合物，如威廉·劳伦斯·布拉格对碱金属卤化物结构进行研究，并提出原子半径的概念。晶体结构分析在研究无机化合物上取得的成功，引起了人们对有机物尤其是生命物质内部结构的研究兴趣。美国莱纳斯·鲍林领导的小组花了十几年的时间，测

定了一系列的氨基酸和肽的晶体结构，从中总结出形成多肽链构型的基本原则，并在1951年推断多肽链将形成 α-螺旋构型或折叠层构型。这是通过总结小分子结构规律预言生物大分子结构特征的非常成功的范例。为此鲍林获得 1954 年的诺贝尔化学奖。英国多梦西·克劳福特·霍奇金领导小组测定了一系列重要的生物化学物质的晶体结构，包括青霉素和维生素，她因此获得 1964 年的诺贝尔化学奖。美国威廉·利普斯科姆研究硼烷结构化学的工作获得 1976 年的诺贝尔化学奖。英国剑桥大学 Cavendish 实验室在分子生物学发展史上有两项具有划时代意义的发现，其中一项是 1953 年弗兰西斯·克里克和詹姆斯·杜威·沃森根据 X 射线衍射实验建立了脱氧核糖核酸的双螺旋结构，它把遗传学的研究推进到分子的水平。这项工作获得了 1962 年的诺贝尔生理学和医学奖。另一项是用 X 射线衍射分析方法在 1960 年测定出肌红蛋白和血红蛋白晶体结构的工作，这项工作不仅首次揭示了生物大分子内部的立体结构，还为测定生物大分子晶体结构提供了一种沿用至今的有效方法——多对同晶型置换法。作为这项工作的代表人物马克斯·佩鲁茨和约翰·肯德鲁获得 1962 年的诺贝尔化学奖。在佩鲁茨和肯德鲁两人之后由于测定蛋白质晶体结构而获诺贝尔奖的还有美国的约翰·代森霍弗尔和德国的罗伯特·胡贝尔和哈特穆特·米歇尔，他们因测定了光合作用中心的三维结构而获得 1988 年诺贝尔化学奖。所有这些获奖工作都是以晶体结构分析为研究手段，可以说，没有晶体结构分析本身在理论和技术上的长期积累，就不会有上面获得诺贝尔奖的杰出成果，因此晶体结构分析技术对现代科技发展的影响深远而巨大。

7.3　晶体结构解析一般步骤

7.3.1　X射线单晶衍射仪的基本构造

顾名思义，单晶衍射仪是进行单晶衍射及结构分析而设计的。以德国 Bruker 公司的 APEXII DUO 型号为例，见图 7-1，主要配置包括：X 光源（Mo/Cu 双光源系统）、4K CCD 二维探测器、固定 κ 轴的 3 轴测角仪、循环水冷系统、成像软件、面探测器数据收集整体方案最优化组织软件、SHELXTL 结构解析和精修软件、液氮低温系统（可选配）等。

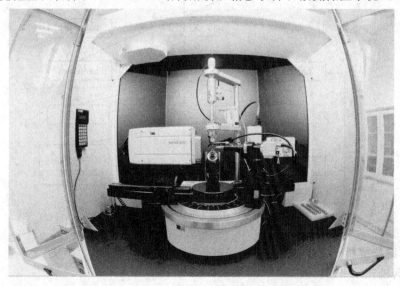

图 7-1　X 射线单晶衍射仪

目前使用最为广泛的方法是 CCD 面探法。CCD 面探法在数小时内可测出晶体结构（四圆衍射法可能需要数天完成，更早时期的照相法可能需要数年才能完成）。应特别指出的是 X 射线衍射不能定出化合物中的氢原子，因氢原子核外只有一个电子，对 X 射线的衍射非常微弱。氢原子的准确定位要用到中子衍射或电子衍射。

通过单晶衍射仪收集单晶衍射数据后，常用 SHELXTL 系列软件解析单晶结构（以下均以此软件使用为例）。SHELXTL 系列结构分析软件包是由德国 Göttingen 大学 Sheldrick 教授等编写，主要版本有：SHELX86，SHELX93，SHELX97 及 SHELXTL。

从 SHELXTL 运行图（图 7-2）可看出，SHELXTL 软件包由五个主要程序构成：XPREP，XS，XP，XL，XCIF。它们使用的文件为"name. ext"，其中"name"是一个描述结构自定义的字符串，不同的"ext"则代表着不同的文件类型。在 SHELXTL 结构分析过程中，主要涉及三个数据文件：name. hkl，name. ins 和 name. res，其中 *.ins 和 *.res 文件具有相似的数据格式，区别只是 *.ins 是指令（instruction）文件，它主要是充当 XS 及 XL 的输入文件，而 *.res 是结果（result）文件，主要保存 XS 及 XL 的结果。*.ins 和 *.res 文件中主要包含单胞参数、分子式（原子类型）、原子位置坐标及 XL 指令等，它们是由一些指令定义的 ASCⅡ 格式文件。*.res 文件还包含有直接法 XS 或最小二乘法 XL 产生的差傅里叶峰。*1.raw，*2.raw 等文件是记录 CCD 最原始文件，为吸收校正而保留。*.ls 记录数据处理文件，包含数据完成度及最后精修单胞参数所用的衍射点。*.abs 为校正结果文件，主要包含 T_{min} 和 T_{max}。*.hkl 是经吸收校正后的衍射点文件。*.p4p 为矩阵文件，包含单胞参数。*.hkl 文件是 ASCⅡ 类型的衍射点数据文件，包含 H、K、L、I 和 $\sigma(I)$ 等参数。

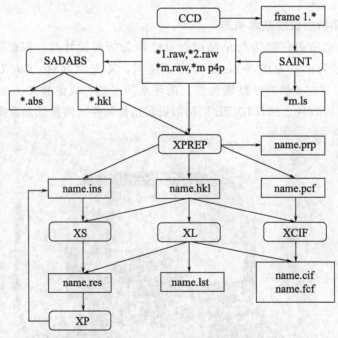

图 7-2 SHELXTL 运行图

7.3.2 晶体结构解析一般步骤

（1）数据校正——SADABS

SMART CCD 由于设备的特殊性使得它不具有四圆衍射仪一样的 PSI 校正（由晶体外

观的不对称性而引起），但由于在 CCD 所收集的数据中有很多等效点，因此也可拟合出一条经验校正曲线。SADABS 就是 Sheldrick 特别为 CCD 数据编写的校正程序。由于 SADABS 使用等效点，因而要求输入正确的劳埃群，只有正确的劳埃群才能保证校正的正确性。SADABS 还提供了与 θ 有关的球形校正，其原理是在不同的 θ 角衍射时，X 射线通过的光程不同，因而吸收也不同。该校正要求 μ_R 值，其中 R 为晶体几何尺寸中最小的边长。晶体的吸收因子 μ 由化合物的分子式决定，因而只有在结构完全解释出来之后才进行这个校正。

（2）数据处理——XPREP

XPREP 主要用于处理衍射数据，输出可用于输入 XS/XL 子程序的 *.ins，*.hkl，*.pcf 和 *.prp 文件。XPREP 程序是为 SHELXTL 特别设计的，具体来说，可用于：①确定晶体的空间群；②转换晶胞参数和晶系；③对衍射数据做吸收校正；④合并不同颗晶体衍射数据；⑤对衍射数据进行统计分析；⑥画出倒易空间图和帕特森截面图；⑦输出其他子程序所需的文件等。它的使用命令是：

Xprep name ↘

它是一个交互式菜单驱动程序，提供了一个缺省运行过程。

① 从 name.hkl 文件（若存在）或 name.raw 文件中读入衍射点。

② 从 name.p4p 或键盘获得单胞参数及误差。

③ 判断晶格类型　XPREP 可按照平均 $I/\sigma(I)$ 来确定一个晶格类型，但实际上较弱的衍射点其 $\sigma(I)$ 也可能较小，因而这个判断标准未必很准确。平均强度值应该是一个更为准确的判断标准，若某一项的平均强度远小于全部衍射点的平均强度时，一般认为具有这种晶格的消光性质，即应选取这种晶格，但具体标准却往往难以详细确定。

④ 寻找最高对称性　单胞参数只是晶体对称性的外在表现形式，衍射点的对称才是晶体对称性的内在表现。虽然 SMART 中也对晶格类型进行判断，但由于 CCD 中搜寻衍射点的对称性的代价较为昂贵，通常在收集数据时不检测衍射点的对称性。这样导致在收集数据时所判断的对称性不准确，而且由于此时进行指标化的衍射点未必很好，可能导致某些轴之间的偏差比设定的偏差大，从而不能得到真正的对称性。因此，在 SAINT 以大量的衍射点精修单胞参数之后，单胞参数趋向真实值，此时再对单胞参数进行转化，可以更准确地得到晶体的对称性。一般按照衍射点的一致性因子 R_{int} 来选取最高的对称性，不能随意地降低晶体的对称性。尽管降低对称性比较容易得到初结构，但最后精修往往得不到好的结果。表现在一个单胞中存在多个独立单元，某些单元中的原子漂移得很厉害甚至无法找到。一般 R_{int} 在 0.15 以下的对称性是可以接受的。

⑤ 确定空间群　XPREP 按照选定的晶系、晶格类型、E 值统计、消光特点来判断空间群，并给出了可能的空间群及其对应的综合因子 CFOM。这是一个重要的判据，CFOM 值越小，该空间群正确的可能性越大。一般 CFOM 小于 0.01 表明建议的空间群在很大程度上可能是正确的，如 CFOM 大于 0.10 则表明可能是错误的。通常对于 CFOM 小于 0.10 的空间群可选择性接受。在空间群的判断过程中，要注意的是，大部分晶体都是有心的，因此应尽量选取有心空间群，只有在有心空间群无法解释时才选无心空间群。

⑥ 输入分子式　SHELXTL 在进行结构解释时，分子式并不十分重要，重要的只是原子的种类。但在含有机基团的情况下如只提供原子种类一般难以进行结构解释，这种情况下就必须提供有机基团的结构类型，如六元环可能是苯环，也可能是吡啶环，甚至其他的环，若不知基团类型则难以进一步解释。另外，在产生结构报表时，也需要准确的分子式；而在

进行与 θ 有关的校正时也需要准确的分子式。在输入原子种类之后，XPREP 将产生 name.ins 及 name.hkl 文件，到此完成数据处理的准备工作。

（3）结构解析——XS

除异质同晶化合物结构解析（可以套用其结构）外，任何化合物都必须应用 XS 对结构进行初步解析。SHELXTL 中 XS 可通过直接法或重原子法对结构进行解析。其运行命令为：

　　xs name ↙

它要求存在 name.ins 及 name.hkl 两个文件。运行后产生新的 name.res 文件，在 name.res 文件中，XS 自动按照所给原子种类把最强的电子峰命名为最重的原子，并把后续的电子峰按其强度进行可能的命名，同时还进行结构修正，产生差傅里叶峰。某些情况下，XS 结果是极其准确的，它可以直接得到大部分结构（直接法）。判定直接法质量的参数有：CFOM 及 RE，这些值越小说明直接法越成功。通常情况下 CFOM 在 0.1、RE 在 0.3 以下表明直接法可能是可行的，但直接法也有其局限性，如对于单斜晶系有心空间群，常将空间群降低成无心结构。对于这种情况，可以在结构完全解析后再还原成有心结构，或者可使用重原子法解决。在有超过 Na 的重原子存在的条件下，重原子法往往可以给出较好的结果。

XS 要求的 name.ins 的指令格式如下：

```
    TITL xyyi in P2 (1) 2 (1) 2 (1)                              /标题
CELL  0.71073  5.9647  9.0420  18.4029  90.000  90.000  90.000   /波长及单胞参数
ZERR  4.00     0.0005  0.0008  0.0017   0.000   0.000   0.000    /Z 值及参数偏差
LATT −1                                    /晶格（1：P；2：I；3：R；4：F；5：A；6：B；7：C）
                                           /对称心（有心：正值；无心：负值）
SYMM 0.5−X, −Y, 0.5+Z                       /对称操作码，忽略 SYMM x, y, z
SYMM-X, 0.5+Y, 0.5−Z
SYMM 0.5+X, 0.5−Y, −Z
SFAC C H O S                               /原子类型
UNIT 44  40 8  4                           /原子个数
TREF                                       /直接法
HKLF 4                                     /衍射点形式
END
```

下面是直接法产生的部分信息：

256. Phase sets refined-best is code 1071101. with CFOM= 0.0504

Fourier and peak search

RE=0.137 for 14 atoms and 258 E-values

Fourier and peak search

RE=0.120 for 14 atoms and 258 E-values

Fourier and peak search

产生的 res 文件如下：

```
TITL xyyi in P2 (1) 2 (1) 2 (1)
CELL  0.71073  5.9647  9.0420  18.4029  90.000  90.000  90.000
ZERR   4.00  0.0005  0.0008   0.0017  0.000   0.000   0.000
LATT−1
SYMM 0.5−X, −Y, 0.5+Z
```

SYMM-X, 0.5＋Y, 0.5－Z
SYMM 0.5＋X, 0.5－Y, －Z
SFAC C H O S
UNIT 44　40 8　4

/以上部分与 ins 文件相同

L.S. 4
BOND
FMAP 2
PLAN 20
S1　4　0.1897　0.6807　0.7416　11.000000　0.05　　　　　/最强峰命名为 S
Q1　1　0.6672　0.8003　0.6769　11.000000　0.05　219.00　　/差傅里叶峰
Q2　1　0.3137　0.5023　0.6253　11.000000　0.05　171.90
⋯⋯⋯⋯⋯
HKLF 4
END

　　TREF 定义了 XS 采用直接法进行结构解析，若想采用重原子法，则把 TREF 改成 PATT。

　　(4) 结构图形——XP

　　XP 提供了多种功能，除了可以绘制结构图形之外，主要使用它分析化合物的结构，并把差傅里叶峰命名为原子。它的运行命令为：

　　xp name ↘

　　XP 读取 name. res 文件的所有数据，否则可通过使用下列命令强制 XP 读取 name. ins 文件的数据：

　　xp name. ins ↘

　　XP 是一个交互式菜单驱动程序，包含九十多个命令，每个命令之后可以带有参数及关键词。可通过 XP 下的 help 命令来列出所有 XP 的命令，并可通过 help inst（inst 代表某一命令）来获得该命令的含义及使用方法。如键入

　　help arad ↘

　　将出现如下解释：

　　ARAD ar br sr keywords

Defines atomic radii for the specified atoms (that must be in the current FMOL list). 'ar' is the radius in Angstroms used for representing the atom as radius used to fefine bonds and is employed by the FMOL, SRCH, ENVI, PACK, GROW and UNIQ instructions; these instructions automatically generate a bond between two atoms when it is shorter that $br(1)+br(2)+\delta$, where the parameter delata may be specified (the default value is 0.5). The resulting connectivity table may be edited using JOIN, LINK, PRUN or UNDO. 'sr' is the radius to be used in space-filling models (SPIX and SFIL).

　　The (new) atom name (i. e. element symbol) determines the default values of ar, br and sr on reading in the atoms or renaming them by means of PICK or NAME; on generating symmetry equivalent atoms the current radii are copied. The INFO instruction lists atom radii etc.

　　XP 中主要的关键词（keyword）有：

all　　　　　　　　　　　/表示当前原子表的所有原子

to　　　　　　　　　　　/表示连续的一段原子

$E　　　　　　　　　　 /表示某一类原子，如 $C 表示所有 C 原子，$q 表示所有差傅里叶峰。

　　XP 程序中常用的命令有：

　　① FMOL ↘　FMOL 调用所有的原子及差傅里叶峰（为简单起见，在后续中都把它当作原子）并形成一个原子表，通常是 XP 在读取文件之后的第一个命令，只有被 FMOL 调用后的原子才参与后续的所有计算。

　　② INFO ↘　该命令显示当前原子表中的所有原子的参数，包括原子类型、坐标、半径、同性温度因子及峰高，通常在 FMOL 之后都使用这一命令来检查原子信息，如温度因子是否合理等。在 SHELXTL 中，反常原子（原子位置不准确，原子类型不符合）的温度因子通常都不正常。较高的温度因子表明该原子可能太重或根本不存在，较小的温度因子表明该原子可能太轻。下面是 INFO 显示的信息：

Atom	SFAC	x	y	z	ATYP	Color	ARAD	BRAD	SRAD	Ueq	Pea
Cu1	6	0.48241	0.59657	0.61165	6	12	0.30	1.33	1.83	0.05	

　　其中 ARAD 及 SRAD 使用于绘图，BRAD 为共价半径，使用于成键判断。

　　③ ARAD ↘　ARAD 定义了原子半径：ARAD，BRAD，SRAD，其中 ARAD 及 SRAD 只与绘制结构图时有关，而 BRAD 则定义了成键间距（共价半径），在 SHELXTL 中，成键距离设置为 br1＋br2＋δ，其中 δ 的缺省值为 0.5。ARAD 使用方式如下：

arad ar br sr keyword

　　④ PROJ ↘　显示原子结构图形，并提供菜单使图形旋转等。该命令主要使图形转动到某一合适位置便于观察，它是观察化合物结构的主要手段。

　　⑤ UNIQ atom ↘　在研究的化合物结构中，可能存在多个碎片，UNIQ 命令的使用可以从多个碎片中孤立出某一碎片，以便更加清楚了解此碎片的结构细节。使用 UNIQ 命令时，XP 以选定的某原子为初始原子，按照（br1＋br2＋δ）间距寻找与其键联的原子（若某原子本身不与其发生键联，但通过对称操作可发生键联，则自动移动到这一对称位置），再以寻找到的原子为中心，一直重复到不能找到符合条件的原子为止。使用 UNIQ 命令后，当前的原子表发生变化，以后的操作都只针对这些独立出来的原子进行，可以通过 FMOL 重新调用所有原子。UNIQ 命令只能从结构中孤立出某个碎片，但若碎片本身并不完整，如通常所说的只出现"一半的结构"，其另一半可通过对称操作产生出来，此时需使用 GROW 命令。

　　⑥ GROW 及 FUSE ↘　GROW 命令使用当前的所有原子及所有的对称位置来对化合物进行扩展，对结构不完整的单元可以使用这一指令。假设结构中存在对称面，而在结构解释中只出现一半的原子，GROW 命令就可找出另一半原子使得化合物的结构变得完整。GROW 出来的原子不能带入下一步精修，必须把它删除（结构解析中只能采用独立原子）。此时可使用 FUSE 命令，删除那些通过对称操作使得这个原子与某一原子的间距小于 0.5 的原子。如：O1 通过对称操作产生 O1A 原子，O1A 原子也可通过对称操作移到 O1 位置，此时它跟 O1 的距离就变成 0.0，因而 O1A 原子应被删除。

　　⑦ PICK keyword ↘　PICK 命令以图形显示当前原子表的所有原子，投影角度与上次的 PROJ 相同。按照当前原子表的顺序从下往上显示满足条件的原子，并闪烁显示其周围

所有键。其中 keyword 是可选择项，缺省的是全部原子。被选定的原子在闪烁时，XP 将显示其峰高及其周围的键，此时可以对这一原子进行操作：<SP>键跳过这一原子；<BS>键则忽略上一步操作并回退；<ESC>键忽略所有操作并返回；</>键保存当前所有操作并返回；<CR>键则有两个用途：直接<CR>删除原子，输入原子名称并<CR>重命名原子（同时按照输入的名称重新设置原子类型）。PICK 后的原子的排列顺序非常乱，此时可使用 SORT 命令来对原子进行重排。

⑧ SORT ＄E1 ＄E2… ↘　该命令用于按 E1、E2 的次序重新排序原子。

⑨ ENVI keyword ↘　虽然 PICK 命令在运行时可显示出当前原子的成键情况，但这些数值中不包含因对称操作引入的键，而且也不提供键角。ENVI 可显示某一原子周围的所有键及其键角。keyword 可用于指定某一原子，如 envi Hf1 ↘，其显示模式如下：

O7　1555　　2.090

O8　1555　　2.091　　83.2

O9　1555　　2.081　　84.1　　83.2

第一列显示成键原子名称，第二列显示其位置，第三列显示键长，后面的则是相应的键角。如可以看出 Hf1—O8 的键长为 2.091Å，O7—Hf1—O8 键角为 83.2°。

⑩ NAME oldname newname ↘　在这个命令中，还可用"？"来代替所有除空格外的字符，如：

NAME q? c? ↘

表示将 Q1 到 Q9 的所有峰重命名为 C1 到 C9（Q＊存在且 C＊不存在情况下），还可用 q?? 来代表 Q10 到 Q99 的所有峰。

⑪ KILL　用 KILL 命令来删除某些指定的原子，一类原子或所有原子。命令格式分别为：

KILL S1 ↘，KILL ＄S ↘，KILL S1 to Q5 ↘

分别表示删除 S1 原子，删除所有 S 原子和删除 S1 到 Q5 的所有原子（info 列出的顺序）。

⑫ HADD type dist U keyword ↘　由于弱衍射的缘故，氢原子在 X 射线衍射数据中难以准确定位。通常采用几何加氢并进行固定的方式来处理氢原子，HADD 提供了理论加氢功能。加氢命令中，dist 及 U 分别定义了 H 原子与母原子的间距及加上 H 原子的温度因子值，但通常被忽略。keyword 定义了要加氢的原子，可以是某些原子或某一类原子或者全部原子。type 定义了加氢类型，常见的加氢类型有 type 为 1 表示加叔碳氢—CH；2 表示加仲碳氢—CHH；3 表示加伯碳氢—CH_2H；4 表示加芳香烃碳氢—CH 或氨基氢—NH；9 表示加烯烃碳氢＝CHH。若忽略所有参数，HADD 自动按照 C、N、O 周围的成键类型及键角进行理论加氢。但此时某些原子周围的氢可能加错，特别是对构型为 X—C—Y 的 C 原子，如苯环上的 C 原子及正丁基上除端 C 之外的 C 原子，X—C—Y 键角更靠近 109°，将按仲碳加两个氢，而若更靠近 120°，则按芳香烃类型加一个氢。对于这些原子，若加氢类型不符合，可以首先删除这些原子上加入的 H 原子，再通过指定加氢类型来加氢。

⑬ FILE name ↘　FILE 命令保存当前的原子数据。若使用 UNIQ 命令，则只保存此时的原子数据，其他原子将不被保存。因此在使用 FILE 命令前，最好先使用 FMOL 命令调用所有的原子，除非想删除其他碎片的原子。FILE 命令也可以把差傅里叶峰当作原子保存下来，因而必须先删除差傅里叶峰，即 Q 峰，否则自动把它当作 SFAC 中第一类型的原

子参与后续的计算。

⑭ ISOT ↘ ISOT 把某些原子从各向异性修正转化成各向同性修正。在 XL 指令中有把各向同性修正转化成各向异性修正的指令，但不提供相反的指令。对于那些使用各向异性修正时有问题的原子，如非正定，温度因子太大等，可在 XP 中使用 ISOT 使之转化成各向同性进行修正。

⑮ QUIT 或 EXIT ↘ 这两个命令用于退出 XP。

（5）数据修正——XL

SHELXS 解出结构中原子坐标通常不是很精确，部分或全部原子种类指定错误，缺少一些详细的结构信息（H 原子，无序，溶剂分子等）。第一个 .res 文件中的原子位置不是衍射实验的直接结果，而是由测得强度和部分已固定位相的计算得到电子密度函数的解。由得到的 .res 文件中的原子位置计算可得到更好的位相，从而可以得到更高精确度的电子密度函数。再由新的电子密度图，可得到更精确的原子位置，从而得到更好的位相，如此反复推算。

SHELXTL 的 XL 程序包含结构修正、产生差傅里叶峰、产生 CIF 文件等。XL 运行时要求存在两个文件：name.hkl，name.ins 文件。它的运行命令为：XLname。从 name.ins 文件中读取所有指令及原子坐标，并从 name.hkl 文件中读取衍射点数据，并按照空间群的等效性对衍射点进行平均，得到一致性因子 R (int) 及 R (sigma)：

$$R(\text{int}) = \sum \mid F_0^2 - F_0^2(\text{mean}) \mid / \sum [F_0^2]$$

$$R(\text{sigma}) = \sum [\sigma(F_0^2)] / \sum [F_0^2]$$

在 XL 中，所有衍射点的强度采用最小二乘修正程序（$I=F^2$），而不像其他结构修正程序，采用的是 F，并忽略较弱的衍射点。在 SHELXTL 中 R_1 因子及 GOF 因子的表达式如下：

$$wR_2 = \sqrt{\sum [w(F_0^2 - F_C^2)]^2 / \sum [w(F_0^2)^2]}$$

$$R_1 = \sum \parallel F_0 \mid - \mid F_c \parallel / \sum \mid F_0 \mid$$

$$\text{GOF} = S = \sqrt{\sum [w(F_0^2 - F_0^2)^2]/(n-p)}$$

XL 完全按照 name.ins 中指令的控制运行，以 xyyi.ins 为例熟悉基本的 XL 指令：

```
TITL xyyi in P2 (1) 2 (1) 2 (1)
CELL  0.71073  5.9647  9.0420  18.4029  90.000  90.000  90.000
ZERR  4.00    0.0005  0.0008  0.0017   0.000   0.000   0.000
LATT −1
SYMM 0.5−X, −Y, 0.5+Z
SYMM-X, 0.5+Y, 0.5−Z
SYMM 0.5+X, 0.5−Y, −Z
SFAC C H O S
UNIT 44  40 8  4
----------------------------------------------/基本指令，顺序不能更改
ACTA                                          /产生 CIF 报表
L.S. 4                                        /修正轮数
BOND                                          /产生缺省键长及键角
```

FMAP 2	/产生差傅里叶峰
PLAN 20	/产生 20 个差傅里叶峰
CONF	/产生所有扭转角
MPLA C1 C2 C3 C4 C5	/计算最小二乘平面
WGHT 0.1107 0.3361	/权重因子
FVAR 0.59501	/标度因子

```
X Y Z SOF U11  U22  U33  U23  U13  U12
S    4  0.19020  0.68142   0.74046  11.00000  0.04137  0.03493=
        0.04055  −0.00328  0.00839  −0.00463

O1   3  0.15683  0.41119   0.62891  11.00000  0.05972  0.04617=
        0.05024  −0.00744  0.00689  −0.01442
……
```

| HKLF 4 | /衍射点数据格式：h，k，l，I，σ（I） |
| END | |

下面按指令用途分别介绍部分常用指令。

① 衍射点数据　这一类指令除了 HKLF 之外，还有 OMIT 指令，它使用于删除某些衍射点使之不参与结构修正及差傅里叶峰的计算。常用的指令格式有：OMIT h k l。它使用于删除某些特殊的衍射点。一般情况下，在 .lst 文件里的 Δ（F^2）/esd>4 所对应的衍射点可以删除。在 XL 修正中，若消光比较严重而 name.ins 中没有设置 EXTI 时，将给出提示，用于校正因二次消光引起的衍射点强度的衰减。

② 原子表和最小二乘约束　在 name.ins 中的原子表的格式为：atomname sfac x y z sof U or U11 U22 U33 U23 U13 U12。各参数+10 代表着这个参数在 XL 修正过程中将固定。实际上，SHELXTL 5 之后，对于特殊位置坐标以及连带的温度因子的固定不必再进行干涉，XL 会自动给出固定码，因而所需固定的大都是 sof（占有率）及可能的温度因子，XS、XL、XP 产生的 sof 都是固定的，若要修正 sof，需通过人工修改。主要的这一类指令包含有：

a. MOVE　MOVE 指令的使用格式为：MOVE dx dy dz sign，其中 sign 为+1 或−1，它使指令之后的原子的坐标变为：$x=dx+sign\times x$；$y=dy+sign\times y$；$z=dz+sign\times z$。由于结晶学中单胞是沿坐标轴扩展的，因而 dx，dy，dz 取任何整数都是可以的，对于有心空间群，sign 可以为+1，也可以为−1，对于无心空间群，sign 取−1 表示着手性的转换。另外在三斜，单斜，正交晶系中，dx，dy，dz 取 0.5 也是可以的。这个移动除了使用于无心空间群中的手性转化之外，主要使用于坐标位置的合理化。通常情况下，原子坐标位于0~1之间。

b. ANIS　ANIS 指令使氢之外的原子的温度因子转化为各向异性，它的指令格式为：ANIS n，它使后续的 n 个原子转化成各向异性，若忽略 n，将使指令之后的所有原子转化成各向异性。还可以使用：ANIS names，来使特定的某原子或某一类原子转化成各向异性，如 $C 将使所有 C 原子转化成各向异性，C1>C4 将使 INS 文件中 C1 到 C4 之间的所有原子转化成各向异性。

c. EQIV　EQIV 指令定义了某对称操作，它主要使用于定义某些通过对称操作产生的原子，使这些原子参与结构报表的计算，其指令格式为 EQIV $n symmetry operation。

d. AFIX　AFIX 指令约束并/或产生理想的位置坐标。它的指令格式如下：

AFIX mn d sof U

· · ·

AFIX 0

通常情况下 AFIX 使用于理论加氢，而且 d、sof 及 U 值被忽略，它直接由 XP 中的 HADD 命令产生。AFIX 还可以使用于五元环，六元环等的刚性修正。

e. DFIX DFIX 指令约束原子对之间的间距。它的指令格式如下：DFIX d s a1 a2 a3 a4…。它使第一、二原子（a1 和 a2），第三、四原子（a3 和 a4）之间的距离约束在 d 范围在，偏差为 s（可忽略）。

f. SAME SAME 指令使两基团之间对应原子之间的间距在偏差范围之内相同。它的指令格式如：SAME s1[0.03] s2[0.03] atomname，如存在两个正丁基：C11—C12—C13—C14—和 C21—C22—C23—C24—，其中第一个的结构比较合理，而第二个不合理，此时 INS 文件中 C11…拆借的排列为：

C11 ……

C12 ……

C13 ……

C14 ……

C21 ……   /注意：相应原子的排列必须相同

C22 ……

C23 ……

C24 ……

此时就可在 C21 前加入指令：SAME C11＞C14，使得 C21…C24 的结构修正到与 C11…C14相似。

③ 最小二乘参数 最小二乘的主要参数有：

L. S. nls   /定义最小二乘修正的轮数

WGHT a b   /权重参数

其中的权重参数可从上一次 XL 修正得到的 name. res 文件中得到，WGHT 参数的选择使 GOF 因子尽量靠近 1.0。

④ 结构报表 在 SHELXTL 中，所有数据及偏差全部从协矩阵中得到，而且这些数据都必须通过 XL 修正过程才能得到。SHELXTL 提供的数据有：键长，键角，扭转角，最小二乘平面等。主要的这一类指令包括有：

a. BOND BOND 指令产生键长及键角，可以通过设置参数来产生某些特殊的键长及键角：BOND atomname。

b. CONF CONF 指令使用于产生扭转角，可通过设置原子来产生特殊的扭转角：CONF atomname。

c. MPLA MPLA 指令使用于产生最小二乘平面，指令格式如：MPLA na atomname1…，它将以设置的原子中的前 na-个原子计算最小二乘平面，同时给出所有原子与这个平面的距离。若有多个平面，相邻两个平面之间的角度同时给出，可以忽略 na-这一参数，此时采用所有给出的原子来计算最小二乘平面。如：MPLA C1 C2 C3 C4 C5，将计算通过 C1、C2、C3、C4、C5 的最小二乘平面，而 MPLA 3 C1 C2 C3 C4 C5 将计算通过 C1，C2，C3 的最小二乘平面，它们都将给出 C1、C2、C3、C4、C5 这五个原子到这个最小二乘平面的距离。若有多个 MPLA 指令，XL 将给出相邻平面之间的夹角。

⑤ 傅里叶峰 定义傅里叶峰的指令主要有两个。a. FMAP 指令定义傅里叶峰类型，通常采用：FMAP 2，它定义了产生的傅里叶峰为差傅里叶峰。b. PLAN 指令定义产生的傅里叶峰的数目：PLAN npeaks，当 npeaks 为负数，负的傅里叶峰将同时产生。XL 修正产生的结果保存在相应的 name. lst 文件中，包括键长，键角，最小二乘平面等。实际上，最小二乘平面产生的结果也只能在这个文件中才能找到。

（6）结构报告——XCIF

结构解析和精修完成后，其结构完全确定，R 因子较小，权重因子合适 [GOF≈1]，分子式正确，绝对结构构型正确，shift/esd 趋于 0，这时候就可以产生结构报表。通常需要的结构报告有两种：CIF 文件及可打印报表文件。

XCIF 取代 XL 产生的 CIF 文件中部分未知的项，主要是单胞的对称性及空间群名称，它使用 XPREP 产生的 name. pcf 文件中的内容来取代这些项，因此要注意空间群是否在 XPREP 之后发生变化，通常是无心转化成有心的类型。同时 CIF 还产生结构报表，这些表格是以 ASCⅡ 格式存在的，可直接进行打印。产生报表的 XCIF 运行命令为：

XCIF　name ↘

它是交互式菜单驱动程序，其菜单有：

[S] Change structure Code　　　　　　[X] Print from SHELXTL XTEXT format file
[R] Use another CIF file to resolve ? items　[C] Set compound name for table (currently 'sample')
[N] Set next table number (currently 1)　　[T] Crystal/atom tables form . cif
[F] Structure factor tables from . fcf　　　[Q] Quit
Option [R]:

一般选择 T 产生晶体结构报表，程序中提供了缺省的菜单操作。在其运行过程中，注意在 "Filename for tables (＜CR＞ to print directly) []:" 选项中输入文件名，在 "Filename extension for xcif. ??? Format definition file [ang]:" 选项中输入 def，它将产生 plain text 格式的 ASCⅡ 文件。在前选项中输入 name. rta 文件名，在后一选择中输入 rta，将产生可用 word 软件打开的 rich text format 格式文件，否则将可能产生其他格式的 ASCⅡ 文件。

7.4 SHELXTL 程序中常用指令

7.4.1 进入 XPREP，程序确认晶体类型后显示的所有菜单

[D]	Read，Modify or Merge　DATDSETS	读入、更改、合并衍射数据
[P]	Contour PATTERSON　Secions	计算显示 Patterson 截面
[H]	Search for HIGHER mertric symmetry	寻找更高的对称性
[S]	Determine or input SPACE　GROUP	确定或输入已知的空间群
[A]	Apply ABSORPTION　corrections	吸收校正
[M]	Test for MEROHEDRAL TWINNING	孪晶缺面试验
[L]	Reset LATTICE type of Original Cell	重设原始晶胞的晶格类型
[C]	Define unit-cell CONTENTS	定义单胞的化学组成
[F]	Setup SHELXTL FILES	建立计算指令文件
[R]	RECIPROCAL Space Displays	显示倒易空间

[U]　　UNIT-CELL transformations　　　　　转换晶胞

[T]　　Change TOLERANCES　　　　　　　改变一些变量的容忍值

[O]　　Self-rotaion function　　　　　　　　自旋函数

[Q]　　Quit Program　　　　　　　　　　退出程序

7.4.2　XS中常见指令

ACTA　　产生 cif 文件

AFIX　　将原子坐标强制地固定在指定位置上，或在指定位置上产生原子

ANIS　　将各向同性换成各向异性精修

BOND　　计算键长、键角（BOND ＄H，表示计算含 H 在内的键长和键角）

BIND　　计算指定原子对的键长和键角

CONF　　计算扭转角

DELU　　限制指定原子具有相似的位移参数

DFIX　　限制指定原子对间的距离

EADP　　给两个或多个原子指定相同的位移参数

END　　 指令输入结束

EQIV　　提供分子内或分子间键合原子的对称操作码

ESEL　　限制 E 值的上、下限

EXTL　　对晶体消光效应参数进行精修

EXYZ　　让两个或多个原子具有相同的坐标

FLAT　　限制指定原子在相同的平面上

FMAP　　所计算傅里叶图的类型

FREE　　不计算指定原子对的键长和键角

FVAR　　全比例系数

HFIX　　限制 H 原子在理想位置上

HKLF　　衍射数据的格式

HTAB　　计算氢键

ISOR　　限制指定原子的位移参数类似于各向同性

L. S.　　指定 XL 中用最小二乘法进行精修的轮数

LATT　　晶格的类型，依次为：P、I、R、F、A、B、C，无心为负值

MOVE　　移动或转换坐标

MPLA　　计算平面

OMIT　　忽略指定的衍射点或限定 θ 角范围

PART　　划分成键原子的范围（用于无序结构）

PLAN　　计算和列出 Q 峰的数目

SFAC　　晶体中存在的原子的种类

SIMU　　限制指定范围内的原子有相同的位移参数

SIZE　　晶体的大小

SYMM　　所属空间群的对称操作

TEMP　　衍射数据收集的温度

TITL　　样品的编号（或名称）和空间群

UNIT　　晶胞中每种原子的总个数

WGHT　　指定所用权重

ZERR　　晶胞中分子个数和晶胞参数的标准偏差

7.4.3　XL 中常见指令

ARAD　　用于画空间填充图时指定原子的半径。

ATYP　　指定分子中的原子将如何在 telp 中被表示。常用的格式是：ATYP type color keywords。Type 可以取 $-4 \sim 10$ 间的任意值；color 编码可以是 $0 \sim 10$ 间的任意值，如 0 表示黑色，1 表示绿色等；keywords 用于指定所定义的原子，如 $Cu 表示所有的铜原子，C1 to C12 表示 C1 到 C12 为指定原子。

BANG　　显示所有的键长和键角。

CELL　　显示晶胞参数。

CENT　　计算并显示所指定原子的中心位置，如 CENT C1 to C5 将计算这五个原子的中心点坐标。

DIAG　　画出带有原子标记的分子图，并保存为 diag. plt 文件，同时显示于屏幕的右上角。

EDEN　　计算电子云密度分布图。

ENVI　　ENVI δ keywords 计算出 keywords 所指定原子与在其半径加上 δ 值范围内所有原子或 Q 峰的距离，该指令对于寻找氢键、相邻分子间的短距离接触等非常有帮助。

EXIT　　退出 XP 程序。

FILE　　将操作结果保存在 name. ins 文件。

FMOL　　这通常是进入 XP 程序后使用的第一个指令，它从 name. res 文件读出晶胞参数和原子坐标等信息，并建立起原子间的连接方式。当两个原子间的距离小于两个原子的半径之和加上 δ 值时，这两个原子被认为是有成键作用。缺省的 δ 值是 0.5，FMOL 0.6 表示 $\delta = 0.6$Å。

FUSE　　FUSE δ 将所有原子"融合"到指定的 δ 范围内。该指令通常在 PUSH 指令（把原点调整到适当的位置）后使用，目的是把所有原子"集合"成最少个数的分子碎片。

GROW　　GROW δ keywords 利用晶体的对称性，找寻出对称相关的原子并组装出完整的分子，δ 的缺省值是 0.5，当分子或原子位于特殊的位置时，使用该指令可以产生完整的分子。

HADD　　用于给指定的原子，如 C、N 和 O 原子，按理论值（或设计值）添加氢原子，缺省的距离是 C—H = 0.96、　N—H = 0.90、O—H = 0.89(Å)。缺省的位移参数是 0.5（甲基和羟基），1.2（其他大多数基团）。如果不指定加氢的类型，程序会根据原子周围的环境（尤其是键长）加氢，这通常会出错，使用者在每次加氢后都必须检查其化学合理性。

HELP　　求助指令，键入 HELP 后 XP 会列出所有的指令，HELP 具体指令（如 HELP FMOL）将显示 FMOL 指令的具体功能和用法。

INFO　　在荧幕上显示所有原子和 Q 峰的坐标和位移参数等信息。

INVT　　将所有的原子通过原点倒反，主要用于对映异构体的转换。INVT x y z keywords 让 keywords 指定的原子通过点 x, y, z 倒反。

JOIN　　JOIN bond-type keywords 用于改变原子间键的表示方式，或强制性让两个原子相连接。缺省的 bond-type 是 1，表示实线，2 表示空心线，3 表示虚线。如 JOIN 3 Cu1

O2（给 Cu1 和 O2 原子间连上虚线，此时 Cu1 和 O2 原子间实际上可以有成键作用，也可以没有）；JOIN 2 Cu1（所有与 Cu1 原子相连的键都被表示为空心线）。

KILL   删除所指定的原子，如 KILL ＄Q（删除所有 Q 峰），KILL C1 to C10（删除 C1 和 C10 之间的所有原子）。

LABL   LABL code size 将定义 DIAG，SFIL，TELP，EDEN 和 OFIT 指令如何标注原子和标注字体的大小。code 告诉程序哪些原子将被标注和原子的序号是否有括号。code＝0 表示没有任何标注，1 表示不标注氢原子，原子序号不用括号，2 表示不标注氢原子，原子序号用括号，3 表示标注氢原子，原子序号不用括号，4 表示标注氢原子，原子序号用括号，size 表示标注字体大小，常用 300～600 之间的数值表示。

LINE   LINE two atoms 计算出两个原子间的连线公式，计算结果以先前计算的连线或平面间形成的夹角大小表示，并被保存，如 LINE Cu1 O1 ↘，LINE Cu1 O2 ↘，LINE Cu1 O3 ↘将计算出 Cu1—O1，Cu1—O2，Cu1—O3 三个矢量间的夹角。NOPL 指令可以删除所储存的矢量信息。

LINK   该指令基本等同于 JOIN 指令，唯一的不同是 LINK 的缺省值是 6（虚线）。

MATR   用于指定在荧幕上所希望显示的取向矩阵。MATR ↘ 给出所显示图形的取向，MATR a11 a12 a13 a21 a22 a23 a31 a32 a33 ↘将图形转换成所定义的取向，MATR 1,2 或 3 表示沿着晶胞的 a，b 或 c 轴方向观看或投影图形。

MGEN   MGEN keywords delx dely delz Xc Yc Zc 将产生在所定义体积内的所有对称等价分子。体积由 Xc ± delx，Yc ± dely，Zc ± delz 表示，keywords 指定所用原子。

MPLN   MPLN keywords 计算指定原子形成的最小二乘平面，并计算该平面与先前用 MPLN 或 LINE 指令所计算的平面的法线或矢量所形成的夹角。如 MPLN C1 to C6 ↘，MPLN C7 to C12 ↘将计算由 C1-C6 和 C7-C12 两组原子所形成的最小二乘平面以及两个平面所形成的夹角。NOPL 指令可以删除储存的平面和矢量数据。

CODE   命名原子或改变原子的种类。如 CODE Q1 Cu1 5 将把 Q1 指认为 Cu1，SFAC code 为 5；CODE Q? C? 将 Q 峰 Q1-Q9 命名为 C1-C9。

NEXT   NEXT filecode 调出通过 SAVE 指令保存为 filecode 的文件。

NOPL   删除所保存的、用 MPLN 指令产生的平面和用 LINE 指令产生的矢量。

OFIT   用于拟合所指定的原子与储存在文件中的结构模型，在 OFIT keywords 后，程序将要求输入保存结构模型的文件名，该指令可用于比较相关分子的几何结构。

ORTH   ORTH filecode 将荧幕上显示的分子坐标转换成直角坐标并保存为 filecode 文件。所产生的文件可直接输入到其他软件，如 Chem3D。

PACK   用于产生晶体堆积图，在由 PBOX 指令所定义的体积空间里通过对称操作产生分子或碎片。在获得理想的堆积图后，可通过菜单中的 SGEN/FMOL 键保存所有原子，并可用 PROJ 或 TELP 指令对所保存的原子进行图形操作，也可用 FUSE 指令将由对称操作所产生的原子删除。

PAGE   在两个打印内容之间加入一空白页。

PBOX   PBOX width depth Xc Yc Zc 定义 PACK 指令所需格子的宽度和深度，高度是宽度的 0.75 倍，格子将包括至少有一个原子在格子中的分子，Xc Yc Zc 定义格子中心的位置，缺省值是 0.5，0.5，0.5。如 PBOX 30 10 0 0 0 表示中心位于原点的、大小为 30Å×10Å×22.5Å 的格子。

PERS　　显示分子球棍模型的透视图。

PGEN　　产生多面体结构，为 POLY 和 POLP 指令准备数据。

PICK　　PICK kcywords 用于指认 Q 峰、重新命名原子、改变原子的种类等。空格键表示保持原有的命名，［↘］删除原子，［/］保存用 PICK 所做的工作。PICK/H ↘ 将标注所有原子，包括氢原子。

POLP　　显示多面体结构并形成图形文件。

POLY　　显示多面体结构。

POST　　POST filecode 将图形和文字一并保存（可用于准备海报）。

PREV　　将分子转回原先的取向。

PRINT　　将结果输出到打印机。

PROJ　　旋转目标图形，可以是分子图和堆积图。

PRUN　　PRUN nb（or d1 d2）keywords 指定画图时原子最多的成键数目 nb，或成键的范围 d1-d2。如 PRUN 4 Cu1 表示 Cu1 原子的成键数为键长最短的 4 个，PRUN C1 to C6 表示删除 C1 到 C6 原子的所有键，PRUN 1.9 2.2 Cu1 表示删除 Cu1 原子周围键长短于 1.9Å，长于 2.2Å 的所有键。

PUSH　　PUSH dx dy dz sign 将所有原子的位置坐标乘上＋或－号后移动 dx，dy，dz。如 PUSH 0 0 0 −1 将所有的原子坐标倒反，与 INVT 指令的效果一样。

QUIT　　不保存任何数据退出 XP 程序。

RAST　　RAST filecode 黑白打印指定的文件，RAST/C 彩色打印。

READ　　READ filecode 读入指定文件中的原子和晶体参数，可以是 .ins 文件，也可以是 .res 文件。

REAP　　该指令类似 READ，不同之处是不读入 .res 文件中的 Q 峰。

SAVE　　SAVE filecode 将现有的结构参数保存到指定的文件中，可以用 NEXT 指令读出 filecode。SAVE 可被看成是 XP 程序中暂时保留文件的指令，保存较为复杂的图形，如堆积图等。

SFIL　　用于产生空间填充的分子模型并保存成文件。

SGEN　　SGEN symcodes keywords 根据对称性代码产生新的原子。对称性代码可以通过 ENVI 指令找出，如 SGEN 6555 O1 将产生 O1 原子在 6555 对称性代码处的对称性相关原子 O1A。

SORT　　让原子重新排序。SORT/n 按原子的序号排序，SORT ＄Cu，＄S…按原子的种类排序，SORT/H 表示氢原子不跟着其重原子重新排序。

SPIX　　显示空间填充模型。

TELP　　该互动子程序用于画图、保存文件，所保存图形可通过 RAST 指令打印。TELP a b c d keywords，其中参数 a 表示立体角度；参数 b 表示位移椭球体的概率百分比，正的数值表示球棍模型，负的数字表示位移椭球体，取值一般在 −30～−50 范围，能较为清晰地展示每个原子的位移情况；参数 c 表示键的半径，缺省值是 0.09，但 0.025 给出较细的连线让图形更为清晰；参数 d 定义两个立体图之间的距离。程序将要求键入保存图形的文件名，keywords＝CELL 将在图形中插入晶胞图，TELP 将产生规格化的球棍图，TELP 0 −30 0.025 LESS ＄H 将产生椭球图（概率为 30 ％），键的半径（或半宽度）是 0.025，将不画出所有的氢原子。

TITL   读入最长可达 76 个字母的结构标题。

TORS   计算扭转角，如 TORS O1 Cu1 Cu2 O2 将计算 Cu1—Cu2 键与 Cu1—O1 和 Cu1—O2 键之间形成的扭转角，TORS C1 to C8 将计算所有与这 8 个原子有关的扭转角，TORS/All 将计算所有的扭转角。

UNDO   不显示所指定的原子间的键合作用，如 UNDO $O $O 将删除所有氧-氧原子间的键，UNDO Cu1 S1 将删除 Cu1-S1 间的键。

UNIQ   UNIQ keywords 删除与指定原子没有直接或间接键合作用的原子或基团，该指令在画配合物的结构图时最为常用，如 UNIQ Cu1 将保留与 Cu1 原子在同一个碎片上的所有原子。

VIEW   VIEW plotfile 显示保存的图形文件。

7.5 晶体结构解析实例

化合物 $L_{OEt}Hf(NO_3)_3$ ($L_{OEt}^- = [CpCo\{P(O)(OEt)_2\}_3]^-$) (**1**) 通过 NaL_{OEt} 和 $HfCl_4$ 在硝酸溶液中反应获得，室温下缓慢挥发溶剂得到黄色晶体。用 Bruker SMART APEX 1000 CCD，Mo 靶，173K 条件下收集数据，晶胞参数为 $a = 17.4459$ (1) Å；$b = 10.8349$ (1) Å；$c = 16.7314$ (1) Å；$\beta = 93.085$ (1)°；$V = 3158.06$ (4) Å^3。具体的解析过程如下：

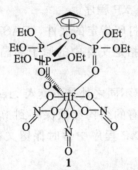

1

① 进入 SHELXTL 程序，新建一个 project，输入项目名称 sample，打开要解析晶体的 p4p 或者 raw 文件。

② 运行 XPREP 程序以确立空间群并建立 ins 指令文件。这个过程基本上是一直按回车键的过程，即选择程序的默认选项，直到最后程序要求输入所测晶体分子所含元素种类及各类原子数目。在遇到"是否建立指令文件"选项的时候输入 Y，即完成整个 XPREP 程序过程，将得到 sample. ins、sample. hkl、sample. pcf 三个重要数据文件。其中 ins 文件包含分子式、空间群等信息；hkl 文件包含衍射点的强度数据；pcf 文件记录晶体物理特征、分子式、空间群、衍射数据收集的条件以及使用的相关软件等信息。整个过程一般不会出错。如果出错，可能出现在下面的精修过程中，那就需要重新指认空间群。上述例子中 $R_{int} = 0.0474$，$E^2 - 1 = 0.942$，显示晶体属于中心对称空间群，选择 $P2_1/c$ 空间群。

③ 选择要解析的方法，运行 XS 程序，解析初结构。对于选用直接法（TREF）还是重原子法（PATT）的问题，如果晶体中含有重原子，如金属原子，那就要用 PATT 法；如果晶体中没有原子量差异特别大的原子，就用 TREF 法。默认的方法是直接法。

选择用直接法，此时的 sample. ins 文件如下所示：

TITL sample in P2 (1) /c

CELL 1.54178　17.4459　10.8349　16.7314　90.000　93.085　90.000

ZERR　　4.00　0.0001　0.0001　0.0001　0.000　0.001　0.000

LATT 1

SYMM-X，0.5＋Y，0.5－Z

SFAC C　H　N　O　P　Co　Hf

UNIT 68　140　12　72　12　4　4

TREF

HKLF 4

运行 XS 程序，得到第一个 sample.res 文件，这个文件包含了 ins 文件的内容和所有的 Q 峰信息，如图 7-3 所示。

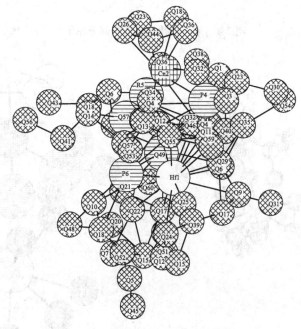

图 7-3　运行 XS 后产生的 Q 峰信息

④ 用 XP 程序与 XL 程序完成原子的指认，傅里叶加氢或理论加氢，画图。

运行 XP 程序，FMOL ↘读取 sample.res 中的晶胞参数和原子坐标等信息，PROJ ↘旋转目标图像，从粗结构可明显看出有环戊二烯基团、重金属 Hf 和 Co 原子，通过 NAME Co2 Co1 ↘，NAME Q19 C1 ↘，NAME Q28 C2 ↘，NAME Q28 C3 ↘，NAME Q36 C4 ↘，NAME Q44 C5 ↘，保留并重新命名这些原子。Kill $ Q ↘，删除其他 Q 峰。此时结构图形如图 7-4 所示。FILE sample.res ↘，EXIT ↘，保存操作结果，退出 XP，进行下一轮精修。

XL 的运行完全受 name.ins 中的指令控制，所以每次 XL 精修后生成的 res 文件转换成 ins 文件后才能进行下一轮精修。所以，将得到的 sample.res 另存为 sample.ins，再次运行 XL 程序，得到 $R_1 = 0.3419$，$wR_2 = 0.7363$。再次进入 XP 程序，可以看到化合物 **1** 的骨架结构如图 7-5 所示。FMOL ↘，INFO ↘，显示所有原子和 Q 峰的坐标和位移参数等信息，通过 PROJ ↘可以看出化合物 **1** 的配体的部分结构。根据配体化学结构，应用 AMME 或 PICK 命令将每个配体原子命名，同时删除不能确定的 Q18 和 Q20 电子峰，最终得到如图 7-6 的粗结构。保存退出。

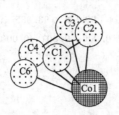

图 7-4　第一轮精修后确定部分原子

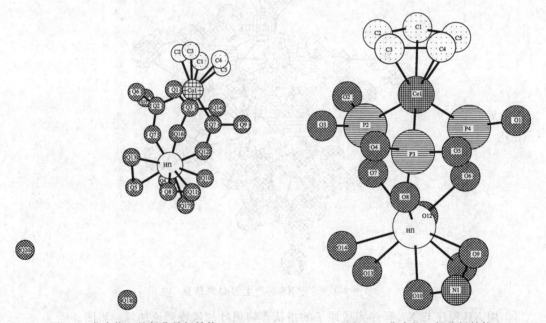

图 7-5　化合物 1 的部分骨架结构　　　　图 7-6　化合物 1 部分粗结构

　　此时化合物 1 中的原子仍未找全，继续第三轮或多几轮精修，直至将化合物分子中所有的原子指认完毕。在 XP 程序中，还需经常使用 INFO ↘命令查看所有原子和 Q 峰的坐标、位移参数。如果 Q 最大的电子残余峰值小于 1，可以认为待解结构中的非氢原子基本找齐。原子找齐后的化合物 1 的骨架结构如图 7-7 所示，此时的 $R_1 = 0.0535$、$wR_2 = 0.1428$，明显比第一轮精修后的 R_1 和 wR_2 小很多。

　　接下来在 ins 文件中加入 ANIS 指令，对各非氢原子进行各向异性精修。然后用INFO↘命令查看所有原子的温度因子是否合理。如果温度因子太小，说明该原子定义太轻；同理，如温度因子太大，则说明该原子定义太重。此外，也可通过 sample.lst 文件来查看所有原子的温度因子是否正常。然后，输入 SORT Hf1 Co1 P1 P2 P3 ↘，SORT $O $N $C↘，对所有原子排序；输入 HADD ↘命令，进行理论加氢。最后通过 PROJ ↘，旋转查看 H 原子加得是否正确。如果不正确，需要将不正确的氢原子删除，根据情况使用带参数的HADD命令对该原子重新加氢。

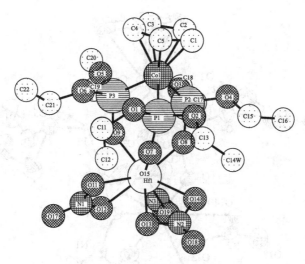

图 7-7 化合物 **1** 完整结构

保存后退出 XP，再次运行 XL 精修，得到 $R_1=0.0226$，$wR_2=0.0633$，GOF=0.465。尽管 R_1 和 wR_2 值已比较小，满足要求精修要求；但此时 GOF 明显偏小，因此需要调整 ins 文件里的 WGHT 值，以使 GOF 值尽量接近 1.0。具体做法是将 res 文件里的由程序建议 WGHT 值代入 ins 文件，再运行 XL，如此重复几轮精修，直至 WGHT 稳定。这时 $L_{OEt}Hf(NO_3)_3$ 精修后的参数为 $R_1=0.0228$、$wR_2=0.0591$、GOF=1.011。最后，将产生数据信息的指令加在 ins 文件中的 UNIT 和 WGHT 之间，如 BOND＄H（产生包括氢原子在内的键长键角），CONF（产生扭角），ACTA（产生 cif 文件），HTAB（产生可能的氢键，在 lst 文件中找），EQIV（和 HTAB 一起使用，指定形成氢键的两个原子的名称，将产生分子间和分子内有键合作用的原子的对称性代码，并将信息写在 cif 中），SIZE a b c（晶体尺寸，依此计算透过率）等。输入这些指令后再次运行 XL，即可产生相应的信息。反复运行 XL，直到达到精修目标，完成精修任务。

⑤ 用 XP 画图

a. 画椭球图 进入 XP 程序，FMOL ↘读取 res 文件中晶胞参数和原子坐标。KILL ＄q↘删除所有残余电子峰；PROJ ↘调整好视角，以保证所有的原子都能看到，且整体清晰美观。LABL a b（LABL 1 450 ↘）定义标注原子的字体大小（其中 $a=0$，表示没有任何标注；$a=1$，表示不标注 H 原子，原子序号不用括号；$a=2$，表示不标注 H 原子，原子序号用括号；$a=3$，表示标注 H 原子，原子序号不用括号；$a=4$，表示标注 H 原子，原子序号用括号；b 表示标注字体的大小，一般简单的椭球图用 450 左右）。再输入 TELP 0 −50 0.025 20 less ＄H ↘画出椭球图（其中 0 表示立体角度；−50 表示位移椭球图的概率百分比，负值表示是椭球图，一般选择−30 或者−50；0.025 表示键的半径，默认值是 0.09，一般用 0.025；20 表示观察的距离；如果用 LESS ＄H 则表示不画所有的氢原子）。

输入指令后，将出现椭球图，便可对原子逐个进行标记（＜CR＞可以跳过原子，用＜BP＞可以回溯，如果原子标记的字体大小不合适，要从 LABL 命令重新开始）。标记完毕后，椭球图界面自动退出，此时会让输入要保存的 sample1. plt 的文件名。DRAW sample1 ↘，选 a 后回车，输入要输出的图像文件的名称 sample1，可选择保存成黑白或彩色图。这样就会有 sample1. ps 文件生成，该文件可以用 Photoshop 打开，并转化成其他格式的图片。

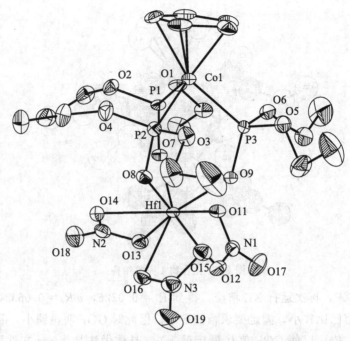

图 7-8　化合物 1 椭球图

按照上述方法，得到图 7-8 所示的 $L_{OEt}Hf(NO_3)_3$ 椭球图。

　　b. 画晶胞堆积图　进入 XP 程序，FMOL ↘读取 res 文件中晶胞参数和原子坐标；KILL ＄ q ↘删除所有残余电子峰；PROJ ↘调整好视角，也可以用 MATR 指令来调整视角。ATR 1 ↘表示从 a 轴的方向看，MATR 2 表示从 b 轴的方向看，MATR 3 表示从 c 轴的方向看。ACK ↘产生晶体结构堆积图形，可以对堆积出的分子进行删减，选择窗口倒数第二项 SGEN/FMOL 保存此堆积图形后退出。LABL 1　300 ↘，TELP cell ↘画出晶胞堆积图。如果要命名部分原子，就要一直按<CR>直至待命名原子出现，如果没有待命名原子，可以按 ESC 键或 B 键退出。输入要保存的 sample2. plt 的文件名。输入 DRAW 命令，以下同画椭球图步骤。注意，画完椭球图后可以直接 PBOX 和 PACK 命令进行堆积图的处理。按照上述方法，得到图 7-9 所示的 $L_{OEt}Hf(NO_3)_3$ 晶胞堆积图。

　　⑥ CIF 表填写　国际上有几个著名的晶体学数据中心，这些数据中心的主要作用之一是收集、储存和提供已知化合物的晶体结构数据。因此，越来越多的科学杂志在发表论文前，要求把论文有关的晶体学参数、化合物分子式、晶胞参数、空间群、原子坐标及其原子位移参数、精修结果参数等以电子版的形式存放到这些著名的国际晶体学数据中心。与有机金属化合物及配合物有关的两个十分重要的数据库为：剑桥结构数据库（Cambridge structural database，CSD）和无机晶体结构数据库（the inorganic crystal structure database，ICSD），前者应用更为普遍。

　　剑桥结构数据库位于剑桥晶体学数据中心（Cambridge crystallographic data centre，CCDC），它只收集并提供具有 C—H 键的所有晶体结构，包括有机化合物、金属有机化合物、配位化合物的晶体结构数据。提供给 CSD 的晶体学数据必须以国际通用的 CIF 格式，可以用电子邮件提供。CSD 接受晶体学信息文件的电子邮件地址为：deposit @ ccdc. cam. ac. uk。剑桥晶体学数据中心的网址为：http：//www. ccdc. cam. ac. uk。CSD 在

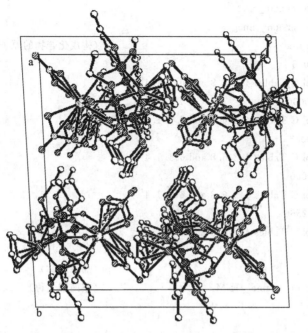

图 7-9　化合物 1 堆积图

收到每个晶体结构的 CIF 数据之后，在 3 个工作日内给每套数据规定一个储存编号（deposition number），即 CCDC 编号。CCDC 可以为研究人员免费提供数据库中 CIF 格式的晶体结构数据，一般也会在 3 个工作日内回复。索要晶体结构数据必须提供以下内容：a. 化合物的储存编号，例如 CCDC 146058，CCDC 1821520 等；b. 发表该结构的论文出处；c. 如果上述内容不十分清楚，进一步提供作者名字、化合物的名称、分子式、晶胞参数等。有关索要晶体结构数据的申请用电子邮件，发至：data_request@ccdc.cam.ac.uk。

无机晶体结构数据库只收集并提供除了金属和合金以外、不含 C—H 键的所有无机化合物晶体结构信息。详细情况可以通过 ICSD 的网址了解：http://www.fiz-informationsdienste.de/en/DB/icsd/index.html。

由上可知，对国际通用的 CIF 表格的填写变得尤为重要。下面是 CIF 表格填写示范：

```
_audit_creation_method          SHELXL-97          （产生 CIF 的程序名称）
_chemical_name_systematic
;
?                                                  （填写所解析的化合物的系统命名）
;
_chemical_name_common           ?                  （化合物的俗名）
_chemical_melting_point          ?                  （化合物的熔点）
_chemical_formula_moiety         ?
_chemical_formula_sum
'C32 H22 Bi2 N8 O9'                                 （化合物的化学式）
_chemical_formula_weight        1080.54             （化合物的分子量）

loop_
_atom_type_symbol
_atom_type_description
```

```
_ atom _ type _ scat _ dispersion _ real
_ atom _ type _ scat _ dispersion _ imag
_ atom _ type _ scat _ source                              (构成化合物的原子散射因子来源)
'C'  'C'  0.0033  0.0016
'International Tables Vol C Tables 4.2.6.8 and 6.1.1.4'
'H'  'H'  0.0000  0.0000
'International Tables Vol C Tables 4.2.6.8 and 6.1.1.4'
'N'  'N'  0.0061  0.0033
'International Tables Vol C Tables 4.2.6.8 and 6.1.1.4'
'O'  'O'  0.0106  0.0060
'International Tables Vol C Tables 4.2.6.8 and 6.1.1.4'
'Bi'  'Bi'  -4.1077  10.2566
'International Tables Vol C Tables 4.2.6.8 and 6.1.1.4'


_ symmetry _ cell _ setting              ?                 (晶系名称)
_ symmetry _ space _ group _ name _ H-M  ?                 (空间群名称)


loop _
_ symmetry _ equiv _ pos _ as _ xyz                        (晶胞中等效坐标)
'x, y, z'
'-x, -y, -z'


_ cell _ length _ a                      12.242 (2)        (晶胞参数)
_ cell _ length _ b                      12.623 (3)
_ cell _ length _ c                      13.328 (3)
_ cell _ angle _ alpha                   104.59 (3)
_ cell _ angle _ beta                    115.29 (3)
_ cell _ angle _ gamma                   100.02 (3)
_ cell _ volume                          1706.1 (6)        (晶胞体积)
_ cell _ formula _ units _ Z             2                 (晶胞中分子个数)
_ cell _ measurement _ temperature       293 (2)           (测量晶胞时的温度)
_ cell _ measurement _ reflns _ used     ?                 (用于确定晶胞的衍射点数)
_ cell _ measurement _ theta _ min       ?                 (用于确定晶胞的衍射点的最小θ值)
_ cell _ measurement _ theta _ max       ?                 (用于确定晶胞的衍射点的最大θ值)


_ exptl _ crystal _ description          ?                 (被测单晶的外观形状)
_ exptl _ crystal _ colour               ?                 (被测单晶的外观颜色)
_ exptl _ crystal _ size _ max           ?                 (被测单晶的外观尺寸)
_ exptl _ crystal _ size _ mid           ?
_ exptl _ crystal _ size _ min           ?
_ exptl _ crystal _ density _ meas       ?                 (被测单晶的测量密度)
_ exptl _ crystal _ density _ diffrn     2.103             (被测单晶的计算密度)
_ exptl _ crystal _ density _ method     'not measured'    (测量单晶密度方法)
_ exptl _ crystal _ F _ 000              1016              (单胞中电子的数目)
_ exptl _ absorpt _ coefficient _ mu     10.366            (晶体的线性吸收系数)
```

_ exptl _ absorpt _ correction _ type	?	（吸收校正的方法）
_ exptl _ absorpt _ correction _ T _ min	?	（最小透过率）
_ exptl _ absorpt _ correction _ T _ max	?	（最大透过率）
_ exptl _ absorpt _ process _ details	?	（填写吸收校正所采用的方法及其文献）
_ exptl _ special _ details		（衍射实验中的特殊处理、实验细节描述）
;		
?		
;		
_ diffrn _ ambient _ temperature	293（2）	（衍射实验时温度）
_ diffrn _ radiation _ wavelength	0.71073	（衍射线波长 λ）
_ diffrn _ radiation _ type	MoK \ a	（衍射光源）
_ diffrn _ radiation _ source	'fine-focus sealed tube'	（X 射线管类型）
_ diffrn _ radiation _ monochromator	graphite	（单色器类型）
_ diffrn _ measurement _ device _ type	?	（衍射仪型号）
_ diffrn _ measurement _ method	?	（收集衍射数据的方式，扫描方式）
_ diffrn _ detector _ area _ resol _ mean	?	
_ diffrn _ standards _ number	?	（设置标准衍射点数目）
_ diffrn _ standards _ interval _ count	?	（标准衍射测量衍射点间隔）
_ diffrn _ standards _ interval _ time	?	（标准衍射测量时间间隔）
_ diffrn _ standards _ decay _ %	?	（测量过程中是否有衰减）
_ diffrn _ reflns _ number	17373	（总衍射点数）
_ diffrn _ reflns _ av _ R _ equivalents	0.0923	（等效点平均标准误差）
_ diffrn _ reflns _ av _ sigmaI/netI	0.1337	（平均背景强度与平均衍射强度比值）
_ diffrn _ reflns _ limit _ h _ min	−15	（最小与最大衍射指标范围）
_ diffrn _ reflns _ limit _ h _ max	15	
_ diffrn _ reflns _ limit _ k _ min	−16	
_ diffrn _ reflns _ limit _ k _ max	16	
_ diffrn _ reflns _ limit _ l _ min	−17	
_ diffrn _ reflns _ limit _ l _ max	17	
_ diffrn _ reflns _ theta _ min	3.01	（结构精修时最小 θ 角）
_ diffrn _ reflns _ theta _ max	27.48	（结构精修时最大 θ 角）
_ reflns _ number _ total	7736	（参加精修的独立衍射点数目）
_ reflns _ number _ gt	4952	（强度大于 2σ 的独立衍射点数目）
_ reflns _ threshold _ expression	＞2sigma（I）	
_ computing _ data _ collection	?	（收集衍射数据所用程序）
_ computing _ cell _ refinement	?	（精修晶胞参数所用程序）
_ computing _ data _ reduction	?	（衍射数据还原所用程序）
_ computing _ structure _ solution	'SHELXS-97（Sheldrick，1990）'	（解析粗结构所用程序）
_ computing _ structure _ refinement	'SHELXL-97（Sheldrick，1997）'	（结构精修所用程序）
_ computing _ molecular _ graphics	?	（发表论文作图所用程序）
_ computing _ publication _ material	?	（发表论文制作数据表格所用程序）

_ refine _ special _ details （结构精修过程中一些细节的说明）

;

Refinement of F^2^ against ALL reflections. The weighted R-factor wR and
goodness of fit S are based on F^2^，conventional R-factors R are based
on F，with F set to zero for negative F^2^. The threshold expression of
F^2^ > 2sigma（F^2^）is used only for calculating R-factors（gt）etc. and is
not relevant to the choice of reflections for refinement. R-factors based
on F^2^ are statistically about twice as large as those based on F, and R-
factors based on ALL data will be even larger.

;

_ refine _ ls _ structure _ factor _ coef	Fsqd	（基于 F2 的结构精修）
_ refine _ ls _ matrix _ type	full	（精修矩阵类型）
_ refine _ ls _ weighting _ scheme	calc	（权重方案）
_ refine _ ls _ weighting _ details		（权重方案表达式）

'calc w＝1/[\ s^2^(Fo^2^)＋(0.0281P)^2^＋0.0000P]where P＝(Fo^2^＋2Fc^2^)/3'

_ atom _ sites _ solution _ primary	direct	（解析粗结构的方法）
_ atom _ sites _ solution _ secondary	difmap	（进一步解析结构的方法）
_ atom _ sites _ solution _ hydrogens	geom	（获得氢原子的方法）
_ refine _ ls _ hydrogen _ treatment	mixed	（结构精修中氢原子的处理方法）
_ refine _ ls _ extinction _ method	none	（消光校正方案）
_ refine _ ls _ extinction _ coef	?	（消光校正系数）
_ refine _ ls _ number _ reflns	7736	（参加结构精修的衍射点数）
_ refine _ ls _ number _ parameters	460	（参加结构精修的参数数目）
_ refine _ ls _ number _ restraints	0	（结构精修中几何限制数目）
_ refine _ ls _ R _ factor _ all	0.1234	（对全部衍射点的 R_1 值）
_ refine _ ls _ R _ factor _ gt	0.0640	（对可观察衍射点的 R_1 值）
_ refine _ ls _ wR _ factor _ ref	0.1130	（对全部衍射点的 wR_2 值）
_ refine _ ls _ wR _ factor _ gt	0.0968	（对可观察衍射点的 wR_2 值）
_ refine _ ls _ goodness _ of _ fit _ ref	1.007	（对可观察衍射点的 S 值）
_ refine _ ls _ restrained _ S _ all	1.007	（对全部衍射点的 S 值）
_ refine _ ls _ shift/su _ max	0.001	（最后精修过程的漂移值）
_ refine _ ls _ shift/su _ mean	0.000	（最后精修过程的平均漂移值）

loop _ （结构中各原子坐标，各向同性振动参
数，原子占有率等）

_ atom _ site _ label

_ atom _ site _ type _ symbol

_ atom _ site _ fract _ x

_ atom _ site _ fract _ y

_ atom _ site _ fract _ z

_ atom _ site _ U _ iso _ or _ equiv

_ atom _ site _ adp _ type

_ atom _ site _ occupancy

_ atom _ site _ symmetry _ multiplicity

_ atom _ site _ calc _ flag

_ atom _ site _ refinement _ flags

_ atom _ site _ disorder _ assembly

_ atom _ site _ disorder _ group

Bi1 Bi 0. 07906 (4) 0. 53727 (4) 0. 21917 (4) 0. 02739 (13) Uani 1 1 d. . .

Bi2 Bi 0. 56402 (4) 0. 71233 (4) 0. 57041 (4) 0. 03040 (14) Uani 1 1 d. . .

O1 O 0. 3011 (7) 0. 6523 (6) 0. 3591 (6) 0. 037 (2) Uani 1 1 d. . .

...

O8 O 0. 8640 (7) 0. 5315 (6) 0. 6173 (7) 0. 035 (2) Uani 1 1 d. . .

loop _ 　　　　　　　　　　　　　　　　　　　　　　（原子各向异性振动参数）

_ atom _ site _ aniso _ label

_ atom _ site _ aniso _ U _ 11

_ atom _ site _ aniso _ U _ 22

_ atom _ site _ aniso _ U _ 33

_ atom _ site _ aniso _ U _ 23

_ atom _ site _ aniso _ U _ 13

_ atom _ site _ aniso _ U _ 12

Bi1 0. 0258 (3) 0. 0296 (3) 0. 0262 (2) 0. 0125 (2) 0. 0107 (2) 0. 0102 (2)

Bi2 0. 0267 (3) 0. 0306 (3) 0. 0342 (3) 0. 0166 (2) 0. 0127 (2) 0. 0096 (2)

O1 0. 028 (4) 0. 034 (5) 0. 037 (5) 0. 020 (4) 0. 006 (4) 0. 004 (4)

...

O8 0. 031 (4) 0. 044 (5) 0. 041 (5) 0. 027 (4) 0. 019 (4) 0. 017 (4)

_ geom _ special _ details 　　　　　　　　　　　　　　（分子几何中需要说明的问题）

;

All esds （except the esd in the dihedral angle between two l. s. planes）

are estimated using the full covariance matrix. The cell esds are taken

into account individually in the estimation of esds in distances，angles

and torsion angles; correlations between esds in cell parameters are only

used when they are defined by crystal symmetry. An approximate （isotropic）

treatment of cell esds is used for estimating esds involving l. s. planes.

;

loop _

_ geom _ bond _ atom _ site _ label _ 1 　　　　　　　　（分子中原子间键长列表）

_ geom _ bond _ atom _ site _ label _ 2

_ geom _ bond _ distance

_ geom _ bond _ site _ symmetry _ 2

_ geom _ bond _ publ _ flag

Bi1 C11 2. 238 (11) . ?

Bi1 O3 2. 365 (7) . ?

Bi1 O8 2. 419 (7) 2 _ 666 ?

...

O8 Bi1 2. 419 (7) 2 _ 666 ?

```
loop _
 _ geom _ angle _ atom _ site _ label _ 1                      （分子中原子间键角列表）
 _ geom _ angle _ atom _ site _ label _ 2
 _ geom _ angle _ atom _ site _ label _ 3
 _ geom _ angle
 _ geom _ angle _ site _ symmetry _ 1
 _ geom _ angle _ site _ symmetry _ 3
 _ geom _ angle _ publ _ flag
C11 Bi1 O3 87.5（3）..?
C11 Bi1 O8 80.1（3）.2 _ 666 ?
O3 Bi1 O8 141.5（3）.2 _ 666 ?
...
C30 O8 Bi1 121.3（7）.2 _ 666 ?
```

_ diffrn _ measured _ fraction _ theta _ max	0.988	（对精修时最大衍射角 θ，收集完整率）
_ diffrn _ reflns _ theta _ full	27.48	（精修时最大衍射角 θ）
_ diffrn _ measured _ fraction _ theta _ full	0.988	（衍射数据收集的完备率）
)		
_ refine _ diff _ density _ max	0.975	（最大残余电子密度峰值）
_ refine _ diff _ density _ min	−1.710	（最大残余电子密度谷值）
_ refine _ diff _ density _ rms	0.236	（差值傅里叶图中平均电子密度）

习   题

1. 多梦西·克劳福特·霍奇金、马克斯·佩鲁茨和约翰·肯德鲁、约翰·代森霍费尔、罗伯特·胡贝尔和哈特穆特·米歇尔分别在哪年由于什么样的杰出工作获得诺贝尔奖？

2. 晶体生长过程中有哪些注意事项？

3. X 射线单晶衍射仪由哪几部分构成？

4. 晶体结构解析过程中，XPREP、XS、XP、XL、XCIF 五个主要程序的关系是什么？

5. 判断题：

(1) XPREP 程序判断空间群过程中，综合因子 CFOM 值越小，可确定空间群的可能性越大。（   ）

(2) KILL C1 to C5 表示删除 C1、C2、C3、C4 和 C5 原子。（   ）

(3) ins 文件中，PLAN 5 指令表示产生 5 个差傅里叶峰。（   ）

(4) 待发表的配合物晶体学数据一般需先上传到 CSD 晶体数据库，获得 CCDC 编号后再发表。CSD 晶体数据库也可免费提供某已发表化合物的 CIF 格式晶体结构数据。（   ）

(5) 画晶体结构图时，LABL 1500 表示标注的原子序数有括号，标注字体大小为 500。（   ）

(6) FMOL 指令不仅可以读取 res 文件数据，也可以读取 ins 文件数据。（   ）

(7) 理论加氢不一定正确，加氢后，必须检查其化学合理性。（   ）

参 考 文 献

[1] 陈小明. 单晶结构分析原理与实践. 北京：科学出版社，2007.

[2] （美）马勒（Müller P.）等著. 晶体结构精修：晶体学者的 SHELXL 软件指南. 陈昊鸿译. 北京：高等教育出版社，2010.